Michael R. Rose
Darwins Welt

SERIE PIPER

Zu diesem Buch

Wie kommt es, daß man bestimmte Krankheiten bis heute nicht endgültig besiegen konnte? Warum schmecken Tomaten oft wäßrig und eigentlich nach nichts? Besteht die Aussicht, die menschliche Lebensdauer zu verlängern? Hatte das nationalsozialistische »Rassehygiene-Programm« einen wissenschaftlichen Hintergrund? Diese scheinbar unverbundenen Fragen lassen sich auf der Basis einer einzigen Theorie beantworten: der Evolutionstheorie von Charles Darwin, die zu einer Revolution des Weltbildes führte. Ausgehend von seiner Biographie, zeigt Michael R. Rose auf unterhaltsame und informative Weise, daß Darwins Meisterleistung mehr zu erklären vermag als die Entstehung der Artenvielfalt. Er erläutert, wie seine Theorie heute in Landwirtschaft, Medizin und Wirtschaft nutzbar gemacht werden kann. Eine faszinierend erzählte Spurensuche, die Darwins Bedeutung für die Gegenwart in ein neues Licht stellt.

Michael R. Rose ist Professor für Evolutionsbiologie an der University of California, Irvine. Schwerpunkt seiner Forschungen sind Alterungsprozesse. Bekannt wurde er durch Versuche mit Fruchtfliegen, deren Lebenserwartung er verdoppeln konnte. Rose hat mehrere Bücher zum Thema Evolutionsbiologie verfaßt.

Michael R. Rose

Darwins Welt

Von Forschern, Finken und der Evolution

Aus dem Amerikanischen von
Reiner Stach

Piper München Zürich

Ungekürzte Taschenbuchausgabe
Piper Verlag GmbH, München
September 2003

Titel der amerikanischen Originalausgabe:
»Darwin's Spectre. Evolutionary Biology
in the Modern World«, Princeton University Press,
Princeton 1998

unter dem Titel: »Darwins Schatten.
Von Forschern, Finken und dem Bild der Welt«
Umschlag/Bildredaktion: Büro Hamburg
Isabel Bünermann, Julia Martinez/
Charlotte Wippermann, Kathrin Hilse
Umschlagabbildungen: akg-images, Berlin
Satz: Deutsche Verlags-Anstalt GmbH, Stuttgart, München
Druck und Bindung: Clausen & Bosse, Leck
Printed in Germany ISBN 3-492-23679-0

www.piper.de

Für meine Racker, Caitlin und Liam

Inhalt

Dank

Dieses Buch ist ein Nebenprodukt langjähriger Lehrtätigkeit und öffentlicher Vorträge an vier Universitäten in drei Ländern. Im Sommer 1987 begann ich daran zu arbeiten, noch ohne klares Ziel; 1998 schaffte ich es, das Buch abzuschließen. Während dieses Zeitraums wurde ich von zahlreichen Kollegen und Freunden beraten und ermutigt – nicht allen kann ich hier Dank sagen, wobei mein Gedächtnis und die Zeitumstände mich hoffentlich entschuldigen werden. Dankbar bin ich vor allem den vielen Studenten an der University of California, Irvine, deren Fragen mir halfen, mein Material reifen zu lassen.

Die größte, ganz besondere Dankesschuld, derer ich mir bewußt bin, habe ich gegenüber Chris Moore. Als es darum ging, die Ideen und Argumente für Teil III zu entwickeln, spielte er eine unverzichtbare Rolle. Ich freue mich auf sein nächstes Buch – an dem ich vielleicht auch selbst mitwirken werde –, in dem die psychobiologischen Verästelungen eines immanenten Darwinismus untersucht werden. Vieles, was bei mir unklar blieb oder gar nicht thematisiert wurde, wird hier zweifellos deutlicher werden.

Der Mann, der für die Veröffentlichung dieses Buchs die größte Verantwortung trägt, ist Jack Repcheck von der Princeton University Press. Er ist der Produzent des Buchs: Er hielt mich auf Trab, übte Kritik, munterte mich auf, je nach Bedarf, und er lehnte es ab, sich Ausreden für Verzögerungen anzuhören oder Gründe für ein neuerliches Durcharbeiten des Ganzen.

Mein besonderer Dank gilt Greg Benford, meinem Mentor als Schriftsteller. Seine redaktionellen Ratschläge, sein wissenschaftlicher Überblick, kleine Hinweise aus der Physik und etliche Plaudereien über das Publizieren als solches spielten in meiner Entwicklung als Autor eine wesentliche Rolle.

Es gab zu diesem Buch viele Entwürfe mit zahlreichen Lesern. Abgesehen von den schon Genannten halfen mir auch Roger Gosden, John Knight, George Lauder, Margarida Matos, Roger McWilliams, Nicholas Metal, Randolph Nesse, Theodore Nusbaum und Jay Phelan mit nützlichen Kommentaren. Michael Ruse und Steven Austad besprachen das Buch für die Princeton University Press und gaben mir dadurch zahlreiche erhellende Hinweise. Entschuldigen möchte ich mich bei denen, die ich hier ausgelassen habe. Natürlich bekam ich auch zahlreiche Ratschläge, denen ich nicht folgen konnte – was sicherlich an meinen eigenen Grenzen liegt.

Nicht zuletzt verdanke ich dieses Buch der Unterstützung und dem Vertrauen von Della Rose, deren unbegründeter Glaube an meine Fähigkeit zu schreiben die wichtigste Quelle der Inspiration war.

Einleitung

Ein Gespenst geht um in der modernen Welt, Darwins Gespenst, der Darwinismus. Ein Gespenst, das schon manchen Geistlichen in Angst und Schrecken versetzte, das Lehrpläne durcheinander brachte und die politisch Korrekten nervös macht. Stil und Rhetorik der Kombattanten hat man seit langem vor Augen, von den Streitgesprächen zwischen Bischof Wilberforce und T. H. Huxley anläßlich Darwins *Origin of Species* im 19. Jahrhundert über den Scopes-Prozess in Tennessee 1925 (der »Affenprozeß«) bis hin zu den *Scientific Creationists* in den achtziger Jahren, die versuchten, neben dem Darwinismus die biblische Schöpfungslehre im Schulunterricht gesetzlich zu verankern. Als einzige unter allen naturwissenschaftlichen Theorien der Moderne hat der Darwinismus zahlreiche Menschen auch außerhalb der Universitäten aufgebracht. Er hatte Feinde auf der Rechten wie der Linken, und es gab Staaten, wie etwa die Sowjetunion, in denen Darwinisten um ihres wissenschaftlichen Bekenntnisses willen hingerichtet wurden. Dennoch gibt es den Darwinismus noch immer als wissenschaftliche Strömung, und er hat sogar unter Laien seine begeisterten Anhänger (darunter einige, die ihre Söhne »Darwin« nennen). Der hundertste Todestag Darwins im Jahr 1982 wurde in den Städten Italiens, Spaniens und Griechenlands mit geradezu überschäumend festlichen Aktivitäten begangen. T-Shirts mit dem Konterfei Darwins sind überall zu sehen, und in Autos hat der Jesus-

Fisch aus Metall einen einzigen wirklichen Konkurrenten: den vierbeinigen Darwin-Fisch. Darwin ist ein Symbol des Widerstands gegen den Klerus, gegen die Orthodoxie, gleich welcher Couleur. Darwins Gespenst wird nicht weichen.

Dieses Buch bietet einen persönlich gehaltenen Überblick über das Wesen des Darwinismus, und es versucht, dessen eigentümliches Herumgeistern in der jüngsten Vergangenheit zu erklären. Es ist weder ein akademisches noch ein historisches Nachschlagewerk aller einschlägigen gelehrten Debatten, obgleich viele Querverbindungen zwischen dem Darwinismus und anderen modernen Ideen zumindest erwähnt werden. Meine Absicht ist es, den Darwinismus, sein geistiges Milieu und seine Implikationen aus der Sicht eines Evolutionsbiologen darzustellen. Das ist natürlich eine subjektive Sichtweise, und insbesondere im Hinblick auf den Konflikt zwischen den Darwinisten und deren Widersachern kann kein Evolutionsbiologe für Objektivität bürgen. Zu häufig haben wir das Gefühl, wir klammerten uns an einen Berg, während uns die Stürme polemischer Debatten um die Ohren wehen. Das hat viele von uns in Konfusion versetzt und zu Ausflüchten verleitet. Einige versuchen, sich nichts anmerken zu lassen: Sie tun so, als sei die Evolution eine allgütige Macht. Unsere populären Schriften sind durchsetzt von Platitüden über den evolutionären Fortschritt. Zu oft sind wir feige – oder tollkühn.

Es gibt ein paar mögliche Mißverständnisse, die ich ansprechen muß. Vor allem habe ich keinerlei Interesse daran, mich für einen angeblichen moralischen Nutzen stark zu machen, der aus darwinistischen Lehren zu ziehen wäre. Die Wahrheit ist, daß der Darwinismus für ein soziales Projekt wie die Eugenik herhalten mußte, in dessen Folge zahlreiche Unschuldige mißhandelt, sterilisiert oder gar getötet wurden. Es spricht wahrhaftig nichts dafür, daß der Darwinismus eine wesentliche Quelle moralischer oder sozialer Aufklärung sein könnte. Zugegeben, es gab Zeiten wie etwa die spätviktorianische Epoche, da Darwin als säkularer Heiliger in einer Kirche des menschlichen Fortschritts gesehen wurde. Doch zur selben Zeit beriefen sich auch die Verfechter einer arischen Vorherrschaft ausdrücklich auf den Darwinismus. Darwins Gespenst ist kein böser Geist, aber auch kein Engel. Es ist vielmehr eine höchst zweideutige und beunruhigende Erscheinung, von der wir etliches lernen können.

Man kann die menschlichen Handlungen im Licht eines göttlichen Willens erklären, wie Homer es tut, oder im Licht der materiellen Bedingungen, wie Marx; beide Ansätze sind hinlänglich bekannt. Ich habe keine verläßliche Meinung hinsichtlich des Einflusses der Zeit, der Technik oder günstiger Konstellationen auf Glauben und Taten der Menschen. In einigen Fällen scheinen mir solche Einflüsse unbezweifelbar, in anderen Fällen bin ich mir weniger sicher.

Ich will auch keineswegs behaupten, daß die Schwierigkeiten und Unklarheiten bei einigen Darwinisten, einschließlich Darwin selbst, Belege dafür sind, daß die Wissenschaft ein rückständiger Dinosaurier ist, dem von Regierungen und Universitäten ein viel zu hoher Stellenwert eingeräumt wurde. Wie jede wissenschaftliche Theorie hatte auch der Darwinismus seine finsteren Jahre, doch er hat sich erholt. Wissenschaftlicher Fortschritt, so scheint mir, ist niemals garantiert, aber auch nicht unmöglich.

Weiter glaube ich nicht, daß der Darwinismus uns hinsichtlich irgendeiner ethischen oder moralischen Frage die ganze Wahrheit liefern kann. Das bedeutet jedoch nicht, daß die Überlegungen, Schlußfolgerungen und Ergebnisse von Darwinisten für derartige Fragen nicht relevant wären. Vielleicht sind die Entdeckungen des Darwinismus den »sozialen« Fragen gelegentlich näher als jahrtausendealte religiöse Schriften oder andere Wege zur Weisheit. Ein besonders tiefreichender Unterschied ist dies jedoch nicht.

Andererseits ist der Darwinismus von größter Bedeutung für zahlreiche schwierige Probleme aus der Praxis der Landwirtschaft, der Medizin und angrenzender Gebiete. In vielen Bereichen angewandter Wissenschaft wird der Darwinismus unterschätzt, und ich bin fest davon überzeugt, daß in einer Reihe von Technologien beträchtliche Fortschritte erzielt werden, sobald der Darwinismus hier einmal wirklich ausgeschöpft wird.

Bei einem derart umfassenden Thema, wie es eine der führenden intellektuellen Bewegungen der Moderne nun einmal ist, konnte vieles nicht mit aufgenommen werden. Mein gewichtigstes Versäumnis besteht darin, daß ich die zahlreichen Manifestationen und Spiegelungen des Darwinismus in der Literatur nicht ernsthaft erörtern kann – wobei ich unter »Literatur« ein weites Spektrum zwischen Science-fiction und existentialistischer Philosophie fasse. Doch diese Aufgabe wäre uferlos gewesen, angesichts des weitgestreuten und häufig widerspruchsvollen Einflusses des Darwinismus auf die Literatur. Die Mißverständnisse derer, die sich außerhalb der literarischen Fiktion bewegen, sind schon zahlreich genug. Die unendliche Zahl von Verwirrungen und Verwechslungen auf Seiten derer, die den Darwinismus mit literarischen Mitteln angehen, überfordert meine Vorstellungskraft vollends.

Mein Buch ist in drei Teile untergliedert. In Teil I, ›Darwin und die darwinistische Wissenschaft‹, filtere ich die wesentlichen Bestandteile des Darwinismus als eines wissenschaftlichen Projekts heraus. Die Geschichte beginnt in Darwins Familie, doch bald lassen wir die Wechselfälle von Darwins Sippschaft hinter uns und wenden uns den Ideen der Evolutionsbiologie zu. Diese Abschnitte geben einen Überblick über Darwins Errungenschaften und deren Weiterentwicklung durch seine Nachfolger.

In Teil II, ›Angewandter Darwinismus‹, geht es um die Art und Weise, wie evolutionäres Denken dazu dient, Probleme im Zusammenhang mit bestimmten materiellen Interessen des Menschen anzugehen. Dabei reicht die Skala von ganz prosaischen Problemen, wie denen der Landwirtschaft, bis hin zu prometheischen Projekten wie dem einer kontrollierten »Zucht« der menschlichen Spezies. Ich versuche zu zeigen, inwiefern darwinistisches Denken für das Verständnis wie auch für den Aufschwung all dieser Unternehmungen von grundlegender Bedeutung ist.

Der dritte Teil des Buchs, ›Den Menschen verstehen‹, reflektiert zwei unterschiedliche Auffassungen der Evolution des Menschen und der menschlichen Psyche. Diese beiden Theorien geben entgegengesetzte Antworten auf eine ganze Reihe von Fragen, wie etwa die folgenden: Wie stark unterscheidet sich menschliches von tierischem Verhalten? Kann die Evolutionsbiologie menschliches Verhalten vorhersagen? Wie stehen die Chancen einer wissenschaftlich begründeten Einflußnahme auf Ökonomie und Politik? Was ist die Quelle religiöser Erfahrung? Es ist unmöglich, diese Fragen heute definitiv zu beantworten; doch das darwinistische Denken bietet einige interessante Gesichtspunkte, unter denen man sie betrachten kann.

Angesichts einer so weitläufigen Thematik kann das Buch natürlich nicht die Fülle an Details bieten, die viele Akademiker gerne sähen. Ich schreibe für den allgemein interessierten Leser, der wissen möchte, was es auf sich hat mit der »Evolution«, der auch intelligent genug ist, sich darüber aufklären zu lassen, der jedoch nicht die Muße hat, zu diesem Thema ein Dutzend Bücher oder mehr zu lesen. Was ich anbiete, ist ein ausladendes Gemälde, doch der Pinselstrich ist eher wie bei Van Gogh als wie bei Michelangelo. Ich hoffe, das Auge des Lesers erfreut sich dennoch daran.

Teil I

Darwin und die darwinistische Wissenschaft

Einführung in Teil I

Der erste Teil skizziert die Theorie des Darwinismus, angefangen mit der Laufbahn ihres großen Begründers. Um drei grundsätzliche Fragen geht es in der Evolutionsbiologie: das Wesen der Vererbung, den Mechanismus der Selektion und die Gesetzmäßigkeiten der Evolution. Jedes dieser Probleme hat eine Geschichte, die weit hinter Darwin zurückreicht. Sofern diese Ideengeschichte dazu verhelfen kann, die Grundgedanken deutlicher zu machen, werde ich auf sie eingehen. Geschichte um ihrer selbst willen soll jedoch nicht im Vordergrund stehen – auch wenn Historiker es nicht besonders schätzen, historisches Material im Licht aktueller Probleme zu präsentieren.

Jenseits ihrer geschichtlichen Entwicklung werde ich mich darum bemühen, die Kerngedanken zu jeder der drei Hauptfragen darwinistischer Forschung bündig zusammenzufassen. Einige dieser Ideen wurden ursprünglich auf mathematischem Weg entwickelt, doch von diesem mathematischen Anteil werde ich lediglich einige heuristische Umschreibungen liefern. Die darwinistische Theorie ist intellektuell keineswegs so furchteinflößend wie etwa die theoretische Physik. Andererseits funktioniert der Darwinismus nicht so wunderbar theoriefrei wie über weite Strecken die Biologie, die dazu tendiert, bloße Fakten nebst einer Unmenge von Terminologie aufzuhäufen. In seiner Eigenschaft, sowohl abstrakt als auch intuitiv zu sein, ähnelt der Darwinismus eher den Wirtschaftswissenschaften.

Schließlich sollen auch einige der wesentlichen Entdeckungen und Experimente geschildert werden, um zu zeigen, daß der Darwinismus letztendlich empirische Wissenschaft ist und nicht bloße Metaphysik.

Ich erhebe keinen Anspruch darauf, daß diese Skizzen mehr bieten als meine Lieblingsepisoden und -argumente aus den Annalen des Darwinismus. Vielleicht ermöglichen sie dennoch den Einstieg in weiterführende Lektüre. Ich würde dem Leser vorschlagen, Passagen, die bei der ersten Lektüre nicht verständlich erscheinen, zunächst zu überblättern; es ist durchaus möglich, daß die Schwierigkeiten von meinen begrenzten Fähigkeiten als Autor herrühren. Doch auch dann, wenn ich die eher technischen Einzelheiten nicht immer adäquat vermittelt habe, sollten die wesentlichen Punkte klar hervortreten. Die geistige Struktur des Darwinismus ist von beträchtlicher innerer Kraft und Kohärenz, ja von Schönheit.

1 Darwin
Der Revolutionär wider Willen

Der Darwinismus ist das geistige Produkt von Charles Robert Darwin. Noch immer gibt es für einen jungen Evolutionsbiologen kein erfrischenderes Erlebnis als die Lektüre von Darwins eigenen Schriften, insbesondere seines Werks *Über die Entstehung der Arten*. Daher sollte der Ausgangspunkt jeder Erörterung des Darwinismus dieser Mann selbst sein, der im England des frühen 19. Jahrhunderts aufwuchs. In gewissem Sinne ist das eine ermutigende Geschichte, denn ein ehrfurchtgebietendes Wunderkind war Darwin keineswegs. Er war ein gesunder junger Bursche aus dem Landadel, eine Figur, die in einen »romantischen« Roman besser zu passen scheint als in Science-fiction. Und doch verweist manches aus seinem biographischen Hintergrund unmittelbar auf die große wissenschaftliche Gestalt, die einmal aus ihm werden sollte, ja sogar auf den Gehalt seiner wissenschaftlichen Entdeckungen selbst.

Im folgenden seien die wichtigsten Stationen von Darwins Leben genannt, ergänzt durch einige allgemeine Bemerkungen über sein wissenschaftliches Werk. Darwins Schriften werden dann im 2. bis 4. Kapitel genauer behandelt. Deutlich sollte aber werden, daß dieses ganze Buch von Darwins Auffassungen geprägt ist: Von allem, was hier gesagt wird, trägt das allermeiste den unverwechselbaren Stempel jenes Mannes, der im Jahr 1836 von einer Weltreise zurückkehrte, an Bord der H.M.S. *Beagle*.

Darwins Herkunft: Kultur und Familie

Um Darwins Hintergrund zu verstehen, muß man sich die Bedeutung der Aufklärung des 18. Jahrhunderts für die englische Kultur vergegenwärtigen. Während die Aufklärung in Frankreich von unerschrockenen und streitbaren Autoren getragen wurde, waren es in England äußerlich weniger interessante Figuren wie David Hume, Edward Gibbon und Adam Smith, welche die Grundlagen der modernen Philosophie, der Geschichtswissenschaft und des neuen Bereichs der Wirtschaftswissenschaften legten. Wenn es in dieser Gruppe überhaupt so etwas wie einen Pionier gab, dann war dies Hume.[1] Er, der zweite Sohn eines verarmten schottischen Adligen, tat mehr als jeder andere, um der englischen Aufklärung den Boden zu bereiten, wobei seinen anonym oder erst postum veröffentlichten Argumenten gegen die Religion eine Schlüsselrolle zukam. Als erster moderner, das heißt skeptischer Erkenntnistheoretiker vertrat Hume die Auffassung, aufgrund bloßen Glaubens sei überhaupt nichts für wahr zu nehmen, auch nicht aufgrund des »wahren« Glaubens. Aus dem vorrevolutionären Frankreich ist die Geschichte überliefert, wie die Mätresse eines Prinzen von königlichem Geblüt, der auf dem Sterbebett lag, ihn bei der Lektüre Humes antraf. Sie brach in Tränen aus und wollte wissen, wie er denn, so nahe dem Tod, derart ketzerisches Zeug lesen könne. Der Prinz antwortete: »Wenn man ein Leben geführt hat wie ich, dann ist das äußerst tröstlich.« Hume selbst war häufig am französischen Hof, wo sein Charme ihm den Spitznamen »Le bon David« einbrachte. Er hatte dort sogar eine berühmte Mätresse, die er allerdings mit einem Prinzen teilen mußte. Auch er konnte also durchaus den Kopf verlieren; in Wirklichkeit behielt er ihn freilich oben, aus irgendeinem Grund. Hume widerrief seinen Atheismus auch dann nicht, als er 1776 mit einer Krebserkrankung im Sterben lag – im selben Jahr, da sein Freund Adam Smith *The Wealth of Nations* (*Vom Wohlstand der Nationen*) veröffentlichte und Thomas Jefferson die Unabhängigkeitserklärung entwarf, beides klassische Texte der Aufklärung, zumindest ihrer englischen Lesart.

Die Bedeutung von Denkern wie Hume und Smith für den Darwinismus bestand darin, daß sie ein Argumentationsmuster entwickelten, das sich für das darwinistische Denken als grundlegend erweisen sollte. Bei diesem Verfahren führt der Autor eine gegebene Situation auf ihre einfachsten Elemente zurück – ähnlich wie beim Reduktionismus –, und versucht dann, mittels einfacher dynamischer Prinzipien diese Elemente »in Bewegung« zu versetzen. Ein klassisches Beispiel für dieses Verfahren ist Adam Smiths Analyse des Marktes, ausgehend vom einzelnen Produzenten. Klarheit, Logik und gedankliche Kühnheit waren charakteristisch für derartige Analysen, wobei man berücksichtigen muß, daß dies keinesfalls Merkmale des zeitgenössischen Denkens in England waren. Die Schriften von Voltaire, Casanova und anderer »kontinentaler« Literaten waren von ähnlicher Qualität.[2] Tatsächlich bewegte sich die Sprache Europas im 18. Jahrhundert weg von kultivierter Unbestimmtheit und hin zu einer provokanten Klarheit: logisch, didaktisch, eindringlich. Das entsprach genau der Zeitstimmung – und der Stimmung von Darwins Großvater Erasmus.

Charles Darwin war einer der bedeutendsten geistigen Revolutionäre aller Zeiten. Muß ein solcher Mann nicht ein feuerspeiendes, ungezähmtes Ungeheuer von Mensch gewesen sein? Keineswegs, wie wir noch sehen werden. Sein Großvater Erasmus hingegen war schon eher aus solchem Holz geschnitzt.

Erasmus Darwin (1731–1802) war ein Löwe, eine Gestalt aus dem 18. Jahrhundert, einer Zeit der Ausschweifung. Voltaire, Friedrich der Große, Casanova, Mozart und Hume zählten zu seinen Zeitgenossen. Wie sie führte er ein »grandioses«, intensives Leben, wie sie hinterließ er aber auch Trümmer und Verwirrung.

Erasmus war zuallererst Arzt. Wie seine Söhne und Enkel studierte er Medizin an der Universität Edinburgh, der damals führenden medizinischen Fakultät. Trotz (oder womöglich gerade wegen) des damals recht niedrigen intellektuellen Niveaus der Medizin war Erasmus ein außergewöhnlich erfinderischer Geist. Er war voller Spekulationen, auf technischem Gebiet ebenso wie in Biologie und Physik, einschließlich der verschiedensten Pläne, wie man all diese Ideen zu Geld machen könnte. Seine geistige Lebhaftigkeit veranlaßte ihn, die Lunar Society zu gründen, einen Club für die künftigen Mitglieder einer neuen technischen und wissenschaftlichen Elite. Unter den Mitgliedern waren Josiah Wedgwood, James Watt, Benjamin Franklin (später einer der Gründungsväter der Vereinigten Staaten) und Joseph Priestley, mithin herausragende Vertreter der Keramikherstellung, des Maschinenbaus, der Physik und Chemie. Diese Beziehungen sowie einige chemische Experimente führten zur Wahl Erasmus Darwins in die Royal Society, Englands vornehmste wissenschaftliche Gesellschaft. Er war einer der ersten Chemiker, der die heute längst als falsch erkannte Phlogiston-Theorie über die Verbrennung aufgab. Er veröffentlichte umfangreiche Werke über Biologie und Geologie, darunter *Zoonomia* und *Phytologia*, in denen sich auch Vorformen evolutionären Denkens finden (wenngleich abwegiger Art). Diese Werke waren zu ihrer Zeit recht einflußreich und wurden viel gekauft. In ihrem Vorwort zu dem Roman *Frankenstein* hat Mary Shelley ausdrücklich bestätigt, von jenem Dr. Darwin angeregt worden zu sein.[3]

Bei all diesen Aktivitäten verkörperte Erasmus Darwin jene chaotische Kreativität, die viele der führenden Geister des 18. Jahrhunderts an den Tag legten. Die Aufklärung war ein prometheisches Zeitalter, in dem, wie man glaubte, die Macht der Vernunft alle Geheimnisse und Möglichkeiten der Natur offenlegen würde. Es war eine Epoche, in der alte Traditionen vor allem als Hindernisse betrachtet wurden, eine Zeit, in der die Menschen begannen, offen über eine weltlich verfaßte Gesellschaft und über den Sturz von Religion und Monarchie nachzudenken. Und vieles davon war ja tatsächlich schon im Gange, etwa in den neu gegründeten Vereinigten Staaten und in der ersten französischen Republik. Würde die Geschichte logischen Gesetzen folgen, dann wäre dies auch die Zeit einer voll ausgereiften Theorie der Evolution gewesen, entworfen und veröffentlicht höchstwahrscheinlich von Erasmus Darwin. Da jedoch die Geschichte kein sauber konstruierter Roman ist, sondern »die Erzählung eines Idioten«, wurde Erasmus Darwin nicht zum Begründer der Evolutionsbiologie. Das sollte seinem Enkel vorbehalten bleiben, den er niemals zu Gesicht bekam.

Eine abschließende Geschichte über Erasmus: Als König Georg III. aufgrund von Porphyrie, einer ererbten Stoffwechselkrankheit, vorübergehend dem Wahnsinn verfiel, suchte man verzweifelt einen mit derartigen Zuständen vertrauten Arzt, letztlich also einen Psychiater. (*Wie* verzweifelt, zeigt der Film *The Madness of King George.*[4]) Erasmus Darwin war zu dieser Zeit ein herausragender Arzt und berühmt für sein fortgeschrittenes Verständnis des menschlichen Geistes; daher wurde ihm die Stelle eines Leibarztes des Königs angeboten, ein Posten, der ihm zweifellos den Adelstitel eingebracht hätte. Doch Erasmus lehnte ab.

Auch Darwins zweiter Großvater war eine Berühmtheit: Josiah Wedgwood (1730–1795). Seine Familie führte eine Töpferwerkstatt, in der er seit seinem neunten Lebensjahr mitarbeitete. In seinen Zwanzigern wurde er allmählich unzufrieden mit der schlechten Qualität der Tonwaren, die damals in England produziert wurden, und mittels ausgedehnter Versuchsreihen gelang es ihm, die Herstellung von keramischen Erzeugnissen weiterzuentwickeln. Eine seiner Erfindungen war eine verbesserte Art von Steingut, *creamware* genannt, die sich gut verkaufte, selbst in der königlichen Familie. Das führte zu einer raschen Expansion des Geschäfts und zur Begründung des späteren großen Vermögens der Wedgwoods. Josiah Wedgwood war ein Self-made-Unternehmer, ein Mann von geringer formaler Bildung, jedoch von beträchtlichem Instinkt für alle Möglichkeiten, sich selbst und seine Produktion voranzubringen. Dennoch war Wedgwood ebenso nonkonformistisch und radikal wie Erasmus Darwin, stets auf der Suche nach neuen Wegen, die Welt mittels des eigenen Verstandes zu begreifen, statt sich auf Autoritäten zu stützen. Ursprünglich war Wedgwood einer von Darwins Patienten; die Freundschaft zwischen den beiden Familien begann anläßlich der Finanzierung des Grand-Trunk-Kanals, zu der sich Wedgwood die Hilfe Erasmus Darwins erhoffte. Das Jahrzehnt, das die finanzielle Sicherung und der Bau des Kanals erforderte, schmiedete eine Allianz zwischen den beiden Familien, die länger als ein Jahrhundert bestehen sollte.

Die Kinder dieser beiden großen Männer freilich waren nicht von solch kühnem Optimismus. Robert Darwin war eines der älteren Kinder von Erasmus, er war der zweite, der das 21. Lebensjahr erreichte. Trotz seiner übersensiblen Veranlagung zwang ihn sein Vater, in Edinburgh Medizin zu studieren. Als es dann jedoch notwendig wurde, sich in eine Arztpraxis einzukaufen, erfuhr Robert von seinem Vater nur noch spärliche Hilfe. Dafür gab es handfeste Gründe: Erasmus gefiel es, immer neue Kinder in die Welt zu setzen und aufzuziehen, und damit fuhr er auch nach dem Tod von Roberts Mutter fort. Dann heiratete er zum zweiten Mal, behielt aber seine unehelichen Kinder bei sich. Weitere Kinder folgten, und das war nun schon eine beträchtliche Zahl von

Mäulern, die gestopft werden mußten, zu schweigen von Kleidung und Unterkunft. Für einen erwachsenen Sohn blieb da wenig Zeit und Geld. Erasmus war liederlich, charismatisch, und scharf auf Frauen – so zeigte ihn in den sechziger Jahren eine Karikatur in Kalifornien –, doch an Voraussicht fehlte es ihm. So blieben Robert nur eine schmale Versorgung und ein dürftiges Erbe.

Er mußte seinen Weg allein machen, und schließlich fand er eine ländliche Praxis in Shrewsbury. Seine berufliche Laufbahn zeichnete sich aus durch einen beträchtlichen Widerwillen gegen die körperliche Seite medizinischer Tätigkeit. Er scheint stattdessen eine Art Psychotherapeut gewesen zu sein, der durch Gespräche seine wohlhabenden Patienten von ihren Malaisen erlöste. Er war sparsam, investierte seine Einkünfte mit größter Vorsicht und wurde so zu einem bedeutenden Kapitalisten und zum Begründer eines beträchtlichen Familienvermögens. Gemessen an diesem Wohlstand lebte er äußerst bescheiden, was niemand recht verstehen konnte, nicht einmal seine eigene Familie, bis schließlich dieser Dr. Robert ein paar Jahrzehnte später einen immensen Reichtum aufgehäuft hatte. Gewiß war er eine Art Geizhals. Doch er liebte seine Kinder sehr, trotz seiner schroffen Art. Anfangs schlank, wurde er schließlich ungeheuer korpulent und erfüllte seine Umgebung mit einer unbewegten, finsteren Masse.

Einer der wesentlichen Gründe für Robert Darwins Leichenbittermiene dürfte wohl seine Frau gewesen sein, Susannah oder »Sukey«. Sie war extrovertiert und aufgeweckt, scheint jedoch ihr ganzes Erwachsenenalter hindurch von schwächlicher Gesundheit gewesen zu sein. Mit ihrem jüngsten Sohn Charles verbrachte sie nur wenig Zeit. Das Gebären fiel ihr offenbar sehr schwer, und Depressionen waren die Folge. Sie starb mit 52 Jahren, möglicherweise an Bauchfellentzündung. Ungefähr zwanzig Jahre hatte die Ehe gedauert, sechs Kinder waren zur Welt gekommen. Robert Darwin heiratete nicht mehr.

Ein junger anglikanischer Naturforscher

In der westlichen Zivilisation folgen auf Phasen der Ausschweifung gewöhnlich solche der Selbstbeschränkung und des Konservatismus. Man kann sich diesen Kontrast vor Augen halten, indem man etwa das Bacchanal der sechziger und frühen siebziger Jahre mit dem Konservatismus der achtziger und neunziger Jahre vergleicht. Doch vor dem 20. Jahrhundert floß die Zeit etwas gemächlicher dahin. Den ganzen Zeitraum von 1648 bis 1789 könnte man als einen Höhepunkt der europäischen Zivilisation bezeichnen. Die Unterwerfung und Ausbeutung eines großen Teils der übrigen Welt ging ungehindert weiter, von den Wildnissen Nord- und Südamerikas bis nach Sibirien, dem unermeßlichen russischen Hinterland. Seuchen wurden in Europa immer seltener, ein letztes Aufflackern gab es im frühen 18. Jahrhundert. Der Feudalismus starb ab, und überall bildete sich eine großspurige Mittelschicht aus wohlhabenden Städtern und Grundbesitzern. Die Impulse der Renaissance fanden ihre Fortsetzung in einer Blüte des Denkens und der Publizistik. Diese Zeit ging schwanger mit der Moderne.[5]

Doch unerwartet endete dieses Fest auf einem Holzbock. Die Hinrichtung der französischen Königsfamilie durch die Guillotine im Jahr 1793 bedeutete das Ende für zahlreiche Mitglieder der europäischen Oberschicht. Gab es zuvor eine breite Koalition von »Progressiven«, wie wir heute sagen würden, so war nach der Enthauptung von Marie Antoinette das soziale Klima vergiftet. Anhänger der Whigs wie etwa Edmund Burke, die sich für die Sache der amerikanischen und irischen Unabhängigkeit eingesetzt hatten, wurden nun zu konsequenten Kritikern der Revolution. William Pitt (englischer Premierminister 1783–1801 und 1804–1806), ansonsten ein Liberaler, führte zur Niederwerfung von Aufständen Notstandsgesetze ein und suspendierte 1794 die Habeaskorpusakte. Während der Französischen Revolution verfolgte Lord Liverpool mit eigenen Augen den Sturm auf die Bastille und das Gemetzel unter den dortigen Garnisonssoldaten. Die Wirkung, die das auf seine fünfzehn Jahre als Premierminister hatte (1812–1827), ist unverkennbar: Die Aufrechterhaltung der öffentlichen Ordnung ging ihm nun über alles. Was zuvor aus Sicht der Whigs und ihrer Verbündeten ein Sturmlauf der Menschheit hin zu immer mehr Aufklärung, Frieden und Freiheit gewesen war, drohte nun zu einem blindwütigen Aufruhr zu werden, und so weit Konservative davon betroffen waren, schienen nun gar sämtliche humanen, christlichen Werte niedergetreten zu werden. Die Zeit war reif, diesen radikalen Ideen und Taten ein Ende zu machen oder sie zumindest durch Kompromisse zu entschärfen.

Aufgrund der Geisteskrankheit Georgs III. gelangte der künftige König Georg IV. zur Herrschaft: zunächst (1811–1820) in Gestalt einer informellen Regentschaft, während derer der Sohn die Amtsgeschäfte des Vaters führte. Georg IV. sympathisierte in jüngeren Jahren mit den Whigs; zur Mitte seines Lebens hatte er diese engen Bindungen jedoch längst aufgegeben. Radikale Politik erregte damals geradezu Abscheu in weiten Kreisen der englischen Bevölkerung, insbesondere, wenn sie in irgendeiner Verbindung zu den Exzessen der Französischen Revolution und zum Verlust der amerikanischen Kolonien stand. Georg IV. selbst tat sich gütlich an Wein, Frauen und orientalischen Kuriositäten, wobei die letztere Vorliebe sich vor allem in Gestalt des Royal Pavilion manifestierte, den man für Georg in Brighton errichtete. Im Nachhinein kann man dieses Gebäude als Vorläufer der heutigen *theme parks* betrachten, deren Geschmack und Stil hier vorweggenommen scheint.

Zwei kulturelle Meilensteine sind es, die uns heute von überragender Bedeutung scheinen, wenn wir an das England der Jahre 1800 bis 1830 denken. Zunächst die geräuschvolle Geschichte der Napoleonischen Kriege. Dann jedoch – als zweiter historischer Bezugspunkt – die Romane von Jane Austen, die zu den größten englischen Autorinnen zählt, trotz ihrer Abneigung gegen alles Philosophieren und Dramatisieren. Stattdessen vergegenwärtigt sie die geordnete Welt des Landadels während der Zeit der Regentschaft.

Im Gegensatz zur Aufklärung zeichneten sich jene Jahre dadurch aus, daß man intellektuellen Konflikten, ja Ideen überhaupt aus dem Wege ging. Es war dies die Zeit, da englischer Charme und Vornehmheit perfektioniert wurden, angefangen von der Kleidung über die Umgangsformen bis hin zu einer euphemistischen Redeweise. Diese Eigenheiten hatte es auch vorher schon gegeben – man denke an Beau Brummel –, doch nun verschmolzen sie miteinander, und die englische Kultur geriet dadurch in eine Zwangsjacke, aus der sie sich bis zum Ersten Weltkrieg nicht mehr befreien sollte. Wohl selten zuvor kamen so viele Menschen in den Genuß eines derartigen materiellen Wohlstands, ohne die Mühsal eines despotischen Vasallenregiments. Es war eine Zeit, in der eine Überzahl an wohlerzogenen, wohlhabenden, jedoch nicht wirklich reichen Leuten die Muße hatten, sich fortwährend mit ihren erotischen Hoffnungen zu beschäftigen. Diese Epoche, und ihr Bild, wurde zu einer der wesentlichen Vorlagen für den Liebesroman unsrer Zeit.

Hätte man die Darwins und die Wedgwoods allesamt aus ihrem Lebenszusammenhang gerissen und mitten in einen Roman von Jane Austen versetzt – niemandem wäre etwas Besonderes aufgefallen. Kaum etwas fällt ja der Einbildungskraft schwerer, als einen Menschen aus einer anderen geschichtlichen Epoche »von innen« zu verstehen. Noch schwerer ist es, ihn zu verstehen, ehe er »bedeutend« wurde, ehe es also eine größere Zahl von Dokumenten über ihn gibt, die von ihm selbst oder von anderen Autoren stammen. Genau das ist aber die Aufgabe, vor der man steht, wenn man den jungen Charles Darwin zu begreifen sucht. In dieser Hinsicht sind wir jedoch in einer eher glücklichen Lage, denn Jane Austen ist es, die hier zu Hilfe kommt.

Charles Darwin wurde 1809 geboren; mit acht Jahren verlor er seine Mutter. Dieses traurige Ereignis scheint ihn jedoch nicht sehr beeinflußt zu haben, denn wegen ihrer körperlichen Gebrechen war er ihr kaum je nahe gekommen. Dienstpersonal und die älteren Schwestern sorgten stattdessen für ihn. Nach allem, was überliefert ist, war Charles von einnehmendem Wesen, doch keineswegs brillant; herzlich, doch nicht überströmend. Er hatte ausgeprägte Gesichtszüge und als Nase einen richtigen britischen Zinken, für den er sich schämte. Er stotterte und wurde von den Kindermädchen und Schwestern ziemlich verwöhnt. Ehe er vollends verweichlichte, schickte sein Vater den Neunjährigen auf die Knabenschule in Shrewsbury, wo es zuging wie in einem Roman von Dickens: Entbehrungen, Prügel und humanistische Bildung waren hier die wesentlichen Elemente des traditionellen Erziehungssystems.

Danach begleitete Charles seinen älteren Bruder Erasmus an die Universität Edinburgh, wo beide 1825 ein Medizinstudium aufnahmen. Das war dieselbe medizinische Fakultät, an der schon die beiden vorangegangenen Generationen der Darwins studiert hatten. Einer ihrer Onkel war dort sogar an einer Blutvergiftung gestorben, die er sich bei einer Sektion im Hörsaal zugezogen hatte. Doch wie sein Vater Robert ekelte sich auch Charles vor der Chirurgie und vor dem Sezieren und nahm jede Gelegenheit war, aus dem Operationstheater des Hörsaals zu flüchten. Charles fühlte sich von der Medizin entschieden abgestoßen und entschloß sich, diesen Beruf aufzugeben.

An diesem Punkt kam etwas ganz anderes aus Charles' Vorgeschichte ins Spiel. Als Junge hatte er eine vorübergehende Leidenschaft für die Natur und die Naturwissenschaften gezeigt, die von seinem Vater und seinem älteren Bruder nach Kräften gefördert worden war. In Edinburgh kehrte nun diese Leidenschaft mit Macht zurück. Er begann, Kurse in Naturgeschichte zu belegen, und schloß sich 1826 der Plinian Natural History Society an, einer studentischen Vereinigung. Damals prägte sich Darwins lebenslange Gewohnheit aus, mit Professoren und anderen, die an Naturforschung interessiert waren, Freundschaften zu schließen. Er lieferte sogar schon einen kleinen Beitrag zu einer Veröffentlichung über Meeresbiologie, nachdem er einige ungewöhnliche Arten im Firth of Forth entdeckt hatte. Doch da er die Medizin mittlerweile aufgegeben hatte, hatte es keinen Sinn, in Edinburgh zu bleiben, und so kehrte er 1827, mit achtzehn Jahren, zu seiner Familie zurück.

Zu diesem Zeitpunkt war Charles Darwin ein typischer junger Gentleman der Regentschaftszeit, dessen Familie in beträchtlichem Wohlstand lebte; doch noch immer war unklar, welchen Beruf er in dieser Welt ergreifen sollte. Seine Schwestern sparten nicht mit Ermahnungen, und sein Vater, obgleich wortkarg, setzte die höchsten Erwartungen in seinen Sohn. In ihrem Roman *Sense and Sensibility* liefert Jane Austen die Momentaufnahme eines fiktiven Charakters namens Edward Ferras, den man als überzeugende Verkörperung des jungen Charles Darwin betrachten könnte:

»[Er] empfahl sich der guten Meinung der Damen nicht durch irgendwelche äußeren Reize oder geschliffene Umgangsformen. Er sah nicht besonders gut aus, und seine Art empfand man erst bei größerer Vertrautheit als angenehm. Er war zu schüchtern, um selbstbewußt aufzutreten; aber wenn er seine angeborene Zurückhaltung aufgegeben hatte, sprach aus seinem ganzen Verhalten ein offenes und liebevolles Herz. Er besaß einen klaren Verstand, den eine solide Erziehung entsprechend geschult hatte.«[6]

An der Universität Cambridge war es dann, wo das Leben von Charles Darwin allmählich ins rechte Gleis geriet. Er besuchte diese Universität, um Geistlicher zu werden und so dem nächsten Berufswunsch seines Vaters, nach der Medizin, Folge zu leisten. Seinen eigenen Worten zufolge hatte er damals »nicht den mindesten Zweifel daran«, »daß jedes Wort in der Bibel in strengem Sinn und buchstäblich wahr sei«.[7] Darwin war ein halbherziger Anglikaner und in religiösen Fragen bei weitem nicht so radikal wie sein Bruder, sein Vater oder sein Großvater Erasmus.

Obwohl er an der Universität Cambridge das durch und durch humanistische Gepräge wiederfand, das er schon von der Schule her kannte, verwandte Darwin einen Großteil seiner Zeit und Energie auf Naturforschung. William Darwin Fox (1805–1880), ein Vetter zweiten Grades, führte ihn in die Freuden des Käfersammelns ein – angesichts der ungeheuren Zahl von Käfern, die es zu sammeln galt, ein wahrhaft vielversprechendes Hobby. Aber auch auf der Jagd, mit Trinken und Nichtstun verbrachte er seine Zeit, wie ein rechter Einfaltspinsel aus der Oberschicht – wenngleich sich zu Beginn von Darwins Karriere all diese Fertigkeiten als unschätzbar erweisen sollten. Andererseits schloß er sich auch seinen eher naturwissenschaftlich orientierten Professoren an, insbesondere dem Botanikprofessor Reverend J. S. Henslow (1796–1861); er belegte ihre Kurse und lernte vieles aus Gesprächen.

Die große Chance, der Langeweile des englischen Provinzlebens zu entrinnen, eröffnete sich Darwin im Jahr 1831. Captain Robert FitzRoy, ein Abkömmling eines illegitimen Sohnes von Charles II., suchte einen Naturforscher als Begleiter auf dem der Marine unterstellten Vermessungsschiff *Beagle*. Vor allem sollte es sich bei diesem Naturforscher um einen Gentleman handeln – mit irgendeinem Schmarotzer aus dem niederen Volk war ihm nicht gedient, und wenn er noch soviel von Biologie und Geologie verstand. Nein, aus der Oberschicht mußte er sein. Obwohl doch die Reise hauptsächlich den Zweck verfolgte, empirisches Material zur Naturgeschichte zu sammeln, kam es also vor allem auf den Klassenhintergrund jenes Schiffsgelehrten an, und da kam Darwin als der typische Schnösel aus wohlhabendem Haus wie gerufen. Seine etwas aufgeweckteren Professoren hatten Darwin alle möglichen Träume von tropischen Reisen in den Kopf gesetzt – er wollte also unbedingt mitfahren. Sein Vater hingegen fürchtete zu Recht, Charles würde sich dadurch den Weg zu einer ruhigen Pfarrei für immer verbauen. Doch Charles' Onkel Josiah Wedgwood II. setzte sich nachdrücklich für den Plan ein, und es gelang ihm, Dr. Robert dazu zu überreden, seinen Sohn ziehen zu lassen.

Im Dezember 1831 lief das Schiff aus: zu einer Reise, die beinahe fünf Jahre dauern und um die ganze Welt führen sollte. Als unreifer junger Mann reiste Darwin ab, als erfahrener Naturforscher kehrte er zurück. Er sammelte ein ganzes Lager biologischer Musterexemplare, von denen er viele selbst erlegt oder vom Deck der *Beagle* aus dem Ozean gefischt hatte, dazu Fossilien und Gesteinsproben aller Art. Das meiste dieser Materialien sammelte er in Südamerika, auf jenem Kontinent, für den sich die Royal Navy besonders interessierte. Von allen Kostbarkeiten, die Naturforscher bis zu diesem Zeitpunkt aufgehäuft hatten, war Darwins Sammlung eine der beträchtlichsten.

Doch Darwin kehrte 1836 keineswegs als Evolutionstheoretiker nach England zurück. Während er im Dienst der Navy stand, hatte er noch keine tieferen Einblicke in die Entstehung der Arten. Seine wissenschaftlichen Überlegungen kreisten vielmehr um die Funktion von Korallenriffs bei der Entstehung tropischer Inseln – ein Gedanke, der zu einer seiner ersten Veröffentlichungen führte. Darin machte sich der Einfluß von Charles Lyells *Principles of Geology* geltend, die er an Bord der *Beagle* gelesen hatte. Die Geschichte, Darwin sei der Gedanke der Evolution während seiner Reise mit der *Beagle* gekommen, auf den Galapagosinseln, ist eine bloße Legende. Geniale Ideen hat man beim Dösen in einem Vorstadtgarten – oder am Schreibtisch.

Eine Theorie, mit der man arbeiten kann

Nach seiner Rückkehr nach England im Jahr 1836 ließ sich Darwin zunächst in London nieder. Seine Großtaten während der Fahrt der *Beagle* sprachen sich in seiner Familie und unter akademischen Freunden herum, und das verschaffte ihm einen ganz neuen Status. Er war nicht mehr der junge Mann mit unklaren Talenten: Er war »angekommen«. Noch im selben Jahr wurde er Mitglied der Geological Society, später wurde er deren Sekretär. 1838 wurde er ins »Athenäum« aufgenommen, den Londoner Intellektuellenclub. Und 1839 wurde er in die Royal Society gewählt, wie zuvor schon sein Großvater, wobei die wissenschaftliche Reputation in seinem Fall auf den umfassenden Sammlungen beruhte, die er von der Reise mit der *Beagle* mitgebracht hatte. Zu jener Zeit waren diese Sammlungen tatsächlich eine der Hauptattraktionen der naturwissenschaftlichen Szene in London. Darwin begann, in einer ganzen Reihe intellektueller Zirkel zu verkehren, wobei er etliche bemerkenswerte Figuren kennenlernte, angefangen von Thomas Carlyle, einem polemischen Historiker, bis hin zu Charles Babbage, der eine mechanische Rechenmaschine erfunden hatte.

1839 veröffentlichte Darwin sein *Journal*, in dem er die Reise der *Beagle* schildert.[8] Dieses Buch, das sich durch faszinierende naturgeschichtliche Passagen und durch einen klaren Stil auszeichnet, wurde ein Bestseller. Aber auch ernsthafte wissenschaftliche Arbeit betrieb Darwin, indem er etliche der Monographien herausgab, die Spezialisten über die von ihm gesammelten Exemplare verfaßt hatten. *Diese* Tätigkeit war es, die ihn letztlich zur Theorie der Evolution führte. Wobei es zu der entscheidenden Entdeckung völlig unbeabsichtigt kam. Darwin und andere hatten auf den Galapagosinseln zahlreiche Vögel gesammelt, darunter auch Spottdrosseln und Finken, wobei sie notiert hatten, von welcher Insel die Exemplare jeweils stammten. Darwin vermutete zunächst, bei vielen der verschiedenen Formen handele es sich um bloße Varianten, nicht aber um unterschiedliche Arten. Doch der Zoologe John Gould, der über Vögel weit besser Bescheid wußte als Darwin, kam im März 1837 zu dem Ergebnis, daß auf den verschiedenen Inseln auch verschiedene Vogelarten lebten. Interessanterweise ähnelten sie aber alle bestimmten Arten vom südamerikanischen Festland, und es war denkbar, daß die Vorfahren jener Vögel einst von dort zu den Galapagosinseln geflogen waren. Auf Darwin, der sich bisher über den Status dieser Tiere im unklaren gewesen war, wirkte diese Nachricht wie eine Bombe. Er zog den Schluß, daß die Inselarten von jenen Festlandarten, die auf die Galapagosinseln gekommen waren, irgendwie abstammen mußten, und zwar (hier übertrug er seine eigene Unsicherheit kurzerhand auf die Sache selbst) durch den Prozeß einer allmählichen »Transmutation«. Das führte ihn bald zur Idee eines »Baumes«, der verschiedene Lebensformen miteinander verbindet, die alle einer Transmutation unterliegen – oder, wie wir heute sagen würden, einer Evolution.

Darwin war zu diesem Zeitpunkt bereits ein erfahrener Naturwissenschaftler. Ihm war klar, daß es keinesfalls genügen würde, von irgendeinem nicht näher bestimmten Prozeß der »Transmutation« zu sprechen. Die Aufgabe war nun, auch einen genau definierten Mechanismus zu finden, mittels dessen die Evolution voranschreitet, also »eine Theorie, mit der man arbeiten kann«. Darwin zermarterte sich das Gehirn über der Lösung dieses Problems, und wie im Fieber probierte er monatelang eine Idee nach der anderen aus. Der Durchbruch gelang im September 1838, als Darwin das Werk von Thomas Robert Malthus über das Wachstum der Bevölkerung las.[9] Der Nationalökonom Malthus äußerte sich besorgt darüber, daß die Bevölkerungszahl tendenziell geometrisch anwächst, während die Versorgung mit Nahrungsmitteln eher linear zunimmt – so vermutete er zumindest. Akzeptierte man aber diese Voraussetzung, dann war klar, daß die Bevölkerung die Ressourcen an Nahrungsmitteln irgendwann erschöpfen würde, mit der Folge von Hungersnöten, Krankheiten und allgemein verabscheuten menschlichen Verhaltensweisen wie etwa Krieg oder Kannibalismus. Mit solchen Überlegungen gelangte Malthus zu seinem Ruf als einer der Begründer der sprichwörtlich »trostlosen« Wissenschaft, der Volkswirtschaftslehre. Darwin wiederum interessierte sich dafür, welche Folgen ein derartiger Notstand für die einzelnen Mitglieder von Pflanzen- und Tierpopulationen haben würde. Seine Überlegung war, daß die besser angepaßten Organismen die Katastrophe wohl überleben würden und daß sie demzufolge unter den Elternpaaren der folgenden Generation überrepräsentiert sein würden. Man brauchte nur anzunehmen, daß gleiches stets gleiches hervorbringt, so würden die Abkömmlinge dieser stärkeren Überlebenden selbst stärker sein, und sei es auch nur um ein weniges. Setzte sich dieser Prozeß aber über zahlreiche Generationen fort, so würde er zu einer natürlichen Auslese der jeweils tüchtigsten Nachkommen führen.

Der große Zauderer: Heirat und *Die Entstehung der Arten*

Notizbücher, in die man seine Gedanken gewissenhaft niederschreibt, sind problematisch: Sie können sich später als ziemlich peinlich erweisen. Wie hätte sich wohl Darwin gefühlt, hätte er gewußt, wie viele Biographen sich über seine protokollierten Seelenqualen angesichts der Frage der Ehe lustig machen würden? Seinen Notizbüchern zufolge hatte er keine Lust, eine geschlechtslose Arbeitsbiene zu sein, die »nur schuftet und sonst nichts«. Doch eine Heirat zog womöglich Kinder nach sich, Streitereien und – was das Schlimmste war – eine Einbuße an Arbeitszeit. Es bestand auch das Risiko, daß seiner Frau das Leben in der Stadt nicht gefallen und sie ihn in den Stumpfsinn des Landlebens treiben würde (eine Abneigung, die er mit Karl Marx teilte). Andererseits würde eine Heirat bedeuten, daß jemand da wäre, der sich um den Haushalt kümmerte, man hätte Unterhaltung, Musik, und so weiter.

Doch es gab noch andere Punkte zu bedenken. Sein Erfolg als Persönlichkeit der Wissenschaft, den Darwin in London genoß, hatte seinen Vater stark beeindruckt; es war keine Rede mehr davon, daß Charles Dorfpfarrer werden solle. Dr. Robert Darwin war bereit, seinen Sohn und dessen wissenschaftliche Arbeit auch nach einer Heirat zu unterstützen; die elterliche Mißbilligung sollte ihn nicht länger hindern. Das bedeutete: Als verheirateter Mann würde sich Darwin die Möglichkeit eröffnen, ohne feste Anstellung zu leben.

Vielleicht noch wichtiger war die Frage, *wen* Charles eigentlich heiraten solle. Fast seine ganze Zeit als Erwachsener hatte er in Gesellschaft von Männern zugebracht, davon allein fünf Jahre an Bord der *Beagle*. Auch in London war er eleganten Empfängen und Bällen ferngeblieben. Doch er gehörte zur ländlichen Oberschicht, wo derartige Probleme sich tendenziell von selbst lösten: Familien und familiäre Beziehungen waren hier alles. Vor allem die Wedgwoods und deren unbeschwerte Geselligkeit hatten es ihm schon immer angetan; man besuchte sich gegenseitig und schrieb sich auch häufig. Darwin faßte einen Entschluß. Nachdem er sich vergewissert hatte, daß sein Vater einverstanden war, machte er sich 1838 auf den Weg nach Maer, dem Familiensitz der Wedgwoods, und warb um deren Tochter Emma. Im Januar 1839 feierte man Hochzeit.

Wenn man den Portraits und den Berichten der Zeitgenossen glauben darf, war Emma attraktiv und lebhaft. Doch sie war auch eine Kusine ersten Grades von seiten von Charles' Mutter: einige Monate älter als er, die jüngste Tochter von Josiah Wedgwood II. Dieser »Josiah II.« war derselbe, der Darwin zur Fahrt mit der *Beagle* verholfen hatte, entgegen den Einwänden von Dr. Robert. Charles' Schwester Caroline hatte Emmas Bruder Josiah Wedgwood III. geheiratet. Alles ziemlich beunruhigend, genetisch gesehen, denn aus Ehen zwischen Vettern und Kusinen gehen weit überdurchschnittlich viele Kinder mit Geburtsfehlern hervor, von anderen Problemen ganz zu schweigen. Doch der anglikanische Ritus hatte nichts dagegen einzuwenden, und die ländliche Oberschicht im England des 19. Jahrhunderts war anglikanisch bis ins Mark.

Etwa seit seiner Ankunft im London litt Charles unter den verschiedensten lästigen Beschwerden: starkes Herzklopfen, Magenbeschwerden, Kopfschmerzen und anderes. Fast das ganze Jahr 1840 war ausgefüllt von Krankheiten, und in diesem Jahr offenbar gelangten die Darwins zu der Überzeugung, um Charles' Gesundheit willen sei es notwendig, aufs Land zu ziehen. Früher hatte er befürchtet, eine unbarmherzige Ehefrau werde ihn in die Provinz verschleppen; jetzt, im Jahr 1842, machte er sich halbwegs freiwillig auf den Weg nach Down House in Kent. Doch diese gesundheitlichen Rücksichten blieben ohne Wirkung; auch in der reinen Landluft kränkelte Darwin, und daran sollte sich sein gan zes weiteres Leben lang nichts mehr ändern. Er ertrug seine Leiden mit bemerkenswerter Tapferkeit – das war viktorianische Mentalität –, aber auch mit einer gewissen morbiden Zwanghaftigkeit. Bis zum einem Alter von 73 Jahren – gleichsam auf der Reise zu einer stark verspäteten letzten Ruhe – produzierte er Tausende wissenschaftlicher Manuskriptseiten.

Man hat für Darwins schlechten gesundheitlichen Zustand gelegentlich eine neurotische Hypochondrie verantwortlich gemacht, die aus der Furcht vor der öffentlichen Reaktion auf seine Theorie der Evolution erwachsen sei. Darwin wußte, daß seine Auffassung von der Transmutation (oder Evolution) der Arten den festgefügten Ansichten sowohl der Geistlichkeit als auch der Naturwissenschaftler geradezu ins Gesicht schlug. Das Herbeiführen eines sozialen Bruchs war jedoch das letzte, wozu dieser schüchterne, stotternde, freundliche Gentleman der Regentschaftszeit bestimmt zu sein schien. Er war ein Mann, der mit seinem Vater noch immer nicht anders sprechen konnte als aus einer Position der Unterwerfung. Daß Darwin die Veröffentlichung seiner Theorie der Evolution durch natürliche Auslese mehrmals verzögerte, überrascht nicht im mindesten. Großvater Erasmus hätte sofort alles in Druck gegeben und die Verdammnis auf sich genommen.

Andererseits war Charles Darwin aber auch daran interessiert, daß künftige Generationen seine große Leistung würdigten. Daran dachte er, als er seine Ideen in zwei knappen Skizzen zu Papier brachte, zunächst 1842 und in einer etwas längeren Version zwei Jahre später. Diese zweite Arbeit hatte einen Umfang von etwa 50000 Wörtern; Darwin verfügte, daß sie kurz nach seinem Tod veröffentlicht werden solle. Tatsächlich wurde sie niemals publiziert; immerhin gewährte Darwin einigen (doch bei weitem nicht allen) befreundeten Wissenschaftlern Einblick. Die meisten aus Darwins Bekanntenkreis erfuhren von seinen Theorien jedoch erst durch die Lektüre von *On the Origin of Species* (*Über die Entstehung der Arten*), dessen erste Auflage 1859 erschien.

In den Jahren zwischen 1844 und 1855 arbeitete Darwin daran, tiefer in die biologischen Details einzudringen; das bemerkenswerteste Ergebnis war eine riesige, in zwei Bänden veröffentlichte Studie über den Rankenfußkrebs, jenes am stärksten »haftende« Krustentier. Während dieser Zeit wurde ihm von der Royal Society die Royal Medal verliehen, in Würdigung seiner Arbeit über Korallenriffe und Rankenfüßer. Erst 1855/56 machte er sich endlich daran, seine Ideen zur Evolution in einer etwas gedrängteren Form zu Papier zu bringen. Doch obwohl seine Kollegen ihn dazu zu überreden suchten, zunächst eine kurze Zusammenfassung zu veröffentlichen, blieb er eisern in seinem Bestreben, das Thema wirklich erschöpfend zu behandeln. Die Ereignisse sorgten jedoch dafür, daß für weiteres Zaudern keine Zeit mehr war.

Es geschah im Juni 1858. Darwin empfing einen Brief des Zoologen Alfred Russel Wallace, zusammen mit einem kurzen Aufsatz, in dem eine Theorie der Variation und der natürlichen Auslese skizziert wurde. Beides zusammen sollte »Evolution« hervorbringen. Wallace bereiste die Tropen, um naturgeschichtliche Materialien zu sammeln; er verfaßte wissenschaftliche Aufsätze und war auch der Autor eines ziemlich bekannten Buchs, das etwa im selben Geist geschrieben war wie Darwins *Journal*. (William Anderson, der Protagonist von A.S. Byatts Erzählung *Morpho Eugenia* – später verfilmt als *Angels and Insects* –, gleicht Wallace in etlichen biographischen Details, darunter die bescheidenen Verhältnisse, denen er entstammte, und die Schiffsladung von Präparaten, die auf See verlorenging.)[10]

Als Darwin das Manuskript von Wallace las, geriet er in eine tiefe Krise. Denn Wallace bat ihn, es an Sir Charles Lyell weiterzureichen, und wenn beide der Ansicht waren, es lohnte sich, dann sollte es veröffentlicht werden. Doch Darwin wollte nicht, daß Wallace als einziger Entdecker jener Idee bekannt wurde, auf der er selbst seit nunmehr fast zwanzig Jahren saß. Darwin fragte Lyell um Rat, und dieser schlug vor, Wallaces Manuskript zusammen mit einem Beitrag Darwins herauszugeben, so daß sie beide den Status von »Mitentdeckern« hätten. Das leuchtete ein, und so wurden 1858 der Linnean Society zwei Arbeiten vorgestellt, eine von Wallace und eine von Darwin. Keiner der beiden Autoren war anwesend, und eine Diskussion kam nicht zustande.

Wallace hatte also seinen Ballon steigen lassen, und aus Sicht der Öffentlichkeit war in der Frage der Evolution nun Darwin am Zug. Er beeilte sich, um mit einer Arbeit hervorzutreten, die seine Auffassungen schlagkräftiger darlegen würde als ein bloßes Referat. So entschloß er sich, eine Kurzfassung von mehreren hundert Seiten zu schaffen – und daraus wurde *On the Origin of Species*, erstmals erschienen im Jahr 1859. Alle folgenden Generationen sollten Wallace dankbar sein, denn Darwins ursprünglicher Plan für dieses Buch hätte etliche Bände erfordert. Darwin war zwar – für viktorianische Verhältnisse – ein ziemlich guter Autor, doch es ist unwahrscheinlich, daß sich außer den unmittelbar Interessierten irgend jemand der Mühe unterzogen hätte, eine Darstellung der Evolution in der Form zu studieren, in der Darwin sie ursprünglich konzipiert hatte. *Über die Entstehung der Arten* sollte sich als historischer Meilenstein erweisen: ein Buch, das ein riesiges wissenschaftliches Gebiet revolutionierte, das aber auch von intelligenten Laien mit Gewinn gelesen wird.

Bemerkenswert ist, in welchem Umfang in *Über die Entstehung der Arten* die Argumentationsstruktur selbst thematisiert wird und wie mögliche Gegner dieser Argumente durch schlagkräftige Widerlegungen von vornherein abgeschreckt werden. Dabei geht es jedoch nicht um die systematische und mühselige Aufzählung naturgeschichtlicher Fakten, die Punkt für Punkt durchgegangen werden; vielmehr sind es die Kühnheit und Klarheit dieses Buchs, die – verglichen mit anderen naturwissenschaftlichen Publikationen jener Zeit – geradezu schockieren.

Die öffentliche Reaktion auf *Über die Entstehung der Arten* ist wissenschaftshistorische Legende. Einige aufgeblasene Prälaten griffen das Buch an, während junge, aufstrebende wissenschaftliche Begabungen sich zusammentaten, um es zu verteidigen. T. H. Huxley kam als »Darwins Bulldogge« zu eigenem Ruhm, indem er ihn gegen Bischof Samuel Wilberforce (genannt »der ölige Sam«) verteidigte. Zeitschriften druckten Karikaturen Darwins. Er wurde zu einer Kultfigur für Linke, Revolutionäre, Antiklerikale. Marx wollte *Das Kapital* Darwin widmen, doch dieser lehnte höflich ab; von der bizarren historischen Verbindung, die durch diesen Vorschlag angebahnt wurde – ein Austausch zwischen den beiden bedeutendsten Denkern des 19. Jahrhunderts –, machte er sich ganz gewiß keine Vorstellung. Die wissenschaftliche Öffentlichkeit nahm den Gedanken der Evolution wohlwollend auf; es sollte sich allerdings zeigen, daß es nicht ganz so einfach war, sich auch mit der Theorie der natürlichen Auslese abzufinden. Genau darum soll es in den nächsten drei Kapiteln gehen.

Westminster Abbey und die Unsterblichkeit

Was blieb für Darwin noch zu tun? Wie schon erwähnt, kämpfte er nach wie vor mit dem Problem der Vererbung erworbener Eigenschaften. Doch obwohl er wahrscheinlich – von Mendel einmal abgesehen – der bedeutendste lebende Experte auf diesem Gebiet war, gelang es ihm nicht, sich über den Mechanismus der Vererbung ein klares Bild zu verschaffen.

Auch an anderen biologischen Problemen, die ihn interessierten, arbeitete Darwin weiter, darunter die sexuelle Selektion, die Befruchtung von Orchideen, Würmer, tierisches Verhalten und die Evolution des Menschen. Was den Menschen angeht, so waren Darwins Ansichten etwas rückständig; doch hatte er einige Eingebungen, die beeindruckend sind, wie zum Beispiel die Annahme, der Ursprung der Menschheit sei in Afrika zu suchen. Sein gesamtes Werk zeichnet sich durch eine außerordentliche Umsicht sowohl in bezug auf das empirische Material als auch auf dessen Bedeutung aus.

Die Darwins bekamen zehn Kinder, das letzte, als Emma bereits 48 Jahre alt war. Eine schreckliche Zahl, so scheint uns heute, doch in den Zeiten vor den Möglichkeiten von Geburtenkontrolle und moderner Hygiene war diese Fruchtbarkeit ganz normal. Es überrascht allerdings nicht – auch das war üblich –, daß eines als Kind und zwei schon als Kleinkinder starben. Ob bei den gesundheitlichen Problemen dieser Kinder auch die genetischen Komplikationen der Verwandtenehe eine Rolle spielten, ist schwer zu sagen. Es heißt, bei den Darwins habe es die verschiedensten ebenso sonderbaren wie hartnäckigen gesundheitlichen Beschwerden gegeben, und einige Autoren sind gar der Ansicht, die Darwins seien eine Bande von Hypochondern gewesen.

Psychologisch vielleicht von größerer Bedeutung war in Darwins Familie das alte Problem der Religion. Charles wurde nach und nach zum Atheist, während seine Frau ihr Leben lang fromm blieb. Als Darwin starb, war er der Auffassung, daß dies sein absolutes Ende sei. Es wurde zwar verschiedentlich behauptet, Darwin sei noch auf dem Sterbebett zum Christentum zurückgekehrt, aber solche Geschichten sind völlig apokryph. Beerdigt wurde er in der Westminster Abbey, und so fand er seine letzte Ruhe nicht weit entfernt von den sterblichen Überresten Isaac Newtons, einer der wenigen Persönlichkeiten in der Geschichte, die ihm ebenbürtig war. Auf dem Grabstein steht unter seinem Namen das Geburtsdatum, der 12. Februar 1809, und das Datum des Todes, der 19. April 1882. Andere Gräber in unmittelbarer Nachbarschaft tragen in Stein gehauene Lobsprüche; seines nicht.

Worin besteht nun Darwins historische Rolle als Wissenschaftler? Drei Eigenschaften des organischen Lebens gaben Rätsel auf: die Verwandtschaft der Arten, die Vielfalt der Arten und die Angepaßtheit der Arten. Darwin lieferte die grundsätzlichen Erklärungen für diese Phänomene, Erklärungen, die in der Biologie noch heute Gültigkeit haben. Jedes dieser Probleme wird uns im folgenden noch beschäftigen; das Wesentliche in Kürze vorwegzunehmen, ist jedoch nicht besonders schwierig.

Die Frage, warum die Säugetiere Ähnlichkeiten mit allen anderen Tierarten aufweisen, oder auch die Frage, warum sämtliche Insektenarten einander ähnlich sind, wurde vor Darwin ausschließlich mit Hilfe theologischer oder philosophischer Begriffe diskutiert. Darwins Lösung dieses Problems lautet, daß die Arten in einer evolutionären Beziehung zueinander stehen; sie haben gemeinsame Vorfahren und ähneln einander in bestimmten Eigenschaften wie Geschwister. Im Rahmen einer langfristigen evolutionären Entwicklung gehen die Arten auseinander hervor, und zwar durch einen Prozeß langsamer und gradueller Veränderung, in dessen Verlauf die Relikte der gemeinsamen Vorfahren gewöhnlich sichtbar bleiben. Letztlich kann man das gesamte Leben zurückverfolgen bis zu einem oder zu einigen wenigen ersten Ahnen, deren Eigenschaften einige der prinzipiellen Grenzen des Lebens selbst definieren.

Die Vielfalt des Lebens ist wunderlich. Wozu gibt es mehr als eine halbe Million Käferarten, weit mehr als sämtliche Arten auf dem Land lebender Wirbeltiere? Warum ist das Leben so überquellend, so formenreich, so verschwenderisch? Und diese verschiedenen Arten sind ja keineswegs nur unwesentliche Variationen eines gemeinsamen Themas – obwohl natürlich auch das vorkommt. Aber einige Säugetiere fliegen, andere schwimmen in den Tiefen des Ozeans, und wieder andere wühlen sich durch die Erde. Auch dies vermochte Darwin zu erklären, aufgrund desselben verzweigten Baums evolutionärer Abstammung. Von der Verästelung rührt die Vielfalt, und häufig führt die Selektion diese Vielfalt herbei, indem sie bestimmte Arten, die in ihrer angestammten Heimat der ökologischen Konkurrenz zu entrinnen suchen, zu extremen Lösungen treibt. (Darauf kommen wir noch zurück.) Im Rahmen von Darwins Modell ist die Vielfalt nicht nur erklärbar: Sie ist das, was man erwarten muß.

Schließlich ist noch die Angepaßtheit des Lebens zu klären, die Tatsache, daß es zu funktionieren scheint aufgrund wunderbar effizienter Vorrichtungen. Dies war der Punkt, an dem in vordarwinscher Zeit das stärkste Argument für die Existenz Gottes ansetzte: das Argument der zweckgerichteten Form. Jene wunderbaren Vorrichtungen – so lautete das Argument – sind nur durch einen Schöpfer zu erklären, denn daß sie durch Zufall entstanden sind, ist ja wohl kaum anzunehmen. Darwin erklärte diese Angepaßtheit durch natürliche Auslese, durch die unterschiedliche Reproduktionsrate der an ihre Umgebung unterschiedlich angepaßten Lebewesen. Das schnellere Pferd, das in der Lage ist, seinen natürlichen Feinden zu entkommen, wird im Durchschnitt eine größere Nachkommenschaft haben, und zwar Nachkommen, deren Eigenschaften den seinen ähnlich sind. Auf diese Weise steigt die durchschnittliche Geschwindigkeit der Pferde. Aus der Sicht von Darwins natürlicher Selektion ist Angepaßtheit ein derart plausibles Ergebnis der Evolution, daß einige Biologen schon dazu tendieren, die Sache zu übertreiben und überall Anpassung am Werk zu sehen. Doch wie immer solche Wissenschaftler auch fehl gehen: Anpassungsleistungen zu begründen, ist für Biologen kein Problem mehr, seit sie mit einer Evolution durch natürliche Auslese argumentieren.

Insgesamt lieferte Darwin das Fundament einer Biologie, die von religiösen Elementen völlig frei ist. Für Molekularbiologen scheint dieser Beitrag weitab von ihrem Arbeitsgebiet zu liegen; sie können mit ihren Experimenten fortfahren, deren Logik sich eher von den Grundbegriffen der organischen Chemie herleitet als von denen der Evolutionsbiologie. Doch die Tatsache, daß sie weder in Richtung Rom noch in Richtung Canterbury ihre wissenschaftlich pietätvollen Verbeugungen machen müssen, ist weitgehend der Leistung Darwins zu verdanken. Außerhalb dieser biologischen Arbeitsgebiete jedoch, wo die direkte molekulare Analyse häufig schon ausreicht, um alle Probleme zu lösen, ist das von Darwin eingeführte evolutionäre Denken häufig ein wesentliches analytisches Instrument, um Probleme zu definieren, alternative Lösungen zu finden und zwischen konkurrierenden Hypothesen eine Wahl zu treffen. Ohne Darwins Theorien und Entdeckungen wäre die moderne Biologie undenkbar.

2 Vererbung
Das Problem der Variation

In der Biologie am schwersten nachzuvollziehen ist die große Bedeutung der Variation, und dafür gibt es wohl mehrere Gründe. Einer davon ist psychologischer Natur: Es ist für uns einfacher, mit in sich homogenen Mengen von Objekten zu hantieren als mit inhomogenen. Wenn wir vor den Augen unseres kleinen Kindes drei gelbe Plastikenten langsam abzählen, dann vermitteln wir damit implizit die Vorstellung, sie seien identisch, was natürlich eine Illusion ist. Die gelben Enten bleiben voneinander verschieden, und sei es auf unscheinbarste Weise.

Ein weiteres Problem ergibt sich daraus, daß die Grundlagen der Naturwissenschaften von Physikern definiert wurden; sie bildeten die Realität durch mathematische Ausdrücke ab, die jegliche Variation und alles bloß Zufällige vernachlässigen. Das ist die Art von Metaphysik, die aus Differential- und Integralrechung ihre Kosmologie erschafft. Eleganz, Genauigkeit und Verallgemeinerbarkeit wurden von Galilei, Newton und Laplace in einem Maße zur Deckung gebracht wie niemals zuvor. Und ihre außerordentlich abstrakten Theorien wurden zum Modell, zum Paradigma bei der Fortentwicklung der Naturwissenschaften.

Doch dann stellte sich heraus, daß diese Tendenz des menschlichen Denkens, und insbesondere des Denkens in der Moderne, auf dem Gebiet der Biologie geradezu kontraproduktiv ist. Variation ist nicht nur charakteristisch für alle

Lebewesen; sie ist von zentraler Bedeutung auch für ihre Evolution. Darwin war der erste, der dies klar erkannte. Unglücklicherweise genügte sein Verständnis der Vererbung jedoch nicht, um die spezifischen Mechanismen aufzuzeigen, mittels derer die Variation evolutionär wirksam wird. Die Bedeutung der erblichen Variation, das war das eine. Doch weder Darwin noch irgendein anderer prominenter Biologe seiner Zeit fand den Mechanismus der Vererbung selbst. Das verleitete ihn zu zahlreichen falschen Schlußfolgerungen über den Gang der Evolution.

Den Schlüssel zum Geheimnis der Vererbung fand Gregor Mendel, ein österreichischer Mönch des 19. Jahrhunderts, der jedoch weitgehend im Verborgenen arbeitete. Erst nach dem Ersten Weltkrieg gelang es, diesen Schlüssel auf das Problem der Variation anzuwenden und damit die Tür zur Evolution zu öffnen. Nach zahllosen Irrungen und Wirrungen verstand man endlich, daß der tatsächliche Mechanismus der Vererbung eine Evolution im darwinschen Sinne möglich machte.

Der platonische Organismus

Am Ursprung der Biologie konnte von einem angemessenen Verständnis der Variation noch keine Rede sein. Im Gegenteil, die theoretischen Wurzeln der Biologie reichen zurück zu einer Quelle, die einem solchen Verständnis geradezu abträglich war, nämlich zur Philosophie Platons, des Begründers einer »Akademie« und des »akademischen« Wissens.

Abstraktionen, die störende Abweichungen außer acht lassen, sind akademischem Wissen geradezu immanent. Das Wirkliche und Wahre wird durch Worte oder Symbole repräsentiert: In gewissem Maß rührt diese Auffassung sogar von der Sprache selbst her. Vom akademischen Wissen jedoch wird sie um einiges weiter getrieben, insbesondere im

Gebrauch abstrakter Begriffe. Wir haben nicht nur Worte, mit denen wir einzelne, uns bekannte Kinder oder Tiere bezeichnen, sondern wir verfügen auch über Worte, die sich auf allgemeine Kategorien beziehen, wie »Kind«, »Pferd« oder auch »Wort«. Im akademischen Diskurs werden solche abstrakten Begriffe übereinandergestapelt und türmen sich auf zu wahren Mauern der Beredsamkeit. Man kann einen Intellektuellen geradezu als jemanden definieren, den das Allgemeine so in seinen Bann zieht, daß keine Aufmerksamkeit mehr für das Spezifische bleibt.

Das große erkenntnistheoretische Problem besteht nun darin, auf welche Weise eigentlich Abstraktionen oder Verallgemeinerungen der Vertiefung des Wissens dienen. Konkrete Aussagen sind offenbar realitätsnäher. Wir können etwa sagen: »An einem Dienstag überquerte John Kramer die Straße vor seinem Haus« – und wenn es tatsächlich so war, dann haben wir etwas gesagt, das einen eindeutigen Informationswert besitzt. Dagegen ein Satz wie: »Der Mensch ist ein Säugetier« – wo steckt der Informationswert in *dieser* Art von Aussagen?

Dieses Problem hielt die griechischen Philosophen der Antike lange in Atem, auch Platon. Und die ganze westliche Philosophie besteht ja im wesentlichen – Alfred North Whitehead und anderen zufolge – aus einer Serie von Fußnoten zu Platon. Immerhin, er hatte zum Problem des abstrakten Wissens eine Lösung anzubieten. Seine Theorie besagte, daß unter der Oberfläche der Dinge deren wahres inneres Wesen verborgen liege. Dieses Wesen bestehe aus unveränderlichen »Ideen« oder Attributen, die nur deshalb so schwer zu erkennen sind, weil sie sich in den einzelnen Dingen in so vielfältiger Weise manifestieren. Verschiedene Olivenbäume sind somit nur Variationen des einen wahren, wesenhaften Olivenbaums. Abstraktes Wissen ist für Platon insofern »wahrer«, denn es ignoriert die flüchtigen, trivialen oder verwirrenden äußerlichen Attribute und konzentriert sich auf die reine Idee.

In der Biologie zeigte Platons Begriff eines zugrunde liegenden Wesens beträchtliche Wirkung, insbesondere in der Form, wie Platons Schüler Aristoteles, der erste bedeutende Biologe, ihn präsentierte. Zu jeder Art gehören zahllose Individuen, doch alle scheinen einem irgendwie zugrunde liegenden Plan zu folgen, der die Morphologie und das Verhalten steuert. Die Biologie der Antike nahm an, jeder Spezies liege ein entsprechendes »Wesen« zugrunde, und individuelle Variationen seien bedeutungslos, »zufällige Abweichungen vom Typus«. Aristoteles glaubte, das Wesen (*eidos*) werde von den Eltern an die Nachkommen weitergereicht: einer der Ursprünge des Begriffs der Vererbung.

Diese Theorie stimmte auch gut mit der christlichen Theologie überein, wie sie sich nach der Zeit der Renaissance entwickelte. Betrachtet man Gott als allmächtiges Wesen, das imstande ist, perfekte Schöpfungen hervorzubringen, dann wird jede von ihm erschaffene Spezies in ihrer eigentlichen Natur auch seine ursprünglichen Absichten widerspiegeln. Freilich gibt es zufällige Abweichungen vom ursprünglichen göttlichen Plan, doch wenn man zahlreiche Einzelexemplare sorgfältig untersucht, so wird der ursprüngliche Impuls in seinem inneren Zusammenhang und seiner Funktionalität hervortreten. Die »Wesenheiten« und der »Allerhöchste« gingen so Hand in Hand und brachten den hohen Ton in eine Biologie, die sich nach der Renaissance zu einem Zweig der »natürlichen Theologie« entwickelte.

Wenn man annimmt, das, was die Spezies eigentlich repräsentiert, seien bestimmte ideelle Eigenschaften und alle Abweichungen seien nur zufällige oder »unreine« Variationen, dann ist es unwahrscheinlich, daß man auf den Gedanken der Evolution verfällt oder diesen Gedanken gar für richtig hält. Die Variation ist dann bloßes Störgeräusch, nicht der Rohstoff des Wandels. Und wenn man sich die Arten als scharf voneinander abgegrenzte Typen vorstellt, dann ist die einzige denkbare Art des Wandels der Sprung von einer Spezies zur anderen. Derartige Sprünge sind jedoch nicht eben plausibel und scheinen nur durch ein Wunder möglich. Jedenfalls war die Entwicklung eines evolutionären Denkens angesichts solcher Vorstellungen außerordentlich schwierig, selbst für unvoreingenommene Menschen. Und umgekehrt sorgten diese Vorstellungen dafür, daß diejenigen, die zu evolutionärem Denken ohnehin nicht fähig waren, in einer gänzlich bornierten Gegnerschaft verharrten.

Darwin und die Variation

Das Sammeln von Musterexemplaren und Fossilien und deren Präsentation im eigenen Studierzimmer war unter viktorianischen Ladys und Gentlemen eine beständige Leidenschaft. Man erinnere sich nur daran, daß Darwin ein begeisterter Sammler von Käfern war, selbst in seiner nicht besonders fleißigen Studienzeit. Gern erzählte er die Geschichte, wie er eines Tages zwei Käfer gefangen hatte und sie lebend in jeweils einer Hand hielt; da sah er einen weiteren Käfer, den er unbedingt haben mußte. In seiner Verzweiflung steckte er einen der Käfer in den Mund und griff nach dem dritten Exemplar. Doch noch bevor sich seine Finger schlossen, stieß der Käfer in seinem Mund eine scharfe, beißende Flüssigkeit aus. Darwin spie den Käfer aus und verlor dabei auch den anderen aus seiner Hand. Das Ergebnis war: überhaupt kein Käfer.

Darwin besaß zahllose Käfer, auch schon vor seiner Reise mit der *Beagle*. Auf dem Schiff nun war es seine Aufgabe, Exemplare von schlichtweg allem, was ihm in die Quere kam, zu sammeln: Vögel, Pflanzen und Meerestiere. Zehn Jahre lang, von Mitte der vierziger bis Mitte der fünfziger

Jahre, arbeitete er an der Klassifikation der Rankenfüßer. Darwin korrespondierte mit Tierzüchtern, vor allem mit Taubenzüchtern. All diese Tätigkeiten brachten ihm die phantastische Vielfalt vor Augen, die schon innerhalb einer einzelnen Art zu finden ist. Und wenn er über seinen Klassifikationen saß, fand er es manchmal zum Verrücktwerden schwierig, genau zu bestimmen, was wohin gehörte – so veränderlich waren die Formen des Lebens.

Die Variation war Darwins Ausgangspunkt. Schon in den ersten beiden Kapiteln der *Entstehung der Arten* geht es um die Variation, bei Zuchttieren wie in der Natur. Für ihn war klar, daß Variationen etwas Wesentliches sind:

»Es ist wohl der Mühe wert, die verschiedenen Abhandlungen über unsere alten Kulturpflanzen ... sorgfältig zu studieren, und es ist wirklich überraschend zu sehen, wie endlos die Menge von einzelnen Verschiedenheiten in der Struktur und Konstitution ist, durch welche alle ihre Varietäten und Subvarietäten unbedeutend voneinander abweichen. Ihre ganze Organisation scheint plastisch geworden zu sein, um bald in dieser, bald in jener Richtung sich etwas vom elterlichen Typus zu entfernen.«

Interessant ist, daß Darwin hier eine gewisse Überraschung zum Ausdruck bringt – vielleicht deshalb, weil die Situation abweicht von dem, was man nach Platon erwarten müßte. Die Erwähnung des »elterlichen Typus« scheint ein Nachklang typologischen Denkens zu sein. Dennoch wird die Bedeutung der Variation klar herausgestellt.

Ebenso wichtig für Darwins Argument ist freilich die Vererbung der Variation.

»Nicht-erbliche Abänderungen sind für uns ohne Bedeutung. Aber schon die Zahl und Mannigfaltigkeit der erblichen Abweichungen in dem Bau des Körpers, sei es von geringer oder von beträchtlicher physiologischer Wichtigkeit, ist endlos.«[11]

Das Tier, das Darwin in seinem Hauptwerk am genauesten im Hinblick auf Variationen untersucht, ist die Haustaube. Taubenzucht war ja in der Arbeiterklasse der viktorianischen Zeit eines der beliebtesten Hobbys. Auch Darwin beschäftigte sich damit und wurde zu einem wahren Taubenexperten. Es gab sogar einen Kritiker, der *Über die Entstehung der Arten* noch vor der Veröffentlichung las und mit den Argumenten zur Evolution wenig anfangen konnte, jedoch von der Materialfülle zum Thema Tauben begeistert war. Er riet dem Verleger, nicht dieses Buch zu drucken, sondern stattdessen von Darwin ein Werk über Tauben zu fordern. Darwin bezog sich auf die zahlreichen Unterarten der Taube, um zu beweisen, daß es tatsächlich Variationen gibt, die zur planvollen Zucht bestimmter Eigenschaften und damit zur Diversifikation nutzbar gemacht werden können – und dies war im Grunde schon ein Modell für den evolutionären Prozeß insgesamt.

Später arbeitete Darwin an einer riesigen Abhandlung zur Frage der Variation, mit besonderem Hinblick auf Vererbungsmuster. Diese Abhandlung erschien 1868 unter dem Titel *The Variation of Animals and Plants under Domestication (Das Variieren der Tiere und Pflanzen im Zustande der Domestikation)*. Doch dieser Versuch Darwins, den Mechanismus der Vererbung selbst herauszuarbeiten, scheiterte. Tragischerweise wurde unter Darwins nachgelassenen Papieren ein noch ungeöffnetes Exemplar von Mendels entscheidender Arbeit über die Vererbung bei Erbsen gefunden. Hätte er sie mit Verständnis gelesen, so hätte die Evolutionsbiologie mindestens drei Jahrzehnte gewonnen.

Die wichtigste Alternative zu jeder Form von Evolutionstheorie ist die Annahme einer statischen Welt des Lebens, in der keinerlei Wandel der Arten stattfindet. Wenn aber Übergänge von einer Art zur anderen ausgeschlossen sind, dann setzt das natürlich voraus, daß die Arten *de novo* entstanden sind. Da nun aber lebendige Wesen wohl kaum per Zufall aus dem Nichts entstehen, also durch rein mechanisches Zusammentreffen, so ist – falls tatsächlich Stillstand überwiegt – die Annahme plausibel, daß die Arten von einer allmächtigen Intelligenz geschaffen wurden. Schöpfungslehre und Stagnation ergeben sich demnach logisch auseinander, während Materialismus und Evolution in vergleichbarer Weise voneinander abhängen. Die Variation ist der Angelpunkt, an dem sich die Biologie von der Schöpfungsidee und vom statischen Denken abwandte und zu Theorien der Anpassung und Evolution überging.

Darwin brauchte Mendel

Die Bedeutung der Mendelschen genetischen Gesetze als Mechanismus der Vererbung macht man sich am besten klar, indem man über andere Möglichkeiten nachdenkt, wie Variation von einer Generation zur nächsten weitergegeben werden könnte – über alternative Mechanismen der Vererbung also. Und das ist mehr als eine gedankliche Übung. Denn einige der Alternativen, die wir hier betrachten müssen, hatten noch im späten 19. und sogar noch bis ins 20. Jahrhundert einflußreiche Befürworter. Es ist wahrhaftig eine Ironie der Geschichte, daß einer der vernehmlichsten Verfechter dieser irrigen Auffassungen im 19. Jahrhundert niemand anderes als Charles Darwin selbst war.

Der erste von Darwins Reinfällen war die Theorie der »Mischvererbung«, wobei dieser Ausdruck ursprünglich nicht einmal eine exakt definierte Bedeutung hatte. Diese Theorie war in gewissem Sinn eine Verallgemeinerung des Begriffs »Blut«, wie er in Europa vor 1900 geläufig war. Da gab es »königliches Blut«, »aristokratisches Blut« und so fort. Dieser Begriff des Blutes hat unter Leuten ohne biologische Grundkenntnisse als volkstümliche Theorie der Vererbung überdauert; sie sprechen insbesondere von »schlechtem Blut«, ein vager Begriff, der sich auf Erbkrankheiten und schlechten Allgemeinzustand ebenso beziehen kann wie auf die Erbsünde.

Der wissenschaftliche Begriff der Mischvererbung ist nicht ganz so aufregend. Nehmen wir ein hypothetisches Beispiel und kreuzen ein weißes mit einem schwarzen Kaninchen. Nach der Theorie der Mischvererbung müßten dann alle Nachkommen grau sein. Diese grauen Kaninchen, miteinander gekreuzt, bringen ebenfalls ausschließlich graue Kaninchen hervor. So lange man also Gleiches mit Gleichem kreuzt, gibt es keine Chance, daß jemals etwas davon Verschiedenes herauskommt.

Mischvererbung ist dem evolutionären Wandel von Grund auf abträglich. Denn sie vernichtet Variationen, wie man am Beispiel der Kaninchen leicht erkennen kann. Weiße Kaninchen gekreuzt mit weißen ergeben wieder weiße – der Mischvererbung zufolge. Analog bei den schwarzen. Weiße Kaninchen gekreuzt mit schwarzen ergeben graue. Das bedeutet – so könnte man meinen – mehr Variation als zu Beginn. Doch es werden jetzt weniger Kaninchen die farblichen Extreme Weiß und Schwarz besetzen. Weiter: Grau gekreuzt mit Weiß ergibt Grau, niemals Weiß; Grau gekreuzt mit Schwarz ergibt ebenfalls Grau und niemals Schwarz. Wenn demnach über Generationen hinweg die Paarungen der Kaninchen in Bezug auf die Farbe einigermaßen zufällig sind, dann wird es immer weniger weiße und schwarze Kaninchen geben. Alle werden irgendeinen Grauton annehmen. Wenn sich dann auch diese grauen Kaninchen über weitere Generationen miteinander paaren, dann wird ihre Farbe sich immer mehr einem einheitlichen Grau angleichen, und es wird in dieser Population überhaupt keine Variationen mehr geben. Die Extreme werden verschwunden sein, und der Population bleibt trostlose Uniformität. Trägt erst einmal jedes einzelne Individuum denselben Grauton, so gibt es keine Variabilität mehr, die zur Evolution irgend etwas beitragen könnte, und das Ergebnis dürfte Stagnation sein. Für Darwins Evolutionstheorie wäre demnach die Mischvererbung ausgesprochen ungünstig.

Fleeming Jenkin, ein britischer Ingenieur, machte Darwin auf das Problem aufmerksam.[12] Dieser nahm den Einwand durchaus ernst, fand jedoch niemals eine wirkliche Lösung. Seine Strategie bestand in der Suche nach Mitteln und Wegen, einen reichen Fundus von Varianten zu erzeugen, mit denen die natürliche Auslese dann operieren konnte. Diesen Fundus sollte schließlich die Vererbung erworbener Eigenschaften liefern.

Die Vorstellung einer Vererbung erworbener Eigenschaften läuft darauf hinaus, daß es von der Umgebung oder vom physischen Zustand der Eltern abhängt, was jeweils an die Nachkommen weitergegeben wird. Das heißt, die an die Nachkommen vererbten Eigenschaften sind beeinflußt von korrespondierenden Eigenschaften, die von den Eltern während ihrer Lebenszeit erworben wurden – entweder aufgrund ihrer eigenen Handlungen oder aufgrund von Umweltbedingungen. So müßten etwa die Kinder von reich tätowierten Eltern – falls erworbene Eigenschaften wirklich vererbt werden – mit irgendwelchen Spuren auf der Haut zur Welt kommen.

Zwei Arten einer solchen »sanften« Vererbung wurden vor der Wende zum 20. Jahrhundert diskutiert. Die erste Annahme lautete: Wenn ein Elternteil »bestrebt« ist, ein bestimmtes Ziel zu erreichen – wenn etwa eine Giraffe sich streckt, um an die höchsten Blätter eines Baumes zu gelangen –, so würde es während seiner Lebenszeit dazu geeignete, vorteilhafte Strukturen entwickeln und sie dann auch an seine Nachkommen weitergeben. Mit anderen Worten: Die sich streckenden Giraffen werden Giraffenbabys mit längeren Hälsen hervorbringen. Der zweiten Hypothese zufolge haben die Umstände der Reproduktion den stärksten Einfluß auf die Eigenschaften der Nachkommen. So glaubte zum Beispiel Francis Bacon im frühen 17. Jahrhundert, die Umstände der Zeugung beeinflußten die Lebensdauer des Sprößlings, insbesondere der Zustand der Väter. Denn manche »sind vollgefressen oder betrunken; andere tun es nach dem Schlaf oder am Morgen; andere nach langer Unterbrechung, wieder andere nach häufiger Wiederholung der ehelichen Vereinigung; und einige (so ist es gewöhnlich, wenn Bastarde herauskommen) in der Hitze der Leidenschaft«.[13]

Tatsächlich ist sowohl die eine wie auch die andere Annahme in allen Kulturen verbreitet, in denen das genetische Denken und die Diskussion des Vererbungsproblems noch vom *Common sense* regiert werden.

Die wissenschaftliche Hypothese lautete, in Kürze, daß vererbtes Material, sogenanntes Keimplasma, sensibel und beeinflußbar ist. Das Keimplasma nimmt demzufolge irgendwelche Eindrücke aus seiner Umgebung auf, und dadurch schon gibt es der nächsten Generation Form und Gestalt. Insbesondere nahm man an, die Auswirkungen auf die nächste Generation müßten positiv sein, weil diese nun für den Überlebenskampf und für ihre eigene Reproduktion besser gerüstet sind – alles eine Folge der Vererbung erworbener Eigenschaften. Auf diese Weise findet zugleich eine Art »Anpassung« an die Umwelt statt. Für Jean-Baptiste de Lamarck (1744–1829), einen führenden französischen Biologen, war diese Art der Anpassung von entscheidender Bedeutung für seine Auffassung vom Wandel natürlicher Arten, und im Hinblick auf die Evolution halten einige ihn sogar für einen Vorläufer Darwins. Auf der Basis eines derart wirksamen Anpassungsmechanismus konnte Lamarck eine Theorie evolutionärer Anpassung vorlegen, in der allerdings der Begriff der Selektion gänzlich fehlte. Bei ihm war es eine Art vitaler

Impuls, der die Stelle von Darwins natürlicher Auslese einnahm.

Darwins Auffassung unterschied sich von der Lamarcks. Insbesondere vermischte er nicht den Prozeß der Anpassung mit dem der Vererbung. Stattdessen war für ihn die Vererbung erworbener Eigenschaften eine Quelle neuer Variationen, und zwar auch solcher, die nicht unbedingt auf Anpassung ausgerichtet waren. Die natürliche Selektion wählt dann unter diesen Variationen, so daß es zur Anpassung kommt (mehr dazu im 3. Kapitel).

Was nun den allgemeinen Mechanismus der Vererbung anging, so entwickelte Darwin ein ausgefeiltes Modell, das er »Pangenese-Theorie« nannte. Darin vereinigte er die Mischvererbung mit der Vererbung erworbener Eigenschaften. Er nahm an, das vererbte Material bestehe aus einer großen Zahl von »Keimchen«, den kleinsten Bausteinen der Vererbung. Diese hypothetischen Keimchen sollten jedoch nicht in physikalische Strukturen eingebunden sein, und ihre Anzahl je Typus war ebenfalls nicht festgelegt. Darwin stellte sich vor, daß diese Keimchen durch den Körper wandern und Informationen über den Zustand der verschiedenen Körperteile aufnehmen. Vor der Reproduktion wandern einige dieser Keimchen zurück zu den Geschlechtsdrüsen und werden dort, noch ehe es zur Befruchtung kommt, von Fortpflanzungszellen aufgenommen.

Die Theorie, daß erworbene Eigenschaften normalerweise vererbt werden, wirft jedoch beträchtliche Probleme auf. Wie wir noch sehen werden, führten Darwins eigene Versuche, die Theorie zu überprüfen, zu deren Widerlegung. Die heutige genetische Forschung läßt gar von Theorien, die auf der Vererbung erworbener Eigenschaften gründen, überhaupt nichts mehr übrig. Es ist zwar richtig, daß radioaktive Strahlung oder chemische Stoffe, welche die Erbanlagen schädigen, auch die nächste Generation beeinträchtigen; doch das geschieht in einer absolut zufälligen Weise. Mutationen sind keine »Eindrücke aus der Umwelt«, sondern nichts als ungesteuerte chemische Destruktion.

Vom Gradualismus zu Galton

Einer der grundlegenden Glaubensartikel in Darwins wissenschaftlicher Ausbildung war der »Gradualismus«: die Überlagerung zweier logisch voneinander unabhängiger weltanschaulicher Thesen. Die erste lautete schlicht und einfach, daß sämtliche Veränderungen fließend vor sich gehen und daß es keine abrupten Übergänge gibt. So erklärte Darwin zum Beispiel die aus Korallen aufgebauten Atolle aus dem allmählichen Absinken von Korallenriffs in der Umgebung vulkanischer Inseln. In der Geologie seiner Zeit hielt man Erdsenkungen, Erosion und die Bildung von Schichten für die entscheidenden Prozesse, aus denen Landschaftsformationen hervorgehen: alles langsame Vorgänge mit nur allmählich sich akkumulierenden Veränderungen.

Die zweite Komponente des Gradualismus bestand in der Skepsis gegenüber äußeren Einflüssen. Allmähliche terrestrische Prozesse waren es, die man als Erklärung für Veränderungen heranzog, nicht aber erdgeschichtliche Katastrophen aus heiterem Himmel – sei es nun der astronomische Himmel oder der christliche. Weder ein Gott, noch astrologische Mächte, noch irgendein Weltgeist sollten als kausale Erklärung herhalten. Beide Komponenten zusammen machen plausibel, wie aus dem Gradualismus, den Darwin als junger Naturforscher übernahm, auf natürliche Weise seine Theorie der Evolution hervorgehen konnte. Ein Schöpfergott als Urheber aller belebten Materie ist genau das, was ein Gradualist nur ungern als Erklärung des Lebens akzeptieren würde. So brachte gerade der Gradualismus Darwin dazu, mit der damals gültigen, theologisch begründeten Biologie aufzuräumen.

Die Schwierigkeit, die aus der doppelten Natur des Gradualismus erwuchs, bestand darin, daß man bei allen sprunghaft verlaufenden Vererbungsprozessen sogleich an ein Eingreifen Gottes oder anderer verborgener Mächte dachte. Diese Assoziation war jedoch keineswegs logisch begründet, sondern folgte einfach daraus, daß der Gradualismus eine Art wissenschaftliches Vorurteil war. So war auch für Darwin keine Form von Vererbung akzeptabel außer derjenigen, die sich kontinuierlich und in gleitendem Übergang vollzieht. Die Fälle bizarrer, mutierter Formen, die zu seiner Zeit bekannt waren, hielt er für bloße »Abarten«, die zur weiteren Evolution nichts beitragen. Damit hatte er im wesentlichen auch recht, da anomale Mutationen gewöhnlich von geringer Lebensfähigkeit sind. Doch die bloße Existenz dieser Abarten war ein Indiz dafür, daß er mit seiner Auffassung der Vererbung nicht unbedingt richtig lag. Wie die meisten Wissenschaftler verhielt sich Darwin bisweilen gegenüber Beobachtungen, die seinen Theorien gefährlich wurden, als seien es Feinde, die man bekämpfen muß – und nicht Ausnahmen, die etwas richtigstellen könnten. Er selbst gab zu, gut im »Herauswinden« zu sein, das heißt im Vermeiden sämtlicher Haken, die seinen Ideen bedrohlich waren und sie wie Denkfehler aussehen ließen. Freilich, die meisten Haken, an denen Darwin hätte hängen bleiben können, erwiesen sich nach weiteren Forschungen als Trugbilder. Nicht jedoch jener Haken namens »Vererbung«.

Die Darwinsche Orthodoxie besagte, daß Vererbung kontinuierlich vonstatten geht. Ein eigener, kleiner Forschungsbereich entstand, die sogenannte Biometrie, die sich mit den quantitativen Aspekten der Vererbung beschäftigte und dabei ebenfalls deren Kontinuität voraussetzte. Der erste bedeutende Vertreter der Biometrie war Sir Francis Galton, der vor allem mit seinem Buch *Hereditary Genius* von 1869 bekannt wurde.[14] In diesem und anderen Werken begann Galton mit der statistischen Untersuchung der Variationen, wobei er die Grundlage statistischer Verfahren schuf und insbesondere deren Anwendung auf die Vererbung begründete.

Galton machte auch Experimente zur Vererbung. Er führte Bluttransfusionen bei Kaninchen durch und zeigte, daß die in Darwins Pangenese-Theorie behaupteten zirkulierenden Keimchen nicht nachweisbar sind. Das Blut von Kaninchen mit einer bestimmten Fellfarbe, übertragen auf Kaninchen von anderer Farbe, hatte auf die Farbe von deren Nachkommen keinerlei Einfluß. Darwin ermutigte Galton anfangs zu diesen Versuchen; nachdem jedoch die Ergebnisse negativ waren, behauptete er, die Zirkulation der Keimchen könne auch mittels anderer Körperflüssigkeiten erfolgen – da wand er sich wieder einmal auf klassische Weise heraus. Während Galton die ersten Werkzeuge zur statistischen Analyse quantitativer Variationen entwickelte, gelangte er allmählich zu der Überzeugung, daß Darwins Theorie der Vererbung im wesentlichen falsch war.

Die Erforschung der Variation im Licht der Evolution: Auf diesem Gebiet war Galton die Leitfigur im spätviktorianischen England. Junge Männer schlossen sich ihm an, darunter vor allem Karl Pearson und William Bateson. Pearson war gelernter Mathematiker, Bateson dagegen hatte Probleme mit der Mathematik. Pearson war besonders von Galtons Statistik angetan, die er weiterentwickelte. Bateson interessierte sich mehr für den Begriff der Abart und für eine Evolution, die sich in »Sprüngen« vollzieht. Da beide ziemlich ehrgeizige und außerdem schroffe Charaktere waren, entwickelte sich bald intensiver Haß zwischen ihnen. Damit war die Bühne bereitet für eine der destruktivsten Episoden in der Geschichte der Biologie.

Die Wiederentdeckung Mendels

Die Zündschnur wurde gelegt, als die Werke des bescheidenen Mendel neu entdeckt wurden. Zwischen 1856 und 1871 hatte Mendel seine außerordentlichen Untersuchungen über Vererbung bei Erbsen durchgeführt, 1865 hatte er zum ersten Mal darüber publiziert, und zwar im deutschsprachigen Organ eines lokalen Vereins von Naturforschern.[15] Man könnte meinen, seine unverdiente »Abwesenheit« rührte einfach daher, daß man ihn nicht zur Kenntnis nahm. Die Wahrheit ist jedoch unerfreulicher. Mendel hatte intensiven Briefwechsel mit einem der führenden Botaniker seiner Zeit, Carl von Nägeli, der von einer kontinuierlichen Vererbung absolut überzeugt war. Nägeli scheint Mendel bewußt entmutigt zu haben, er führte ihn in die Irre im Hinblick auf andere bedeutsame wissenschaftliche Arbeiten, und er sorgte dafür, daß nur einige wenige Wissenschaftler überhaupt von Mendel hörten. Damit gelang es Nägeli, Mendels Demonstration der diskontinuierlichen Vererbung für einen Zeitraum von mehr als dreißig Jahren fast vollständig zu unterdrücken.

Diese Episode zeigt nicht zuletzt, in welchem Maß Reklame in eigener Sache entscheidend für wissenschaftlichen Erfolg ist. Sieht man sich die Biographien von Isaac Newton, Charles Darwin oder James Watson genauer an, so zeigt sich, daß die Naturwissenschaften kaum jenes objektive Unternehmen sind, von dem ihr eigener Mythos gern spricht. Denn diese drei Wissenschaftler wandten viel Energie auf, um sicherzustellen, daß sie auch anerkannt wurden (und nur Watson gab das offen zu[16]). Man könnte sogar sagen, daß die Art von Selbstbescheidung, zu der ein Mönch wie Mendel verpflichtet war, in den Naturwissenschaften geradezu kontraproduktiv ist.

Doch durch eine bemerkenswerte Koinzidenz wurde Mendel um 1900 von mehreren europäischen Wissenschaftlern unabhängig voneinander wiederentdeckt. Die Geschichte, die Batesons Frau nach dem Tod ihres Mannes erzählte, lautet so: Am 8. Mai 1900 sei William Bateson mit dem Zug zu einer Vorlesung unterwegs gewesen, die er zum Thema »Probleme der Vererbung« vor der Royal Horticultural Society of England halten wollte. Zur Lektüre hatte er einige Aufsätze dabei, darunter einen von Mendel. Bald wurde ihm klar, daß Mendels Arbeit von entscheidender Bedeutung war. Ihre Grundgedanken wurden daher sofort in die Vorlesung integriert, die Bateson noch am selben Tag zu halten hatte. Zwar haben in jüngster Zeit einige Wissenschaftshistoriker behauptet, Bateson habe Mendels Aufsatz schon vorher gekannt, doch die Version seiner Frau ist zu kurios, um darüber hinwegzugehen.

Um zu verstehen, warum die Wiederentdeckung Mendels wie ein Blitz einschlug, muß man zunächst einige Grundelemente der Genetik betrachten. Mendel schlug ein Modell der Vererbung vor, das umwerfend einfach war und das dennoch viele rätselhafte Ergebnisse von Zuchtexperimenten mit Tieren und Pflanzen absolut überzeugend erklärte. Mendels Modell gründete auf der Annahme, daß der Prozeß der Vererbung auf einzelne Bausteine verteilt ist, von denen jeder jeweils eine Eigenschaft festlegt. Heute nennen wir diese Bausteine »Gene« und sprechen salopp von einem »Gen für die Augenfarbe«, »Gen für Zwergwuchs« und so weiter. Das Interessante dabei ist, daß die meisten Organismen von jedem dieser Gene zwei Exemplare besitzen, die sogenannten Allele, wobei die Eigenart eines Allels wiederum vom Zustand und vom Typ des entsprechenden Gens abhängt. Angenommen, ich besitze zwei Autos, und es sind *meine* Autos im selben Sinn wie meine Gene *meine* Gene sind. Die Autos sind von einem bestimmten Fabrikat und haben eine Modellbezeichnung, und das würde sie, dieser Analogie zufolge, als »Allele« definieren. Wenn ich also sage: »Ich besitze Autos«, so entspricht das dem Satz: »Ich habe Gene«. Sage ich aber: »Ich habe einen Ford und einen Chevrolet«, so beschreibe ich damit ihren Status als Allele.

Das Entscheidende in der Genetik ist nun, daß die beiden Allele jedes Gens (die beiden Autos) an die Nachkommen mit gleicher Häufigkeit weitergegeben werden. Sind die beiden Allele ohnehin gleich – wenn sie zum Beispiel beide blaue Augen erzeugen –, dann spielt das keine Rolle; interessant wird es jedoch, wenn in ihnen verschiedene Eigenschaften verschlüsselt sind: blaue Augen in dem einen, braune Augen im anderen (wenn also das eine Auto ein Ford, das andere ein Chevrolet ist). Mendel wußte bereits, daß kombinierte Allele nicht ineinander übergehen oder sich wechselseitig beeinflussen, sondern völlig isoliert voneinander bleiben (wie auch meine Autos keinerlei Neigung zeigen, einander ähnlich zu werden). Diese »harte« Vererbung nach Mendel ist das genaue Gegenteil von Darwins Modell der Mischvererbung und der Vererbung erworbener Eigenschaften.

Komplizierter wird die Sache, wenn an einem bestimmten, genetisch wirksamen Ort (man nennt ihn »Locus«) zwei unterschiedliche Allele miteinander kombiniert werden. Bleiben wir bei unserer Analogie, dann ist der Locus eine Doppelgarage und die beiden Allele sind zwei Autos darin. »Sex« bedeutet, daß die Allele die Garage verlassen und sich in anderen Doppelgaragen mit anderen Allelen zusammentun. Wenn jedoch zwei verschiedenwertige Allele die Eigenschaft »ausdrücken« sollen, für die ihr Gen steht, dann gibt es mehrere mögliche Resultate. Eines davon ist, daß die jeweilige Eigenschaft mit einem Durchschnittswert auftritt, relativ zu den Werten, die eine Kombination gleicher Allele hervorgebracht hätte. Nehmen wir an, eines der Allele bewirkt, daß ein Hund 20 Kilo wiegt, sofern es in zweifacher Ausführung vorliegt, und ein anderes Allel bewirkt – unter derselben Voraussetzung –, daß der Hund 30 Kilo wiegt. Bei der Kombination dieser beiden verschiedenen Allele würde dann ein Hund von 25 Kilo herauskommen. Es gibt jedoch noch eine andere Möglichkeit, die man »Dominanz« nennt: wenn nämlich in unserem Beispiel die Kombination der verschiedenartigen Allele einen Hund von 30 Kilo hervorbringt. Man sagt dann, das »30-Kilo-Allel« sei »dominant«, das »20-Kilo-Allel« hingegen »rezessiv«. Es gibt zahlreiche Eigenschaften, bei denen genau diese Art von genetischer Dominanz auftritt, darunter fast alle Allele von Säugetieren, die mit der Pigmentierung zu tun haben – ganz gleich, ob es sich um die Farbe der Augen oder des Fells handelt. Bei Pflanzen, wie etwa bei den von Mendel gezüchteten Erbsen, sind dominante Eigenschaften so verbreitet, daß Mendel glaubte, es handele sich um das Gesetz der Vererbung schlechthin. Das trifft jedoch keineswegs zu. Die meisten organismischen Eigenschaften wie etwa Größe und Gewicht zeigen Zwischenwerte, wenn verschiedene Allele miteinander kombiniert werden.

William Bateson und etliche andere gelangten zu dem Schluß, daß Mendels Modell einer diskontinuierlichen Vererbung genau die Art von Variation beschreibt, die in der Evolution entscheidend ist. Was wiederum bewies – folgerte Bateson weiter –, daß sich die Evolution in Sprüngen vollzieht. Karl Pearson und die anderen Biometriker, welche die Vererbung auf der Grundlage der Theorie der Mischvererbung untersuchten, waren ebenso der Ansicht, daß Mendelismus und Darwinismus in Gegensatz zueinander stehen. Unumstößlich war ihr Glaube an Darwins Hypothese, Evolution beruhe auf der natürlichen Auslese gradueller Variationen, und wer irgend etwas daran in Frage stellte, der lehnte das Ganze ab – jedenfalls in den Augen der Biometriker. Damit akzeptierten sie die Verbindung, die Bateson herstellte: die Verbindung zwischen dem *Material* der Evolution (kontinuierliche Variationen) mit dem *Verlaufsmuster* der Evolution (Kontinuität). Da nun aber Mendels Theorie von diskreten

Variationen ausging, zogen die Biometriker den Schluß, daß sie falsch sein müsse. Und darum bekämpften sie den Mendelismus.

Batesons Gegenattacke war heftig; er beschuldigte seine Gegner »falscher Schlußfolgerungen«, »schlampiger Argumente« und eines »ständigen, grotesken Mißbrauchs von Autoritäten«. Die biometrischen Fachzeitschriften lehnten es zunehmend ab, überhaupt noch etwas von ihm zu veröffentlichen. Die Sache spitzte sich bei einem Treffen der zoologischen Sektion der British Association for the Advancement of Science endgültig zu. Gegen Ende erhob sich Karl Pearson und schlug einen Waffenstillstand vor.

»Nachdem Pearson seinen Platz wieder eingenommen hatte, erhob sich der Vorsitzende, Reverend T. R. Stebbing, ein bedeutender Krebsforscher, doch eine kleine, sanft und gutmütig aussehende Figur, um die Diskussion zu beschließen. Mit ein paar einleitenden Worten beklagte er zunächst die Stimmung, die aufgekommen war, und versicherte uns, als einem Mann des Friedens seien derartige Kontroversen nicht gerade nach seinem Geschmack. Wir wurden schon alle nervös, denn das schien ein reichlich lahmer Abschluß einer temperamentvollen Versammlung zu werden – erst recht, als er dann auf Pearsons Vorschlag eines Waffenstillstands zu sprechen kam. ... ›Sie alle haben gehört‹, begann er, ›was Professor Pearson vorgeschlagen hat.‹ Pause. Dann jedoch, mit plötzlich erhobener Stimme: ›Ich aber sage: Sie sollten es ausfechten!‹«[17]

Mutationen

Auf dem Gebiet der Vererbung hatten die Biometriker keine Chance, die Anhänger Mendels aus dem Feld zu schlagen. Denn was die Mechanik der Vererbung anging, so lagen sie ganz einfach falsch: Diese war tatsächlich, wie Mendel angenommen hatte, diskret. Seine Anhänger triumphierten, wenngleich den Biometrikern noch eine letzte Bastion verblieb. Das Problem, das die Mendelianer noch zu bewältigen hatten, war der Entwurf einer eigenen Evolutionstheorie. Die an der Selektion orientierte Theorie der Biometriker kam ja für sie nicht in Frage, solange an der falschen Verbindung von Darwins Theorie der Anpassung mit seiner Theorie der Mischvererbung festgehalten wurde – ein Modell des Vererbungsvorgangs, das ja in Wahrheit mit einer Evolution durch natürliche Selektion schlecht zusammenpaßte.

Hugo De Vries war die Schlüsselfigur bei der Fortentwicklung des Mendelismus: ein Botaniker, der mit einem Nachtkerzengewächs experimentierte, der *Oenothera lamarckiana* (schon der Name jagt dem eingeschworenen Darwinisten Schauer über den Rücken). Diese Pflanze besitzt einen merkwürdigen »Chromosomenring«, der bisweilen umfängliche genetische Veränderungen hervorruft; daraus entstehen Nachkommen, die sich mit der parentalen Pflanze nicht mehr kreuzen lassen: eine gleichsam übergangslose Artentstehung, ohne jede erkennbare natürliche Auslese und ohne allmähliche Akkumulation von Abweichungen. Es ist dies ein unglückliches Beispiel dafür, wie auf einem einzigen, bizarren Fall eine ganze Theorie begründet wird: Denn gestützt auf diesen einen Fall wurde behauptet, der durch Mutationen hervorgerufene Druck sei die entscheidende Kraft, die hinter der Evolution steht, und neue Arten tauchten dann auf, wenn genügend große Mutationssprünge erfolgt seien. Ironischerweise läuft dieser ganze Prozeß auf eine Art materialistische Neuschöpfung hinaus, der es nur an einer Gottheit fehlt.

Die Theorien der »Mutationisten« waren logisch bestechend und experimentell schlecht begründet; dennoch lenkten sie schließlich die Aufmerksamkeit der Biologen auf Mutationen, die ohne jeden äußeren Einfluß auftreten. De Vries behauptete weiterhin, Mutationen seien hinsichtlich der Anpassung völlig neutral; in Bezug auf eine bestimmte Eigenschaft könnten sie ebenso harmlos wie verhängnisvoll sein. Somit legten sie die Vorstellung eines blinden evolutionären Prozesses nahe, in dem es keinerlei zwangsläufige Fortschritte gibt. Der Materialismus in der Evolutionsbiologie war damit auf seinem Höhepunkt angelangt.

Die »mutationistischen« Genetiker und die Neo-Lamarckkianer des frühen 20. Jahrhunderts mit ihrem beinahe idealistischen Denken standen sich – kaum überraschend – völlig unversöhnlich gegenüber. Der Sieg der ersteren in bezug auf die Vererbung führte dazu, daß es endgültig vorbei war mit der Vererbbarkeit erworbener Eigenschaften. In gewissem Sinn wurde dies als ein Sieg der Mutationisten über die Darwinisten wahrgenommen, denn es waren ja gerade die letzteren, die an der Vererbung erworbener Eigenschaften festgehalten hatten. Die Erosion des Darwinismus, die durch das Bekanntwerden von Mendels Theorie eingeleitet worden war, wurde dadurch noch beschleunigt – zumindest auf einer wissenschaftspolitischen Ebene.

Eine begriffliche Schwierigkeit tauchte auf. Für De Vries, der den Begriff in die Biologie eingeführt hatte, war eine »Mutation« eine plötzliche genetische Diskontinuität und damit notwendig die Ursache der Entstehung einer neuen Art. Das heißt, per definitionem waren Mutationen die für die Artentstehung (»Speziation«) verantwortlichen Kräfte. Es dauerte einige Zeit, ehe diese Begriffsverwirrung in der Forschungsliteratur bereinigt war und »Mutation« und »Speziation« wieder klar voneinander unterschieden wurden.

Eine wichtige Etappe bei der Lösung dieser Probleme war die experimentelle Erforschung des genetischen Systems der *Oenothera*. Es stellte sich heraus, daß die Vererbung bei dieser Pflanze bizarren Regeln folgt, die bei anderen Arten gänzlich unbekannt waren, und daß sie daher ein völlig ungeeignetes Objekt war, um allgemeine Hypothesen zur Evolution zu überprüfen.

In den Jahren nach 1910 begann der spätere Nobelpreisträger H. J. Muller, über letale Mutationen zu forschen, wobei er sich die reichen Ressourcen an ungewöhnlichem genetischem Material zunutze machte, über das die Fruchtfliege *Drosophila* verfügt. Insbesondere gelang es Muller, diese Fliegen genetisch so zu beeinflussen, daß es bei ihnen zu einer Anhäufung von rezessiven Letalmutationen kam. Er konnte zeigen – und dies war besonders bedeutsam –, daß die Rate derartiger Mutationen ansteigt, wenn man die Temperatur erhöht oder die Fruchtfliegen radioaktiver Strahlung aussetzt. Diese Versuche überzeugten viele davon, daß es sich bei Mutationen um einen gewöhnlichen chemischen Prozeß handelt, daß er also hervorgerufen wird durch die Zuführung einer ausreichenden Menge an Energie, die dann bestimmte chemische Reaktionen in Gang setzt. Diese Energie kann sich aus der kinetischen Energie speisen, die durch erhöhte Temperatur geliefert wird, sie kann aber auch von den atomaren Bausteinen stammen, aus denen radioaktive Strahlung besteht. Außerdem konnten mit Hilfe der Strahlentechnik die Mutationsraten auf weitaus höhere Werte gebracht werden, als es zuvor unter normalen Bedingungen je möglich gewesen war. Wenn also der experimentierende Wissenschaftler auf reichhaltige Mutationen aus war, dann brauchte er dazu lediglich ein Röntgengerät. Leuten, die nachts Horrorfilme anschauen, braucht man darüber wohl nichts weiter zu erzählen.

Spätere Forschungen in den vierziger Jahren ergaben, daß chemische Verbindungen wie Senfgas oder Formaldehyd ebenfalls erhöhte Mutationsraten verursachen können. Spätestens jetzt konnte es über drei grundlegende Tatsachen keinen Zweifel mehr geben:

1. Mutationen sind das Ergebnis konventioneller biochemischer Prozesse, nicht jedoch die Manifestation eines »Willens« oder das Resultat irgendeines anderen Mechanismus, der sich auf neo-lamarckianische Weise interpretieren ließe.

2. Durch Mutationen entstehen nicht notwendigerweise neue Arten.

3. Mutationen zeigen keinerlei Tendenz, »gutartig« zu sein.

Jeder dieser drei Punkte jedoch untergräbt *beide* Auffassungen über den Ursprung von Variationen, die der Neo-Lamarckianer ebenso wie die der Mutationisten, und so verschwanden diese Theorien allmählich. Ihr entscheidender Mangel war, daß sie Mechanismen der Vererbung unterstellten, die allzu sehr vom Zufall gelenkt und gleichzeitig allzu »positiv« waren. Daß sowohl die physische Konstitution der Eltern *als auch* massive Radioaktivität neue Anpassungsleistungen hervorrufen könnte, ist eine Vorstellung aus dem Märchenland – zu vieles müßte da genau zur rechten Zeit zusammentreffen. Das Ergebnis der genetischen Forschung im frühen 20. Jahrhundert war vielmehr, daß jegliche Theorie, welche die Evolution allein aus zugrundeliegenden genetischen Variationen erklärte, völlig unglaubwürdig geworden war. Und die einzige noch zur Verfügung stehende Theorie, die nicht unbedingt gesteuerter Mutationen bedurfte, um die Evolution in Gang zu setzen, war der Darwinismus.

Populationsgenetik: Mendel und Darwin

Zumindest teilweise war die Auseinandersetzung zwischen den Biometrikern und den Genetikern eine reine Farce; dahinter verbarg sich ein Kampf zwischen Bateson und Pearson um Macht, Einfluß und Prestige innerhalb des wissenschaftlichen Establishments in England. Da sich die beiden als Antipoden sahen, paßte es ihnen durchaus ins Konzept, die Theorie Mendels und die Biometrie für miteinander unvereinbar zu erklären. Doch es gab auch andere, die fast von Anfang an erkannten, daß der Gegensatz von Mendelismus und Biometrie gar nicht zwangsläufig war. Udney Yule, ein englischer Mathematiker, war der erste, der diese Auffassung öffentlich vertrat. Er entwickelte eine Theorie der dominanten Mendelschen »Loci«, und aus dieser ergab sich eine Korrelation zwischen Verwandten genau von der Art, wie sie auch die Biometriker untersuchten. Dennoch tauchten Schwierigkeiten auf, diese Theorie mit bekannten biometrischen Korrelationen zwischen den Merkmalen von Eltern und Nachkommen in Einklang zu bringen. Yule war der Ansicht, diese Unterschiede ließen sich erklären, wenn man akzeptierte, daß es auch unvollständige Dominanz gibt sowie bestimmte, von der Umwelt verursachte Variationen. Darin sollte er Recht behalten.

Yule polemisierte auch gegen die Auffassung, daß diskontinuierliche Vererbungsmuster notwendig eine diskontinuierliche Evolution bedeuten. Stattdessen könnten kontinuierliche Variationen auch auf eine Vielzahl von Genen zurückgehen, von denen jedes nur geringe Wirkung hat, wobei die Selektion die genetischen Häufigkeiten gleichzeitig an vielen genetischen Loci verändert. Unglücklicherweise jedoch machte Yule nicht genügend Wind, um die Frontlinie zwischen Mendelianern und Biometrikern entscheidend zu verändern. Wilhelm Weinberg, ein deutscher Arzt, stellte im Jahr 1908 ähnliche Berechnungen an, doch auch ihn konnte man leicht ignorieren – auf beiden Seiten. Ein weiteres Jahrzehnt sollte verstreichen, ehe jemand mit ausreichendem Durchsetzungsvermögen über diese Fragen publizierte.

Ronald Aylmer Fisher hatte den Vorteil, jung, entschlossen und ein brillanter Kopf zu sein. Außerdem hatte er alle Vorzüge einer staatlichen Schulausbildung in Harrow genossen (das ist die Schule, in der Lindsay Andersons vernichtender Film *If* gedreht wurde), und mit einem Begabtenstipendium machte er seinen wissenschaftlichen Abschluß in Cambridge. Noch während seines Studiums begann er, über Probleme der mathematischen Statistik zu arbeiten. Im Alter von 22 Jahren veröffentlichte er in Pearsons Zeitschrift *Biometrika* seinen ersten Aufsatz. Zunächst stand er unter dem Einfluß Pearsons, später jedoch übernahm er Mendelsche Auffassungen. Als sich zeigte, daß Fisher mit seinen Arbeiten immer stärker für eine genetische Analyse quantitativer Eigenschaften eintrat, wurde Pearson zunehmend feindselig. Schließlich lehnte Pearson einige Aufsätze Fishers zur Veröffentlichung in *Biometrika* ab, und die Feindschaft zwischen beiden verlor jedes Maß.

Im Jahr 1916 vollendete Fisher eine Analyse der Vererbung, die Biometrie und Mendelismus zur Synthese brachte. Im wesentlichen hielt er sich dabei an die Vorgaben von Udney Yule, doch Fishers Analyse war weitaus gründlicher.[18] Mit dieser Synthese schuf er die Grundlagen der »Populationsgenetik«, des harten Kerns des heutigen Darwinismus. Pearson tat alles, was in seiner Macht stand, um die Veröffentlichung dieser Arbeit zu verhindern, doch schließlich erschien sie in einer relativ unbekannten wissenschaftlichen Zeitschrift in Schottland. Von diesem Augenblick an war Fisher nicht mehr zu stoppen, und Pearson mußte diesen Kampf wohl auch deshalb verlieren, weil er endlich seinen Meister gefunden hatte. Denn Fisher war fanatisch und intolerant, jedoch von kühlem, mathematischem Verstand: Er würde *alles* tun, um die Sache für sich zu entscheiden. Und im wesentlichen hatte er damit Erfolg. Während es Yule und Weinberg nicht gelungen war, sich angesichts der sich in den Haaren liegenden Parteien um Pearson und Bateson Gehör zu verschaffen, setzte sich Fisher durch. Auch wenn der Haß zwischen beiden Seiten fortdauerte: Der Kampf zwischen Mendelismus und Biometrie war vorbei, und es war ein Kampf gewesen – *um nichts*. Denn wenn man Darwins

Festhalten an einer kontinuierlichen Vererbung einmal außer Acht ließ, dann waren Mendelismus und Biometrie völlig kompatibel. Durchaus passend, daß dieser Kampf vor dem Hintergrund einer der absurdesten Katastrophen der Geschichte ausgetragen worden war, jener historischen Ereignisse, die in den Ersten Weltkrieg führten.

Populationsgenetik – ein Vorgeschmack

Im Jahr 1908 hielt der englische Mendelianer R. C. Punnett einen Vortrag über »Mendelsche Vererbung beim Menschen«. Unter den Zuhörern war auch Udney Yule, der einige Bemerkungen beisteuerte über das Ergebnis wiederholter Kreuzung zweier Hybriden, bei zwei Allelen pro Locus. Über dieses Thema hatte außer Yule auch schon der Amerikaner William Castle publiziert, ohne daß es zu einer allgemeinen Lösung gekommen wäre. Punnett jedoch kannte vom gemeinsamen Kricket in der Schulzeit den damals bedeutendsten englischen Mathematiker, G. H. Hardy. Er trug das Problem Hardy vor, und innerhalb weniger Wochen fand dieser das »Hardy-Weinberg-Gesetz« (so wurde die Gleichung später genannt, weil Weinberg selbständig und gleichzeitig zum selben Resultat gelangt war). Mathematisch gesehen war das ein triviales Ergebnis, das dem großen Hardy später peinlich war; doch davon abgesehen ist es ein Grundstein der Populationsgenetik.

Ein einfacheres Gesetz gibt es in der Populationsgenetik nicht, doch es illustriert viele der wichtigsten Erscheinungen auf diesem Gebiet. Es geht davon aus, daß zu jedem Locus eine konstante Zahl von Allelen gehören, daß die Paarungen zufällig sind und daß keine anderen evolutionären Kräfte Einfluß nehmen. Der wichtigste Punkt, um diese theoretische Situation wirklich zu begreifen, ist die Tatsache, daß hier Gene nach dem Zufallsprinzip kombiniert werden, daß also Individuen per Zufall zu Paaren werden. Alles, was mit der Paarung und mit der Produktion von Nachkommen zu tun hat, verläuft nach dem Modell von Spielkarten, die vor jedem Spiel neu gemischt werden. Wenn dabei nicht gemogelt wird und keine Karten auf den Boden fallen, dann wird jedes Blatt aus derselben Anzahl von Karten gezogen. Beim Bridge beispielsweise werden es immer 52 Karten sein, die auf vier Hände zu je dreizehn Karten verteilt werden. Ganz gleich, wie das einzelne Blatt aussieht, die Karten sind immer dieselben, und es ist nur ihre Zusammenstellung, die variiert. Ganz ähnlich zeigt das Hardy-Weinberg-Gesetz, daß bei zufälliger Paarung die Häufigkeit von Allelen unverändert von Generation zu Generation weitergegeben wird. Bedeutsam an diesem Ergebnis ist unter anderem, daß damit auch Mendelsche Variationen im Erbgang *erhalten* bleiben. Die Variation zeigt keinerlei Tendenz, wieder verloren zu gehen – ganz im Gegensatz zur Mischvererbung, die wir bereits untersucht haben. Die Mendelsche Genetik – und dies ist eine wesentliche Folge jener Konstanz – gibt keine Richtung vor. Kein Allel ist bevorzugt. Damit aber kann die Mendelsche Genetik, für sich genommen, keine treibende Kraft evolutionären Wandels sein. Die Mendelsche Lehre kann daher auch nicht zur lückenlosen Grundlegung einer Evolutionstheorie dienen. Tatsächlich ist sie zu Darwins wissenschaftlichem Beitrag *komplementär*. Mendels Werk füllt die wesentlichen Lücken aus, die Darwin mit seinem Scheitern bei der Lösung des Rätsels »Vererbung« hinterlassen hat.

Zusammenfassend kann man folgendes sagen: Es gibt zahllose erbliche Variationen, die praktisch sämtliche Eigenschaften lebender Organismen betreffen. Diese Variationen werden beinahe immer nach den Gesetzen der Genetik weitergegeben, wobei die Vererbung erworbener Eigenschaften so gut wie ausgeschlossen ist. Variationen gehen in letzter Instanz auf Mutationen zurück, die jedoch in keiner Weise durch die Anpassungsbedürfnisse des Organismus gesteuert sind. Die Bandbreite der durch Mutationen hervorgerufenen Effekte kann groß oder klein sein – in keinem Fall aber führen sie zwangsläufig zur Entstehung neuer Arten. Die Mendelsche Genetik als solche begründet keinen Trend in irgendeine Richtung. Es *gibt* genetische Variation. Doch ihre Übertragung von einer Generation zur nächsten kann nicht die *alleinige* Erklärung der Evolution sein.

3 Selektion
Mit Zähnen und Klauen

Unvermeidlich kommen wir auf den Begriff der natürlichen Auslese zurück, und dieses Modell ist es, um dessentwillen es irgendwann nicht mehr möglich war, Darwin theoretisch links liegen zu lassen. Was die Erforschung der Vererbung betrifft, so bestand Darwins Funktion darin, für Mendel und die Genetiker den Boden zu bereiten; hinsichtlich der Selektionstheorie jedoch geht seine Bedeutung weit darüber hinaus. Tatsächlich ist vieles von dem, was heutzutage von wissenschaftlicher Seite über die Selektion vorgebracht wird, gar nicht so weit entfernt von dem Niveau, das zu seiner Zeit schon Darwin erreichte.

Die Größe seiner Leistung versteht man am besten, wenn man sich den historischen Sprung klarmacht, den Darwins Arbeit bedeutete. Die ganze menschliche Geschichte hindurch, bis zum Erscheinen der *Entstehung der Arten* im Jahr 1859, war die Vorstellung einer biologischen Auslese nicht mehr als ein flackerndes Flämmchen gewesen. Diese Vorstellung tauchte ein paar Mal auf den Höhepunkten naturphilosophischen Denkens auf: im antiken Griechenland, vielleicht in einigen arabischen Schriften des Mittelalters, dann nach der Renaissance wiederum in Europa. Für die Forschungstätigkeit der Biologen und ihrer wissenschaftlichen Kollegen spielte sie hingegen kaum eine Rolle.

Unter Darwins Händen hingegen wurde das Selektionsmodell zu einem der mächtigsten in der gesamten Biologie.

Plötzlich erkannte man, daß sich zahlreiche biologische Probleme und Verhaltensmuster unter dem Aspekt natürlicher Auslese erklären lassen. Ein beträchtlicher Teil all jener Fragen, mit denen Evolutionsbiologen sich beschäftigen, wurde durch das Werk eines einzigen Mannes ins Spiel gebracht.

Das Grundthema der Selektion wurde seit Darwin immer weiter ausgebaut, es wurde mit unserem genetischen Wissen verschmolzen, und es wurden experimentelle und andere empirische Methoden entwickelt, um Selektionstheorien zu überprüfen. Evolutionsbiologe zu sein bedeutet, im Schatten von Darwins Leistungen zu arbeiten – und eine davon war seine Theorie der natürlichen Auslese.

Frühe Auffassungen der Selektion

Die Theorie, daß jeder Spezies ein platonisches Wesen zugrunde liegt (siehe 2. Kapitel), ist mit einigen Eigenschaften der natürlichen Auslese durchaus verträglich. Allerdings mußte die antike griechische Biologie eine Erklärung liefern für die Erhaltung des Wesens (*eidos*) jeder einzelnen Gruppe lebender Organismen. Dieses Problem kann man auf drei verschiedene Weisen angehen.

Erstens könnte man annehmen, daß es eine göttliche Macht gibt, die dafür sorgt, daß ein bestimmtes Muster ständig bewahrt oder wiederhergestellt wird. Diese Auffassung bestärkte vermutlich den im mittelalterlichen Europa verbreiteten Glauben an die Konstanz der Arten. Die Griechen der Antike hingegen, mit ihren analytischen Neigungen, hat diese Erklärung wohl kaum befriedigt, und erst recht nicht die zum Atheismus neigenden Aufklärer des 18. Jahrhunderts. Immerhin vertraten einige den Torys nahestehende englische Biologen wie Richard Owen diese Denkweise noch bis ins 19. Jahrhundert.

Eine zweite Alternative besteht darin, die ins Auge fallenden und bisweilen sogar monströsen Variationen als irreführend abzutun und *wirkliche* Variation für unmöglich zu erklären. Die wahren Grundlagen der »Natur« eines Organismus befinden sich unter der Oberfläche, in einem verborgenen *eidos*, das unverändert bleibt: Das ist Platons Lösung. Dieses verborgene Wesen, dieser »Geist in der Maschine« wurde jedoch durch die Ergebnisse der modernen Genetik vollständig eliminiert. Auf natürliche Weise eintretende genetische Variationen sind überaus häufig und führen praktisch in jede Richtung. Mutanten können sich in der Augenfarbe ebenso wie in der Zahl ihrer Gliedmaßen unterscheiden, und es ist sogar möglich, daß sie überhaupt keine Augen haben. Die genetische Variation ist also keineswegs darauf festgelegt, für eine Konstanz der Arten zu sorgen.

Es gibt jedoch eine dritte Möglichkeit, und diese ist ziemlich raffiniert – so raffiniert, daß sie alle dreißig oder vierzig Jahre neu entdeckt und der Welt als große Offenbarung präsentiert wird. Einer ihrer frühesten bekannten Verfechter war Aristoteles, der eigentliche Begründer der Biologie. Ihm zufolge gibt es durchaus ererbte Variationen von realer Wirksamkeit; doch sämtliche Varianten, die nicht hinreichend funktionieren – so behauptete Aristoteles weiter –, bleiben nicht erhalten, sondern gehen unter. Dieser Begriff des »Nicht-erhalten-Bleibens« kann nur bedeuten, daß es keine Nachkommen geben wird, und damit haben wir so etwas wie natürliche Auslese. Im Endeffekt geht es hier um eine Auslese, bei der die Varianten »eliminiert« und eben dadurch die Art »gereinigt« wird. Das Ergebnis ist, daß der bevorzugte Typus bewahrt wird, und diesen Typus kann man auf natürliche Weise mit dem platonischen Ideal jenes Organismus in Verbindung bringen – zumindest liegt das nahe für jemanden, dessen Ausbildung gesättigt ist von griechischer und lateinischer Überlieferung.

Diese Eliminationstheorie wurde in der Antike noch von zahlreichen weiteren Autoren vertreten, von Empedokles bis zu Lukrez. In der Epoche der Aufklärung wurde die Idee dann von einer ganzen Schar von Schriftstellern wiederentdeckt, darunter Diderot, Rousseau und Hume. Da jedoch diese Autoren von Biologie im allgemeinen nicht besonders viel verstanden (sie sahen es ja auch eher als ihre Aufgabe, *alles* zu erklären), kamen sie über Aristoteles, dessen biologisches Wissen vergleichsweise riesig war, kaum hinaus.[19]

Warten auf Darwin

Evolution durch natürliche Auslese gehört zu jenen Vorstellungen, die sich historisch vielfach ankündigten. So beschäftigte sich zum Beispiel die Royal Society of England im Jahr 1813 mit einem Aufsatz ihres Mitglieds William Wells: ›An Account of a White Female, Part of Whose Skin Resembles that of a Negro‹ (›Der Fall einer weißen Frau, deren Haut teilweise der einer Schwarzen ähnelt‹). Wells führte zunächst aus, daß es zahlreiche vererbbare Variationen gibt und daß Tierzüchter sich dies zunutze machen, um domestizierte Rassen zu züchten. Ein ähnlicher Prozeß, fuhr er fort, könnte auch beim Menschen stattfinden. Eine dunkelhäutige Rasse müsse in Afrika im Vorteil gewesen sein, als es darum ging, »die Unbilden des Landes« zu ertragen; infolgedessen »würde diese Rasse sich vermehren, während die anderen zurückgehen«. Auf diese Weise würde durch Selektion eine neue Menschenart entstehen – eine Vorstellung, die offenkundig bereits eine *schöpferische* natürliche Auslese beinhaltet. Doch sie wurde weitgehend ignoriert, und Wells entwickelte sie auch nicht weiter.

Der extreme Fall einer absolut wirkungslosen Publikation ist der Anhang über natürliche Auslese, den Patrick Matthew im Jahr 1831 seinem Buch *Naval Timber and Arboriculture*

(*Schiffshölzer und Baumzucht*) anfügte. Offenbar wurde dieser Anhang vollkommen ignoriert, bis Darwin bereits seine *Entstehung der Arten* veröffentlicht hatte; eine Vorläuferschaft besteht hier also nur dem Namen nach. Immerhin sprach Matthew schon 1831 davon, daß es durch Selektion zu einer aktiven Veränderung der Arten kommen kann, und zwar durch das Werkzeug der Variation. Weiter führte er aus, daß Arten sich als Ergebnis von derartigen Ausleseprozessen möglicherweise auseinander entwickeln können. Auf nur wenigen Seiten nahm Matthew damit in Umrissen all das vorweg, woran Darwin zwischen 1837 und 1859 arbeiten sollte. Selbst die Argumentationsweise ähnelt der von Darwins Werken.

Warum nicht schon die Arbeiten dieser früheren Autoren zum Ausgangspunkt der Evolutionsbiologie wurden, so wie später die von Darwin, das ist eine Frage, über die nachzudenken von größter Bedeutung ist. Einer der Gründe ist einfach der, daß sie ihre Ideen nicht weit genug entwickelten. Natürliche Auslese ist mit vielen Problemen behaftet, vor allem, wenn sie zur Erklärung der Evolution herangezogen wird. Nachdem er auf die natürliche Auslese verfallen war, hatte Darwin das Gefühl, zumindest eine Theorie zu besitzen, »mit der man arbeiten kann«. Mit anderen Worten: Der entscheidende Gedanke war lediglich ein Ausgangspunkt. Es genügt eben in den Naturwissenschaften nicht, eine oder selbst mehrere brillante Ideen zu haben. Es ist vielmehr notwendig, eine klare und beweiskräftige Theorie zu formulieren, in der sowohl die Implikationen als auch die möglichen Schwachpunkte zur Sprache kommen. Um die Entwicklung einer derartigen umfassenden Theorie soll es im folgenden gehen: Darwins Theorie der Evolution durch natürliche Auslese.

Darwins schöpferische natürliche Auslese

Der Ausgangspunkt des Darwinismus ist die Ökologie: das Studium der Wechselbeziehungen zwischen den Arten, innerhalb der Arten und zwischen Art und Umwelt. Neben Malthus war auch Darwin einer der Begründer der Ökologie. Eine der bis heute besten Einführungen in die Grundlagen der Ökologie ist das III. Kapitel der *Entstehung der Arten*, »Der Kampf um's Dasein«, ein kurzer Essay, in dem Darwin all jene grundlegenden Elemente behandelt, die dann im 20. Jahrhundert Eingang in die Ökologie fanden. Von besonderer Bedeutung für Darwin (der hier dem Denken Malthus' folgte) war der Widerstreit zwischen der überschießenden Fruchtbarkeit der Organismen und den zahlreichen Faktoren, durch welche die Nachkommen umkommen können, bevor sie sich ihrerseits reproduzieren. »Da daher mehr Individuen erzeugt werden, als möglicherweise fortbestehen können, so muß in jedem Falle ein Kampf um die Existenz eintreten, entweder zwischen den Individuen einer Art oder zwischen denen verschiedener Arten, oder zwischen ihnen und den äußeren Lebensbedingungen.«

Der nächste Punkt in Darwins ökologischer Analyse war die Tatsache, daß der reproduktive Überschuß keinesfalls nur nach dem Zufallsprinzip ums Leben kommt. Wie schon gesagt, gibt es eine Fülle genetischer Variationen, die sämtliche Eigenschaften verändern können. Einige dieser Variationen können die Widerstandskraft gegen Krankheiten beeinflussen, die Überlebensfähigkeit bei Nahrungsmangel oder den Erfolg beim Kampf um Paarungspartner. Ein historisches Beispiel dafür ist die rigide Selektion hinsichtlich der Widerstandskraft gegen Seuchen, von denen Europa im Mittelalter wiederholt heimgesucht wurde. Die Sterberaten während dieser Epidemien konnten lokal bis zu einem Drittel oder zur Hälfte der Bevölkerung anwachsen (in Kapitel II.2

werden wir darauf zurückkommen). Hat ein Organismus seine Eigenschaften hinsichtlich Überlebens- und Fortpflanzungsfähigkeit verbessert, dann wird sein Beitrag zur nächsten Generation wahrscheinlich auch größer sein. Weist umgekehrt ein Organismus irgendwelche Schwächen auf, die das Überleben oder die Reproduktion betreffen, dann wird sein Beitrag geringer ausfallen. Wenn aber das, was diese Differenz ausmacht, vererbt werden kann, dann ist klar, daß dies Auswirkungen auf die nächste Generation hat. Darwin vermutete, daß die Fähigkeiten, zu überleben und sich fortzupflanzen, auf diese Weise verbessert und die entsprechenden Eigenschaften verbreitet würden.

Doch natürliche Auslese vollzieht sich nicht besonders schnell. Ihre grundlegenden Mechanismen sind begrenzt durch eherne Gesetzmäßigkeiten der Ökologie und der Genetik. Die Sterberate, die in jeder einzelnen Generation durch Selektion hervorgerufen wird, darf nicht zu hoch sein, weil die Population sonst ausstirbt. Auch das Maß an erblicher Variation, das in einer Generation jeweils verfügbar ist, dürfte begrenzt sein – einfach deshalb, weil in einer endlich großen Population auch die Zahl der verschiedenen Abarten begrenzt ist. Es ist daher kaum vernünftig, innerhalb einer einzigen Generation dramatische, durch Selektion hervorgerufene Veränderungen zu erwarten. Einerseits also ist es für jeden, der die Evolution verstehen will, von größter Bedeutung, die potentielle Wirksamkeit der natürlichen Auslese zu erfassen; andererseits aber ist es auch wichtig zu verstehen, daß die natürliche Auslese auf die jeweils nächste Generation nur schwachen Einfluß ausübt. Innerhalb einer einzelnen Generation wird es häufig schwer sein, überhaupt irgendeinen Effekt wahrzunehmen. Und die Tatsache, daß kurzfristig nur selten deutliche Auswirkungen zu sehen sind, deutet darauf hin, daß es sich nicht um einen *unmittelbaren* Wirkungsmechanismus handelt. Daher betonte Darwin immer wieder (nach Art der Gradualisten), daß sich die natürliche Auslese kumulativ und über viele Generationen auswirkt. Geringe, kaum wahrnehmbare Abweichungen setzen sich innerhalb der Art durch, und erst über Tausende von Generationen werden daraus gravierende Veränderungen.

Doch trotz dieser vorsichtigen Einschätzung blieb Darwin dabei, daß natürliche Auslese in der Geschichte des Lebens die wesentliche Triebfeder des Wandels ist. Auch war er der Ansicht, daß die Unterschiede, die sich durch natürliche Auslese über lange Zeiträume allmählich herausbilden können, durchaus hinreichen, um auch die Unterschiede zwischen den Arten zu erklären. Wie Darwin es formulierte: Die scheinbar *qualitativen* Unterschiede zwischen den Arten sind das Ergebnis bloßer *quantitativer* Veränderungen, die sich über viele Generationen summieren. Selbst die erheblichen Unterschiede zwischen großen taxonomischen Gruppen, wie etwa Insekten und Säugetieren, führte er zurück auf das – eben noch langfristigere – Wirken der natürlichen Auslese als stetige Ursache von Abweichungen. Weiterer evolutionärer Kräfte bedarf es nicht: Die natürliche Auslese ist völlig hinreichend. Was freilich nicht bedeutet, daß Darwin alle anderen möglichen evolutionären Faktoren dogmatisch ausschloß; tatsächlich berief er sich ja auf ein ganzes Spektrum von Umwelteinflüssen. Doch die natürliche Auslese war für ihn eine ausreichende Grundlage für eine materialistische und mechanistische Deutung des Lebens. Nirgendwo in diesem Modell bedarf es sprunghafter biologischer Innovationen oder einer intervenierenden Gottheit. Es geht um nichts anderes als um einen Prozeß der schrittweisen Summierung unscheinbarer Verbesserungen, und dieser Prozeß strebt weder auf ein definitives Ende noch auf eine Utopie zu. Es gibt langfristige Auswirkungen unterschiedlicher Nettoreproduktionsraten – und das ist schon alles.

Darwin liefert Beweise

Niemals in seiner Karriere begegnete Darwin ein Beispiel dafür, daß in einer bestimmten, frei lebenden Population die natürliche Auslese *nachweislich* am Werk ist. Heute kennen wir solche Beispiele, und ich werde noch kurz auf sie zurückkommen. Darwin jedoch war auf weniger direkte Beweise angewiesen, um seine Theorie zu stützen.

Was am meisten für Darwins Theorie sprach, war die Wirksamkeit einer künstlich herbeigeführten Selektion zur Züchtung neuer Tierrassen und Pflanzenarten. Jeder, der einmal einen Bernhardiner neben einem Zwergpinscher gesehen hat – beide das Ergebnis gezielter Zucht durch den Menschen (nebst einiger Missgeschicke) –, wird von der Macht der Selektion überzeugt sein. Das Entscheidende bei dieser künstlichen Auslese, die der natürlichen sekundiert, ist die Tatsache, daß sie die Fähigkeit der Selektion beweist, organischen Wandel herbeizuführen. Sie beweist allerdings nicht, daß Selektion in der Natur *tatsächlich* vorkommt – das ist ein anderes Problem, zu dessen Lösung sich Darwin auf die grundlegenden ökologischen Argumente von Malthus stützte.

Denkt man darüber nach, inwiefern die natürliche Auslese ein Mechanismus sein könnte, der die Vielfalt und die Angepaßtheit der Organismen hervorruft, so stößt man auf ein ganzes Bündel von Problemen. Die meisten davon antizipierte Darwin, und er entwickelte entsprechende Gegenargumente.[20] Eines dieser Probleme besteht darin, daß es zwischen vielen Tierarten augenscheinlich keine Zwischenstufen gibt, obwohl doch die allmähliche Akkumulation von Abweichungen während der Evolution durch natürliche Auslese die Möglichkeit zahlreicher Zwischenformen voraussetzt. Warum ist von diesen Zwischenformen nichts mehr zu sehen? Weil – so Darwins Gegenargument – die späteren Produkte der natürlichen Auslese die unvollständig entwickelten Zwischenformen eliminiert haben. Ein offenkundiges Beispiel dafür ist der *Homo sapiens*, die einzige überlebende von ursprünglich mehreren Hominidenarten. Alle anderen Hominiden wurden ausgelöscht, direkt oder indirekt.

Ein weiteres Problem besteht darin, daß ein durch Selektion herbeigeführter Übergang zwischen radikal verschiedenen Lebensformen, etwa den an Land und im Wasser lebenden Säugetieren, ganz unwahrscheinlich scheint. Diese Schwierigkeit hat mit der Tatsache zu tun, daß es Organe von außerordentlicher Perfektion gibt, die, wären sie nur teilweise vorhanden, nutzlos schienen. Das Musterbeispiel hierfür ist das Auge der Wirbeltiere: Dessen Bestandteile, jedes für sich genommen, sind von geringem Nutzen. Um diesem Einwand zu begegnen, untersuchte Darwin einzelne, besonders schwierig erscheinende Fälle. So brachte er zum Beispiel vor, daß jedes Nervengewebe lichtempfindlich ist und daß bei Tieren viele Formen primitiver Augen bekannt sind, die dennoch ihre Funktion erfüllen, Licht zu orten. Es kann keine Rede davon sein, daß das zweiäugige Farbsehen der Primaten die einzige zweckgerichtete Form des Sehens ist. Für einfache Organismen kann selbst die primitivste Unterscheidung von Hell und Dunkel von Nutzen sein, etwa dann, wenn sie einen Räuber ausmachen durch den Schatten, den er wirft. Weiter führte Darwin aus, daß Strukturen des Übergangs Funktionen erfüllen können, die von den Funktionen ihres Endzustands durchaus verschieden sind. Es gibt Fische, die ihre Schwimmblase teilweise zur Luftatmung nutzen, obwohl die Schwimmblase ursprünglich keineswegs eine primitive Lunge war. Tatsächlich ist Darwins Behauptung, die Schwimmblase stehe in evolutionärem Zusammenhang mit der Lunge der auf dem Land lebenden Wirbeltiere, heute vielfach belegt. Die Entwicklung von Organen in Richtung einer charakteristischen, perfekt gebauten Form verläuft nicht unbedingt auf einfache Weise.

Wie jeder Darwinist weiß, entwickeln sich Organe auf verschlungenen evolutionären Pfaden, und es kann durchaus vorkommen, daß sie für einige hundert Millionen Jahre bestimmte Funktionen hinzugewinnen, die dann aber für die nächsten hundert Millionen Jahre wieder verloren gehen. Selbst dann, oder gerade dann, wenn es uns mit unserem begrenzten menschlichen Vorstellungsvermögen schwer fällt, zu erfassen, wozu die Evolution imstande ist, gibt es keinen Grund zu der Annahme, die Komplexität und Rätselhaftigkeit der Evolutionsgeschichte mache eine völlig anders geartete Theorie irgend wahrscheinlicher, sei es der Kreatianismus oder die Annahme einer fortwährenden kosmischen Steuerung. Gerade dadurch, daß der Darwinismus von einer indirekten, geradezu wunderlichen Wirkungsweise der Evolution ausgeht, ist er in der Lage, deren wesentliche Merkmale zu erklären, und darin unterscheidet er sich von den Theorien des Lebens, die sich auf eine übernatürliche Teleologie berufen.

Frühe Experimente zur Selektion

Zu Beginn des 20. Jahrhunderts, vor dem Hintergrund der Kontroversen, welche die Wiederentdeckung des Mendelismus ausgelöst hatte, wurden erstmals Experimente durchgeführt, um die Darwinsche Selektionstheorie zu überprüfen. Anfangs waren die Ergebnisse dieser Experimente für Darwin alles andere als günstig. Einige sehr gezielte Experimente zeigten Resultate, die mit der Annahme einer Selektion kaum zu vereinbaren waren. Heute wissen wir, daß diese anfänglichen Schwierigkeiten auf der Unzulänglichkeit der Experimente beruhten. Doch es war nur eine Frage der Zeit, ehe ein Forschungslabor hinlänglich genaue Experimente durchführen und damit den Darwinismus einem adäquaten Test unterziehen würde.

Dieses Labor wurde von William Ernest Castle geleitet, der Anfang des Jahrhunderts einen Lehrstuhl für Genetik an der Harvard University inne hatte. Castle war ein höchst einflußreicher, auf Säugetiere spezialisierter Genetiker, aus dessen Schule viele der bedeutendsten amerikanischen Doktoranden der nächsten Generation hervorgingen (darunter Sewall Wright, der größte amerikanische Evolutionsbiologe). Anfangs war Castle ein Gefolgsmann von Bateson und vertrat eine mutationistische Deutung des evolutionären Wandels. Als er den Darwinismus experimentell auf den Prüfstand stellte, geschah dies ganz sicher nicht, um ihn zu untermauern, sondern eher, um ihn auszuradieren.

Bei Castles Schlüsselexperimenten ging es um die Selektion bestimmter Fellmuster bei Ratten. Dabei benutzte er Ratten, die auf dem Rücken einen dunklen, am Kopf ansetzenden Streifen tragen. Die Größe dieses »Schopfs« variiert von einem Exemplar zum anderen. Castle führte nun in einem Zuchtstamm eine Selektion nach möglichst großen Streifen durch, in einem anderen Zuchtstamm nach kleinen Streifen. Beide Stämme reagierten auf die Selektion, und die Reaktionen blieben konstant. Es wurden also Rattenstämme mit breiteren Streifen und solche mit schmalen Streifen produziert. Leider unterlief hier Castle ein Denkfehler: Er kehrte nämlich ganz an den Ursprung des Darwinismus zurück und behauptete, das Ergebnis der Selektion gehe zum Teil auf Mischvererbung zurück. Irgendeinen substantiellen Beweis dafür gab es nicht; hier klebte lediglich ein Wissenschaftler an Konventionen, die ihm vorschrieben, wie Ideen zusammengehören. Noch immer fiel es Biologen schwer, den Darwinismus *zusammen* mit Mendels Theorie zu akzeptieren. Glücklicherweise zeigten die Untersuchungen Sewall Wrights und anderer, daß sich die Fellfarben dieser Ratten – wie auch anderer Säugetiere – bei der Vererbung keineswegs »mischen«, sondern eindeutig nach der Mendelschen Theorie weitergegeben werden. Mendelismus und Darwinismus arbeiteten Seite an Seite – versuchsweise.

Castle jedenfalls hatte eindeutig gezeigt, daß sich durch Selektion bestehende Unterschiede zwischen verschiedenen Stämmen nach und nach vergrößern können, und das ist für den Darwinismus der entscheidende Punkt. Auch andere Selektionsversuche, wie etwa die von Edward Murray East in den Jahren 1910 bis 1918 (hier ging es um den Ölgehalt von Mais), bewiesen, daß die Selektion ein machtvolles Instrument kumulativen Wandels ist. Schließlich fand man sich in einer Situation, in der sowohl die Mendelsche Vererbung wie auch der Darwinismus experimentell klar bestätigt waren und in der es lediglich noch darum ging, zu erklären, wie beides sich miteinander verträgt.

Mendelismus und Darwinismus: die Lösung

Zwischen 1910 und 1920 kam vieles zusammen, um einer Evolutionsbiologie zum Sieg zu verhelfen, die Mendelismus und Darwinismus miteinander verknüpfte, in der jedoch Neolamarckismus, Mutationismus und Mischvererbung keine Rolle mehr spielten.[21] Die entscheidende Frage war das Wesen der »kontinuierlichen Variation«, wie etwa die der Körpergröße des Menschen, und speziell die Frage nach deren genetischer Grundlage – wenn es denn eine gab. Wir sprachen bereits von der theoretischen Analyse R. A. Fishers. Als ebenso bedeutsam erwiesen sich experimentelle Untersuchungen mit multiplen Genen. So konnte etwa bei Getreide nachgewiesen werden, daß bestimmte Vererbungsmuster sich nur erklären lassen unter der Voraussetzung, daß nicht jeweils ein Gen für eine Eigenschaft zuständig ist, sondern daß mehrere Gene dieselbe Eigenschaft beeinflussen. Das war sehr ähnlich dem Modell, das bereits Fisher auf mathematischem Weg entwickelt hatte.

Dazu kam, daß man im *Drosophila*-Labor von T. H. Morgan um 1912 damit begonnen hatte, mendelsche Allele von jeweils geringer Wirksamkeit zu isolieren. Weitere Untersuchungen an der *Drosophila* brachten eine Fülle von Beweisen dafür zutage, daß zum Beispiel die Augenfarbe mit der Variation von mindestens acht Loci zu tun hatte, wodurch der Begriff der »multiplen« Faktoren bestätigt wurde. Daß auch sämtliche »kontinuierlichen Variationen« sich durch mendelsche Faktoren erklären lassen, wurde dadurch erheblich plausibler.

Das folgende Zitat von H. S. Jennings, anfangs ein Gegner des Darwinismus, zeigt vielleicht am besten den Umschwung, der jetzt eingetreten war: »Mir scheint, daß die Untersuchungen zum Mendelismus, und insbesondere die Untersuchungen an der *Drosophila*, ein vollständiges Fundament dafür liefern, die Evolution durch die selektive Akkumulation kleinster Abweichungen zu erklären ... Die von den Mutationisten vorgebrachten Einwände gegen die Möglichkeit gradueller Veränderungen durch Selektion sind in sich zusammengebrochen, und zwar infolge der Genauigkeit von deren eigenen Forschungsarbeiten. Der positive Beitrag, den sie zum Selektionsproblem lieferten, besteht darin, zu verdeutlichen, welch wesentliche Rolle der Mendelismus hinsichtlich der Effektivität der Selektion spielt.«[22]

Natürliche Selektion in der Wildnis

Mit diesen Forschungen, die zeigten, daß die Selektion bei Labor-Populationen tatsächlich genetischen Wandel herbeiführen kann, gaben sich einige Kritiker des Darwinismus jedoch noch nicht zufrieden. Ihrer Ansicht nach war dies noch kein wirklicher Beweis dafür, daß dieselben Prozesse auch in der Natur ablaufen, und es gibt gute Gründe dafür, diese Kritik ernst zu nehmen.

Ein beständiges Thema in den Diskussionen von Populationsbiologen ist die Frage, in welcher Beziehung die unter Laborbedingungen gewonnenen Daten zu den im »Feld« gesammelten Informationen stehen. Die meisten Ökologen stehen auf dem Standpunkt, daß, kennt man bestimmte Prozesse lediglich aus dem Labor, man noch keineswegs auf ihr Vorkommen »in der Natur« schließen kann. Andere Wissenschaftler wiederum, vor allem diejenigen, die an Genetik interessiert sind, antworten darauf gewöhnlich, daß das Labor selbst ein Teil der natürlichen Welt ist und keineswegs eine bizarre Parallelwelt.

In Physik und Chemie gelten Beweise, die im Labor erbracht werden, zumeist als absolut stichhaltig. Kein Chemiker fühlt sich dazu veranlaßt, seine Experimente im Wald während eines Gewitters zu wiederholen. Ähnlich zeigen auch die Genetiker wenig Interesse, ihre Kreuzungen »draußen« nachzuvollziehen. Für all diese Wissenschaftler gilt: Wenn etwas im Labor geschieht, und wenn es dort stets auf die gleiche Weise geschieht, dann sind von jenseits des Labors kaum zusätzliche Informationen zu erlangen.

Doch zu Recht weisen die Ökologen auf das Problem hin, daß zahlreiche in der Natur gegebenen Umstände durch die Laborsituation beseitigt werden. Es gibt kein Wetter, keine Feinde, keine Konkurrenten. Überdies sprechen Populationsgenetiker von bestimmten Mustern genetischer Wirksamkeit, die sich ändern können, sobald ein Organismus vom Feld ins Labor verbracht wird, und das kann zu fragwürdigen Schlußfolgerungen führen.

Man kann in diesem Durcheinander verschiedener Ansichten zwei grundlegende Dinge festhalten: Erstens besteht der unzweifelhafte Wert von Laborexperimenten darin, zu zeigen, was geschehen *kann*, nicht, was tatsächlich geschieht, und schon gar nicht, was geschehen *muß*. Castles Versuche mit der Selektion bei Ratten zeigten, daß Selektion tatsächlich Unterschiede zwischen mendelschen Allelen akkumulieren kann, und daraus folgte, daß Darwins natürliche Auslese zum Mechanismus evolutionären Wandels taugt, eher jedenfalls als die Erbsprünge der Mutationisten. Vor diesen Experimenten zweifelten noch viele daran, daß der Mechanismus der Selektion tatsächlich einen bedeutenden Wandel innerhalb von Populationen hervorbringen kann.

Zweitens jedoch bleibt zu zeigen, daß Mechanismen, die im Labor funktionieren, in der Natur auch wirklich ablaufen. Im Labor oder auf der Tierfarm mag Selektion wirkungsvoll sein – das beweist noch nicht, daß sie es auch in der Natur ist. Das gilt es eigens zu demonstrieren, jenseits aller Forschung im Labor. Und es *wurde* demonstriert, wofür ich im folgenden einige Beispiele geben will.

Einen der frühesten Nachweise natürlicher Selektion in freier Natur lieferte W. R. F. Weldon, der dafür den Krebs *Carcinus moenas* heranzog.[23] Zunächst stieß Weldon auf einen historischen Bericht über die abnehmende »vordere Breite« von Krebsen in der Nähe einer Flußmündung, die durch Schlamm und Abwässer immer enger wurde. Offenbar kann man daraus schließen, daß kleinere Krebse in einer derart verunreinigten Umgebung irgendwie besser überleben können als große. Um das zu überprüfen, verglich Weldon im Salzwasser lebende Krebse: einmal mit, einmal ohne Schlamm und Abwässer. Es zeigte sich, daß diejenigen, die vorne schmaler waren, in schlammigem Wasser besser überlebten. Das paßte gut zur These von der natürlichen Auslese und zeigte, daß sie in der natürlichen Umgebung einer Flußmündung tatsächlich wirksam war.

Das vielleicht am besten dokumentierte Beispiel natürlicher Auslese in freier Natur ist das des »industriellen Melanismus« (Melanin ist der Name eines dunklen Hautpigments). Während des 19. Jahrhunderts waren in Englands Fabrikanlagen zahllose Kohleöfen in Betrieb, und dies führte zum Ausstoß riesiger Mengen von Ruß. Dieser Ruß verteilte sich derart weiträumig, daß viele Quadratkilometer der ländlichen Gebiete Englands deutlich dunkler wurden, insbesondere die Bäume. Ab Mitte des 19. Jahrhunderts fanden dann Lepidopterologen immer mehr dunkle Formen von Schmetterlingen und Motten. Mehr als einhundert Arten vollzogen diesen Wandel – ein Phänomen, das »industrieller Melanismus« genannt wird.[24]

Die Frage ist nun, wie es zu dieser evolutionären Veränderung kam. E. B. Ford analysierte die Situation folgendermaßen. All diese Arten hatten eine wichtige Verhaltensform gemeinsam: Sie ließen sich auf Baumstämmen oder auf Felsen nieder, und ihre Ähnlichkeit mit dem jeweiligen Hintergrund bot ihnen Schutz vor räuberischen Feinden. Diese Arten verfügten über keinerlei chemische Substanzen, die ihre Gegner hätten abschrecken können, noch zeigten sie irgendwelche defensiven Verhaltensweisen wie etwa das Verschwinden in Erdspalten. Ein besonders wichtiger Faktor bei der Tarnung, die diese Arten benutzten, waren die Flechten, die in England normalerweise auf Baumstämmen und Felsen wachsen. Diese Flechten wurden durch die Luftverschmutzung eliminiert, und Ruß nahm ihren Platz ein, der nun zum Hauptmerkmal jener Oberflächen wurde, auf denen die Arten sich niederließen.

Eine naheliegende Hypothese ist nun, daß die natürliche Auslese die dunkleren Tierformen bevorzugte, da diese zu den rußigen Felsen und Baumstämmen besser paßten. Das wirft die Frage auf, *in welcher Weise* die natürliche Auslese jene Übereinstimmung bevorzugen konnte. Wozu dient die Tarnung? In den zwanziger Jahren nahm man an, daß die Verschmutzung die Physiologie der Motten unmittelbar verändert habe, so daß sie mehr dunkle Pigmente produzierten. Somit konnte man sich auf einen lamarckianischen Mechanismus berufen, um zu erklären, warum die im Labor aufgezogenen Motten ihre dunkle Farbe beibehielten. Doch sorgfältige Experimente brachten keinen derartigen lamarckianischen Effekt zutage. Die Färbung der Motten folgte relativ einfachen Vererbungsmustern, und diese Muster deuteten häufig darauf hin, daß für die dunkle Farbe ein einziges mendelsches Gen verantwortlich war.

Als wesentlicher evolutionärer Mechanismus, der zum industriellen Melanismus führt, gilt heute die natürliche Selektion, die aus dem räuberischen Verhalten der Vögel erwächst. Dies zu beweisen war hauptsächlich die Leistung von H. B. D. Kettlewell. Die Tierart, auf die er sich vorwiegend konzentrierte, war *Biston betularia*, bei der die dunkle Form auf eines von zwei dominanten Allelen zurückgeht, *carbonaria* und *insularia*, ein klassisches mendelsches System also. Unter anderem ließ Kettlewell eine große Zahl von Motten verschiedenen Typs frei und beobachtete dann die unterschiedliche Häufigkeit, mit der sie gefressen wurden. In nichtindustriellen Zonen, auf deren Baumstämmen noch immer helle Flechten wuchsen, waren von 190 von Vögeln erbeuteten Motten 164 *carbonaria* und 26 hell gefärbt, wobei von beiden Typen gleich viele Exemplare freigelassen worden waren. In Industriegebieten hingegen, mit ihrer dunkleren Vegetation, waren von 58 Motten, die von Vögeln gefangen wurden, 43 hell gefärbt und nur 15 *carbonaria*. Es gab noch andere Belege, die in dieselbe Richtung wiesen, so zum Beispiel die Anzahl freigelassener Exemplare, die wieder eingefangen werden konnte: In Industriegebieten war diese Quote bei *carbonaria* wesentlich höher. Der industrielle Melanismus ist einer der »Klassiker« der natürlichen Auslese, wobei wichtig vor allem die Tatsache war, daß eine ganze Anzahl von Mottenarten den Melanismus unabhängig voneinander entwickelte. Die besondere Veranlagung einer bestimmten Art war somit keine plausible Erklärung des Phänomens.

Der vielleicht am besten verstandene Fall natürlicher Auslese beim Menschen ist die Sichelzellenanämie. Es ist dies offenbar einer der Mechanismen, mit dem sich menschliche Populationen auf die Verbreitung der Malaria einstellen, eine potentiell tödliche Krankheit, die durch einen Parasiten im Blut hervorgerufen wird. Die Sichelzellenanämie bewirkt, daß die roten Blutkörperchen eine sichelartige Form annehmen. Solche deformierten Zellen verursachen Probleme beim Blutkreislauf, die ebenfalls oft tödlich enden. Die genetische Disposition dafür ist jedoch südlich der Sahara recht verbreitet, also dort, wo auch die Malaria verbreitet ist. Der Schlüssel zum Verständnis dessen, wie die Selektion in diesem Fall funktioniert, ist in der Tatsache zu finden, daß Personen mit Sichelzellenanämie eine höhere Resistenz gegen Malaria aufweisen. Es gibt drei Genotypen: Der Normalfall entwickelt keine Sichelzellenanämie, ist jedoch hochgradig anfällig gegen Malaria. Wenn eines der je zwei Gene am selben Locus Sichelzellenanämie hervorruft, dann ist die Folge eine nur leicht eingeschränkte Kreislauffunktion bei erhöhter Resistenz gegen Malaria. Mit zwei krankmachenden Genen am selben Locus ist die Überlebenschance – ganz unabhängig von der Malaria – deutlich reduziert, wenn der Betreffende weitab von den heutigen Möglichkeiten medizinischer Versorgung lebt. Das heißt: Sichelzellen schützen gegen Malaria, eine schwere Sichelzellenanämie jedoch ist tödlich. Aufgrund dessen ist die Kombination eines normalen Gens mit einem Sichelzellen-Gen das beste. Dieser begünstigte Typ kann jedoch durch natürliche Auslese nicht stabilisiert werden, weil es kein »reiner« Typ ist. In diesem Fall läuft die Selektion demnach auf die Aufrechterhaltung genetischer Vielfalt hinaus, auf »Polymorphismus«. Man nennt diese Art von Selektion häufig auch »balancierende Selektion« und unterscheidet sie damit von der »gerichteten Selektion«, die Darwin zunächst im Auge hatte.

Verwandten-Selektion

Eine der grundlegenden Verhaltensformen ist die Interaktion zwischen Individuen, vor allem solche Arten der Interaktion, bei denen die Fitness eine Rolle spielt. Eine signifikante Beobachtung von Wissenschaftlern, die das Verhalten von Säugetieren studieren – beispielsweise von Wolfsrudeln –, ist die Unterstützung eines Individuums durch ein anderes. So kommt es zum Beispiel vor, daß ein kopulierendes Schimpansenpaar von zwei männlichen Schimpansen abgelenkt wird, augenscheinlich zu dem Zweck, damit *eines* der intervenierenden Männchen einspringen und sich mit dem Weibchen paaren kann. Junge Eichelhäher füttern ihre noch jüngeren Geschwister, die eben geschlüpft sind. Arbeitsbienen mühen sich rastlos um die Aufzucht von Larven, sie verteidigen den Stock und schaffen Nahrung heran, obwohl sie selbst unfruchtbar sind und keine der Larven im Bienenstock von ihnen abstammt. Man nennt diese Verhaltensweise »Altruismus«, wobei sich allerdings dieser Ausdruck in der Biologie nicht auf die Gefühle der Tiere bezieht. Er meint eine Handlung, welche die Fitness eines Organismus schwächt, während sie die Fitness des (oder der) Empfänger stärkt. Für die Evolutionsbiologie ist ein solches Verhalten eine Anomalität. Denn im allgemeinen erwarten wir doch, daß natürliche Auslese jeder systematischen Tendenz entgegen wirken wird, sich in einer die eigene Fitness schwächenden Weise zu verhalten. Dieses Rätsel wurde gelöst, vor allem durch die Entwicklung einer Theorie der Verwandten-Selektion.

Man kann sich die Grundgedanken der Verwandten-Selektion dadurch klarmachen, daß man einen ungewöhnlichen Kontext heranzieht, nämlich das Verhalten eineiiger Zwillinge. Angenommen, es handele sich um Schimpansen-Zwillinge, die innerhalb eines weitläufigen Geheges beobachtet werden. Nennen wir sie Abercrombie und Beauregard, kurz: A und B. Da Abercrombie und Beauregard genetisch identisch sind, sind sie vom Standpunkt der natürlichen Auslese gleichwertig. Wenn nun A dem B zehn Bananen gibt, die dieser dazu benutzen kann, um drei Weibchen zu verführen, während dieselben Bananen A lediglich eine Paarung kosten, dann können wir sagen: A verschaffte B drei Paarungen, zum Fitness-Preis von einer. (Im Falle von Pavianen, Vögeln usw. kann man stattdessen irgendein anderes Verhalten von A betrachten, das zu größerem Paarungserfolg von B führt.) Um diese Art von Interaktion zu verstehen, ist es entscheidend, sich klarzumachen, daß A und B vom selben Genotyp sind. Daß A die Bananen an B überreicht, ist eine altruistische Handlung, gemessen daran, wie sie sich auf seine persönliche Fitness auswirkt; doch im Durchschnitt, das heißt für den gemeinsamen Genotyp, ist diese Handlung förderlich. Die Zahl der Paarungen, die mittels der zehn Bananen voraussichtlich zu erlangen sind, steigt von eins auf drei, macht einen Nettozuwachs von zwei beziehungsweise einen Durchschnittsgewinn von einer Paarung je Tier. Unter solchen Bedingungen kann die Selektion durchaus einem altruistischen Bananenverhalten den Vorzug geben.

Doch wir wüßten nun gern, was das evolutionäre Kriterium altruistischen Verhaltens in denjenigen Fällen ist, in denen die Individuen genetisch *nicht* identisch sind. Schließlich kommt ja genetische Identität relativ selten vor, gemessen an schwächeren Formen genetischer Verwandtschaft, wie etwa zwischen Eltern und ihren Kindern oder zwischen Geschwistern. In solchen Fällen gibt es lediglich eine partielle genetische Identität. W. D. Hamilton, ein englischer Evolutionsbiologe und Entomologe, behauptete im Jahr 1964, jenes allgemeine Kriterium bestehe darin, daß das Produkt aus der Wohltätigkeit des Altruismus und dem Grad der genetischen Verwandtschaft größer ist als der Preis des Altruismus.[25] Trifft dieses Kriterium zu, dann kann die Selektion altruistisches Verhalten bevorzugen. Sie *kann*, muß aber nicht. Es handelt sich um eine notwendige, aber nicht hinreichende Bedingung.

Was dieses Kriterium etwas verzwickt macht, ist der Grad der genetischen Verwandtschaft. Er beträgt *eins* für genetisch identische Zwillinge. Zwischen einem Elternteil und dessen Kindern beträgt der Grad der Verwandtschaft normalerweise einhalb, weil die Gene der Kinder je zur Hälfte von den beiden Eltern stammen. Bei Säugetieren, Vögeln und anderen Gattungen ist der Verwandtschaftsgrad zwischen Geschwistern ebenfalls einhalb. Bei Halbgeschwistern mit nur einem gemeinsamen Elternteil beträgt er ein Viertel, bei Vettern ersten Grades ein Achtel, und so weiter. Diese Werte erklären wohl auch die Antwort von J. B. S. Haldane, als man ihn fragte, ob er einen Ertrinkenden retten würde, wenn ihn dies das eigene Leben kostete. Haldane antwortete, er täte das nur, wenn er damit zwei Brüder, vier Halbbrüder oder acht Vettern ersten Grades retten könnte.

Diese Fragen der genetischen Verwandtschaft zeigen auch, warum man den entsprechenden selektiven Kontext »Verwandten-Selektion« nennt: Ein gewisser Grad von Verwandtschaft ist dabei stets Voraussetzung.

Insektenstaaten und Verwandten-Selektion

Eine grundsätzliche Konsequenz aus Hamiltons Theorie ist, daß Arten mit verschiedenen Mustern genetischer Verwandtschaft auch verschiedenen organisierten Verhaltensmustern folgen. Insbesondere müßten Arten, bei denen die Individuen in höherem Grad genetisch verwandt sind, auch einen höheren Grad von Altruismus zeigen. Daß dies tatsächlich der Fall ist, demonstrieren auf schlagende Weise die »sozialen« Insekten. Klassische Beispiele sozialer Insekten findet man in der Ordnung Hymenoptera, darunter Honigbienen, Wespen und Ameisen. Die Individuen dieser Insektenordnung zeigen ein ungewöhnliches System der Geschlechtsbestimmung. Aus befruchteten Eiern werden Weibchen, die von jedem Chromosom zwei Exemplare aufweisen (»diploid«). Unbefruchtete Eier werden zu Männchen, mit nur je einem Chromosom (»haploid«). Dieses gesamte System bezeichnet man als »Haplodiploidie«.

Für die Evolution des Altruismus ist die Haplodiploidie insofern von Bedeutung, als sie die Struktur genetischer Verwandtschaft verändert. Haplodiploide Schwestern mit gemeinsamen Eltern haben normalerweise einen Verwandtschaftsgrad von drei Vierteln, im Gegensatz zu einhalb bei Geschwistern gewöhnlicher Arten. Der Grund dafür ist, daß ihr Vater über nur einen Chromosomensatz verfügt. All seine Spermien haben also genau diesen einen Chromosomensatz, der auf sämtliche Töchter übergeht. Allein dadurch beträgt der Verwandtschaftsgrad schon mindestens einhalb. Haben nun die Schwestern auch eine gemeinsame Mutter, dann erhöht das den Verwandtschaftsgrad auf mindestens drei Viertel, und dieser Wert ist sogar höher als der Verwandtschaftsgrad zwischen den Eltern und ihren Kindern, der nach wie vor einhalb beträgt. Dies wiederum bedeutet, daß es für eine Tochter von größerem Vorteil ist, die Produktion von Schwestern zu ermöglichen als die Produktion eigener Töchter – vorausgesetzt, alle anderen Umstände bleiben unverändert. Sie kann diesen Vorteil wahrnehmen, indem sie sich im Nest als Helferin ihrer Mutter betätigt, anstatt sich selbst fortzupflanzen. Wir können demnach über haplodiploide Populationen, in denen die Weibchen diploid sind, eine grundlegende Voraussage treffen: Sie werden häufig in Kollektiven organisiert sein, in denen die Töchter ihren Müttern dabei helfen, weitere Töchter aufzuziehen.

Wo bleiben in diesem System die Männchen? Interessanterweise beträgt der Bruder-Schwester-Koeffizient der genetischen Verwandtschaft lediglich ein Viertel. Da die Brüder aus unbefruchteten Eiern hervorgehen, haben sie mit ihren Schwestern niemals väterliche Gene gemeinsam. Tatsächlich handelt es sich also bei haplodiploiden Arten um Halbgeschwister, und entsprechend niedrig ist ihr Verwandtschaftsgrad. Noch fremdartiger wird die Sache, wenn wir uns die genetische Verwandtschaft zwischen Vätern und Söhnen anschauen: Da Männchen aus unbefruchteten Eiern hervorgehen, existiert zwischen Vätern und Söhnen *überhaupt keine* genetische Verwandtschaft. Verglichen mit einem gewöhnlichen diploiden System sind daher Männchen in haplodiploiden Systemen *weniger* verwandt mit anderen Mitgliedern ihres Familienverbands. Daraus kann man den Schluß ziehen, daß diese Männchen nur wenig Neigung zu altruistischem Verhalten zeigen werden. Meist werden sie darauf aus sein, sich zu paaren, selten werden sie ihren Schwestern helfen und ihren Söhnen überhaupt nie.

Das allgemeine Bild, das sich daraus ergibt, sieht so aus: Es gibt eine Mutter, die zahlreiche Nachkommen produziert, assistiert von Töchtern, die sich selbst nicht fortpflanzen, und es gibt Männchen, die, außer bei der Paarung, von nur geringem Nutzen sind. Und genau dies geschieht bei einigen der Hymenoptera. Ihre »Staaten« sind auf eine Königin ausgerichtet, die körperlich größer ist, die große Mengen von Eiern produziert, die sich jedoch an der Beschaffung von Nahrung kaum beteiligt. Das Sammeln von Nahrung, der Bau von Stöcken, Nestern und Kolonien, die Verteidigung der Nester – all dies wird übernommen von unfruchtbaren Arbeiterinnen. In einigen Fällen, insbesondere bei Ameisen, sind diese Weibchen im Hinblick auf spezifische Aufgaben strukturell verändert; so haben sie zum Beispiel zum Kämpfen geeignete, stark vergrößerte Kiefer und Kopfkapseln. Die Männchen unterdessen arbeiten nicht. Sie existieren, in geringer Zahl, zu dem einzigen Zweck, sich mit der Königin zu paaren, weshalb man sie gewöhnlich »Drohnen« nennt. Alles in allem gibt es also eine verblüffende Übereinstimmung zwischen den meisten organisierten Staaten der Hymenopteren und den Voraussagen von Hamiltons Theorie.

Ein wichtiger Test für diese Theorie sind soziale Insekten, die *nicht* aus haplodiploiden Gruppen stammen. In gewöhnlichen genetischen Systemen herrscht Symmetrie sowohl zwischen Müttern und Vätern als auch zwischen Brüdern und Schwestern. In solchen Gruppen ist nach Hamiltons Theorie zu erwarten, daß Männchen und Weibchen in gleichem Maß altruistisches Verhalten entwickeln. Existiert etwa in derartigen Staaten eine Kaste von Arbeitern, dann müßte sie Männchen *und* Weibchen umfassen. Statt einer einsamen Königin müßte es daneben noch einen regierenden König geben.

Dieses Muster findet sich tatsächlich bei Termiten verwirklicht, insbesondere unter den »höheren« Termiten der Familie der Termitidae. Diese Insekten bauen große Hügel, wobei jeder Hügel normalerweise von der Nachkommenschaft eines einzigen Termitenpaars errichtet wird. Die Königin beginnt mit dem Bau, bisweilen unterstützt vom König. Dann erscheint eine erste Generation von Arbeitern, danach weitere Generationen, die aus Arbeitern und Soldaten zusammengesetzt sind. Außer, wenn fortpflanzungsfähige Termiten hinausgelassen werden, bleibt der Hügel an seiner Oberfläche gewöhnlich geschlossen. Auch die gesamte Ernährung findet unterirdisch statt. Sowohl Söhne wie Töchter können zu Arbeitern werden, wobei die Männchen bei einigen Arten größer sind als die Arbeiterinnen, während es bei anderen Arten umgekehrt ist. Es gibt jedoch in diesen Gemeinschaften keine grundlegende Rollenverteilung zwischen Männchen und Weibchen; beide Geschlechter sind »Monarchen«, und beide sind Arbeiter. Auch dies bestätigt auf schönste Weise die Voraussagen der Theorie der Verwandten-Selektion.

Interessanterweise gibt es ein unter der Erde lebendes Nagetier, den Nacktmull in Afrika, der als Säugetier eine nahezu exakte Parallele zu den Termiten darstellt. Auch er hat sich auf eine Ernährung durch unterirdische, holzartige Materialien eingestellt – wie etwa Wurzeln –, und ebenso zeigt er ein hohes Maß an Altruismus. Es gibt ein dominantes Paar, bestehend aus Männchen und Weibchen, mit zahlreicher unfruchtbarer Nachkommenschaft. Diese erfüllt die Funktion von Arbeitern, sie sammelt Nahrung und verteidigt den labyrinthischen Bau. Unter Säugetieren ist dies der einzige bekannte Fall einer solchen kastenartigen sozialen Organisation. Da Säugetiere genetisch konventionell ausgestattet sind, folgt der Nacktmull dem Beispiel der Termiten und zeigt keinerlei geschlechtliche Unterschiede hinsichtlich der sozialen Rollenverteilung. Auch dies entspricht wiederum den Erwartungen der Theorie der Verwandten-Selektion.

Strategie-Selektion

Bisweilen hängt der Wert einer bestimmten Anpassung von den Anpassungsleistungen anderer Individuen innerhalb derselben Population ab. Ist man zum Beispiel der einzige innerhalb einer Population, der über große Fangzähne verfügt, dann kann man sie dazu einsetzen, um sämtliche Rivalen im Kampf zu schlagen. Haben jedoch alle derartige Zähne, dann sind sie von erheblich geringerem Wert, und in einem Kampf auf Biegen und Brechen kann man selbst getötet werden. Derartige Probleme nennt man »evolutionäre Spiele« – dahinter steht der Gedanke, daß Exemplare derselben Art um Dinge oder Erfolge konkurrieren, die geeignet sind, ihre Fitness zu erhöhen. Ein Beispiel eines derartigen evolutionären Spiels bieten Vögel, die um Nahrungsreviere miteinander konkurrieren, wobei ein solches Revier ein Stück Feld, ein einzelner Baum oder ein Uferabschnitt sein kann.

Ein weiteres Beispiel sind Hirsche, die in der Brunftzeit um Weibchen konkurrieren, wobei sie röhren und mit den Geweihen aufeinander losgehen. Im ersten Beispiel besteht der Gewinn aus Nahrung, im zweiten Fall ist es eine Paarung. Beides ist für die Fitness offenbar von Vorteil.

Die Spieltheorie hat ihre Wurzeln hauptsächlich in der Mathematik und den Wirtschaftswissenschaften. Für einen Nationalökonomen ist es ganz selbstverständlich, nach den komplexen Strategien einer Konkurrenzsituation zu fragen, bei der das Ergebnis bestimmter Handlungen davon abhängt, was die anderen tun; immerhin ist das ökonomische Verhalten, um das es hier geht, dasjenige eines ziemlich raffinierten Organismus: des Menschen. Für derartige menschliche Strategien wurde eine eigene, umfängliche Theorie entwickelt; bei Tieren hingegen war die Anwendbarkeit der Spieltheorie zunächst weniger klar. Der Durchbruch gelang hier erst, als W. D. Hamilton, John Maynard Smith und George Price auf die Idee der »unschlagbaren Strategien« verfielen, Strategien also, die nicht weiter verbessert werden können, sobald alle Individuen einer Population sie übernommen haben. Die unschlagbare Strategie gilt als evolutionärer Endpunkt: Ist man einmal dort angelangt, geht es nirgendwohin weiter. Mit anderen Worten: Unschlagbare Strategien sind diejenigen, deren evolutionäre Ausbildung wir bei einem beobachteten Organismus von Anfang an erwarten.[26]

Ein Beispiel wird diese Vorstellung vielleicht verdeutlichen. Eines der Rätsel tierischen Verhaltens besteht darin, daß es in Situationen, in denen wir regelmäßige Gewaltakte erwarten würden, häufig unaggressiv ist. So ist etwa der männliche Wettstreit um Weibchen ein Vorgang, von dem wir glauben, daß extreme Aggression überwiegen müßte. Die Wirklichkeit sieht jedoch anders aus. Hirsche sind mit Geweihen ausgestattet, die erhebliche Verletzungen verursachen könnten, würden sich die Tiere von der Seite oder von hinten angreifen. Stattdessen umkreisen sie einander, so daß sie sich stets gegenüber stehen, und kämpfen Geweih gegen Geweih. Diese hitzigen Auseinandersetzungen sind selten mehr als ein »Armdrücken«, und aufgrund dieser Spielregel ist die Wahrscheinlichkeit, daß einer der Hirsche sich ernsthaft verletzt, recht gering. Wie sich gezeigt hat, vermag die evolutionäre Spieltheorie eine derart begrenzte Aggression auf natürliche Weise zu erklären.

Angenommen, bei einem solchen Wettstreit zwischen Hirschen gebe es drei mögliche »Spielzüge«: Sich-zur-Schau-Stellen (S), Vorrücken bzw. Angreifen (A) und Rückzug (R). Zu Verletzungen kann es kommen, wenn der Gegner angreift (A); die Folge ist ein erzwungener Rückzug (R) und das, was die Verletzung an »Kosten« mit sich bringt. Zieht sich ein Hirsch zurück (R), verletzt oder unverletzt, dann wird sich der andere paaren. Endloses Sich-zur-Schau-Stellen (S) verursacht Kosten an Zeit, deren absoluter Betrag jedoch höchstwahrscheinlich geringer ist als die Kosten der Verletzung und der Nutzen des Gewinns. Eine einzelne Kampf-Sequenz kann dann zum Beispiel folgendermaßen aussehen, wobei die Zeit von links nach rechts läuft:

Hirsch 1: S S S S S R (verletzt)
Hirsch 2: S S S A A

Am Ende ist Hirsch 1 verletzt, und Hirsch 2 gewinnt die Paarungsmöglichkeit. Hirsch 1 ist der Verlierer, Hirsch 2 der Gewinner; so sieht es vom darwinistischen Standpunkt aus.

Doch sehen wir uns zwei grundlegend andere Strategien an, dieses Spiel zu spielen: Der »Falke« spielt in jedem Fall A, bis er siegt oder besiegt wird. Die »Taube« hingegen spielt so lange S, bis ihr Gegner A spielt; dann spielt sie sofort R und vermeidet damit jede Verletzung. Dabei nehmen wir an, daß zwei Tauben die gegenseitige Zurschaustellung (S) irgendwann beenden und die eine den Gewinn der anderen überläßt, wobei jede die gleiche Chance hat, zu gewinnen.

Um die evolutionäre Dynamik dieser Situation zu analysieren, müssen wir die verschiedenen Kämpfe betrachten, die mit diesen alternativen Strategien ausgefochten werden können. Spielt *Falke gegen Taube*, so bleibt stets der Falke siegreich. Die Taube bleibt unverletzt, da sie sich als erste zurückzieht. Der Falke erhält den evolutionären Gewinn einer Paarung, die Taube geht leer aus. Spielt *Taube gegen Taube*, dann wird nach einigem Umherhüpfen die eine gewinnen und die andere verlieren. Beide zahlen den Preis dafür, daß sie die Schau in die Länge gezogen haben, und eine zieht Vorteil aus dem Gewinn. Spielt *Falke gegen Falke*, geht es bedeutend härter zu. Einer von beiden wird bei dem eskalierenden Streit verletzt werden, unter beträchtlichen Kosten. Der andere wird eine Verletzung glücklich vermeiden und darf sich paaren.

Man muß hier besonderes Augenmerk auf den *durchschnittlichen* Gewinn legen, der jeweils erzielt wird. Ein Falke, der gegen eine Taube spielt, erhält im Durchschnitt die Fitness-Steigerung einer Paarung, einen positiven Betrag also. Die Taube hingegen gewinnt bei diesem Kampf nichts. Im Fall Taube gegen Taube wird durchschnittlich jeweils der Wert einer halben Paarung gewonnen, minus die Kosten des in die Länge gezogenen Schaukampfs. Der Nettogewinn wird höchstwahrscheinlich positiv ausfallen, doch bei weitem nicht so groß wie der Gewinn, den ein Falke gegen eine Taube einstreicht. Am interessantesten ist der Kampf Falke gegen Falke. Ein einzelner Falke wird die halbe Zeit über siegen, die andere Hälfte der Zeit aber verletzt sein. Da die Verletzung mehr kostet als die Paarung einbringt, ist der durchschnittliche Gewinn hier *negativ*. Aufgrund ihrer wechselseitigen Aggressivität verhalten sich demnach Falken – im Durchschnitt – selbstschädigend.

Wir können daraus folgern, daß weder der Falke noch die Taube eine unschlagbare Strategie besitzt. Denn beide sind dazu fähig, in Populationen einzudringen, in der ausschließlich die jeweils andere Strategie verfolgt wird. Man stelle sich eine Population vor, die nur aus Tauben besteht. Sie regeln ihre Auseinandersetzungen auf freundliche Weise und mit positivem Durchschnittsgewinn. Ein einzelner Falke, der in eine solche Population eindringt, bestreitet Kämpfe ausschließlich mit Tauben, und sein Gewinn wird größer sein als der ihre. Seine Fitness ist demnach ebenfalls größer, und er pflanzt sich fort. Das ist soweit völlig klar. Nicht ganz so offensichtlich ist jedoch die Tatsache, daß auch eine Taube in eine Population eindringen kann, die ausschließlich aus Falken besteht. Die Falken verprügeln sich gegenseitig und erleiden dabei einen Nettoverlust an Fitness. Eine Taube, die des Weges kommt, wird sich angesichts dieses Chaos aus jeder Konfrontation zurückziehen, ehe sie selbst verletzt wird. Auf diese Weise bekommt sie zwar *nichts*. Aber das ist immer noch mehr als das, was die Falken im Durchschnitt bekommen.

Die Schlußfolgerung muß demnach lauten: In Konkurrenzkämpfen zwischen Tieren ist weder schlichter Pazifismus noch ausgesprochene Militanz durchweg siegreich. Welche Strategie aber *ist* dann siegreich? Sehen wir uns einmal die folgende Strategie an, die des »Konterspielers«. Sie lautet: »Spiele stets S, außer wenn der Gegner A spielt. In diesem Fall spiele ebenfalls A.«

Vergleichen wir die Chancen des Konterspielers mit denen des Falken. Innerhalb einer Falkenpopulation wird der Konterspieler selbst zum Falken und ist daher stets in der Lage, in sie einzudringen. In gemischten Populationen jedoch, die aus Falken und Konterspielern bestehen, ist der Falke im Nachteil, weil sich die Konterspieler in ihren Kämpfen untereinander wie Tauben verhalten. Je mehr Konterspieler es gibt, desto mehr Konterspieler agieren wie Tauben und desto größer der relative Gewinn des Konterspielers gegenüber dem Falken. Einfache Selektion wird daher den Falken allmählich aus der Population hinausdrängen. Sobald er weg ist, verhalten sich die Konterspieler genau wie Tauben: Sie werden scheinbar zu Pazifisten. Doch wenn sie provoziert werden, sind sie bereit zum Kampf.

Die wissenschaftliche Bedeutung einer derartigen Analyse besteht darin, daß wir nun im Tierreich die Vorherrschaft eines »bewaffneten Friedens« erwarten dürfen, und in etlichen Fällen konnte gezeigt werden, daß dies tatsächlich der Fall ist. So gibt es etwa unter Rhesusaffen ritualisierte Formen des Kampfes, bei denen der Unterliegende harmlose Bisse mit den Schneidezähnen über sich ergehen läßt, um den Kampf zu beenden. Wenn in dem Augenblick, da eigentlich Bisse mit den Schneidezähnen angebracht wären, der Gegner stattdessen mit den Eckzähnen zubeißt – was weitaus gefährlicher ist –, dann wird der Gebissene mit aller Macht zurückschlagen. Bisse mit den Eckzähnen werden als Eskalation wahrgenommen, die bei dem betroffenen Affen weitere Eskalation hervorruft. Es scheint, als bedienten sie sich der Strategie des Konterspielers und als sei diese Verhaltensform im Tierreich allgegenwärtig.

Territorialität

Wie wir sahen, kann Strategie-Selektion dazu dienen, die Evolution begrenzter Aggression zu erklären. Eine weitere Verhaltensform, die man auf diese Weise beleuchten kann, ist die »Territorialität«. Dabei ist ein Tier bereit, ein bestimmtes Areal, etwas Eßbares oder einen möglichen Geschlechtspartner einem anderen Tier zu überlassen, und zwar scheinbar aus dem einzigen Grund, weil dieser andere ihm zuvorgekommen ist. Dieses Verhalten ist weit verbreitet, nicht nur unter intelligenten Tieren wie Vögeln oder Säugetieren, sondern sogar unter Schmetterlingen und anderen Insekten. Auch hier scheint es zunächst schwierig, auf der Grundlage individueller Selektion eine Erklärung zu finden. Warum sollte das zweite Tier einen derartigen Begriff von Eigentum anerkennen? Schließlich leiden doch die Tiere in der Natur gerade unter den verheerenden Folgen des bürgerlichen Individualismus.

Betrachten wir die folgende Strategie, die wir die Strategie des »Bürgers« nennen wollen: »Wenn du zuerst da bist, spiele den Falken; bist du der zweite, ziehe dich zurück.«

Man beachte zunächst, daß im Spiel Bürger gegen Bürger der durchschnittliche Gewinn die Hälfte der umstrittenen Sache beträgt. Niemals kommt es zum Kampf, und daher gibt es auch kein Verletzungsrisiko. Es bedarf nicht einmal der Zeitverschwendung, die der Schaukampf mit sich bringt. Wer auch immer zuerst da ist, gewinnt, und der andere zieht sich unverletzt zurück. Und da jedes Tier, statistisch gesehen, die gleiche Chance hat, zuerst da zu sein, werden die Gewinne innerhalb der Population weit gestreut. Ein utopisches Arrangement, könnte man meinen.

Doch keine Utopie ohne Abweichler. Was ist mit dem örtlichen Anarchisten, der sich über Eigentumsrechte und andere repressive Begriffe hinwegsetzt? Kommen wir noch einmal auf den Falken zurück, dessen Strategie es sein wird, in jedem Fall anzugreifen und jedes gewünschte Territorium, jeden Besitz an sich zu bringen, ganz gleich, wer als erster da war. Ist zufällig der Falke der erste, dann wird der Bürger ihm den Gewinn sofort überlassen: Unter diesen Umständen ist der Bürger schlicht eine Taube. Erscheint der Falke aber als zweiter, dann verhält sich der Bürger wie der Konterspieler: nämlich so, als sei er ebenfalls ein Falke. Die Auseinandersetzung wird eskalieren, und Falke und Bürger werden etwa gleich häufig gewinnen.

»Bürger« ist eine unschlagbare Strategie, weil der Gewinn, den der Bürger gegen seinesgleichen einstreicht, größer ist als der Gewinn eines eindringenden Falken. Handelt es sich bei den Falken um seltene Eindringlinge, dann spielen sie ausschließlich gegen Bürger, und auch der Bürger wird es fast nur mit seinesgleichen zu tun haben. Der Gewinn des Bürgers gegen die eigene Sippe beträgt die Hälfte des möglichen Preises. Der Gewinn des Falken gegen die Bürger ist ebenso hoch, plus den Nettoertrag aus den voll ausgetragenen Kämpfen. Dieser letztere Betrag ist jedoch *negativ*, denn der Nettoertrag aus jenen Kämpfen errechnet sich aus der Differenz zwischen dem Preis der Verletzung und dem aus dem Sieg gezogenen Gewinn, und hier muß man annehmen, daß der Preis der Verletzung höher ist. Im Endeffekt *verliert* also der Falke, weil er den Preis eines aggressiven Lebensstils zu zahlen hat – verglichen mit dem friedlicheren bürgerlichen Strategen.

Der Bürger ist auch besser daran als die Taube, denn er verliert keine Zeit mit Schaukämpfen. Jede Auseinandersetzung um den »Zutritt« wird auf der Grundlage des Eigentumsrechts sofort beigelegt. Damit ist klar, daß der Bürger im Verhältnis zu Falke und Taube eine unschlagbare Strategie besitzt. Hinsichtlich Nahrung, Revier und Weibchen ist demnach zu erwarten, daß das Prinzip der Territorialität allgemein verbreitet ist. Tiere werden häufig einen »Sinn für Eigentum« beweisen, so daß demjenigen, der zuerst da war, das Eigentumsrecht auf Dauer überlassen bleibt. Und in Fällen, da dieses Verhaltensmuster versagt, wird es zu Kämpfen à la Falke gegen Falke kommen, mit uneingeschränkter Gewalt.

Daß das Prinzip der Territorialität tatsächlich weit verbreitet ist, ist noch kein besonders überzeugender Beleg für dieses Modell, denn schließlich war es ja gerade jenes Prinzip, das es zu erklären galt. Die wichtigste Voraussage des

Modells besteht aber darin, daß man Zeuge eines besonders erbitterten Kampfes werden wird, wenn man zwei Tiere dahin bringt, daß sie sich *beide* für Eigentümer halten. Es gibt zwei ganz unterschiedliche Fälle, in denen man das tatsächlich versucht hat.

In dem einen Fall ging es um den Hamadryas-Pavian, *Papio hamadryas*. Diese Pavianart tritt gewöhnlich in Horden auf, in denen sich nur ein geschlechtsreifes Männchen befindet, das sämtliche Vorrechte der Paarung genießt. In einer Aufzuchtstation für Primaten wurden nun mehrere Männchen dieser Pavianart *abwechselnd* zu einem Weibchen gelassen. Zunächst ließ man etwa das Männchen A in einen Käfig mit einem Weibchen, dann kam Männchen B hinzu. Der letztere akzeptierte A's »Eigentumsrecht« an dem Weibchen, ohne ihn irgendwie herauszufordern. Nun ließ man Männchen B als ersten zu einem anderen Weibchen, und erst danach wurde A in den Käfig gelassen. A überließ jetzt B das Eigentumsrecht. Damit war gezeigt, daß die Interaktion zwischen den beiden *nicht* auf irgendeine, von den Weibchen unabhängige Dominanz zurückzuführen war. Hatte nun aber ein Männchen A Zugang zu einem oder mehreren Weibchen, entfernte man es vorübergehend, um einem Männchen B Zutritt zu geben, wobei sich die beiden zunächst nicht sehen konnten, so kam es zu einer massiven Auseinandersetzung, sobald der ursprüngliche »Besitzer« zurückkehrte. All diese Verhaltensweisen entsprechen genau der »bürgerlichen« Strategie.

Bei unserem zweiten Beispiel geht es um ein ganz anderes Lebewesen, und zwar um ein so einfaches, daß man glauben sollte, die Vorstellung des »Eigentums« übersteige seine neuronalen Fähigkeiten: der Schwalbenschwanz, *Papilio zeliacon*. Diese Schmetterlingsart ist ziemlich selten, und auch der Schwalbenschwanz steht daher vor dem dauernden Problem, einen Geschlechtspartner zu finden. Weitgehend gelöst wurde dieses Problem durch die Verhaltensform des »Gipfelstürmens«: Männchen begeben sich auf den höchsten Punkt von Hügeln, und dort fliegen auch die Weibchen hin, sobald sie bereit zur Paarung sind (das ist bei dieser Spezies jede reife Jungfrau). Auf diese Weise werden Hügel für Männchen zu einer begrenzten Ressource, denn alle wollen nach oben. Tatsächlich entspricht nun das normale Verhalten der Männchen einer offenkundig »bürgerlichen« Strategie: Wer zuerst oben ist, darf bleiben. Ein Experiment wurde durchgeführt, bei dem zwei männlichen Schmetterlingen an abwechselnden Tagen erlaubt wurde, sich auf der Kuppe des Hügels niederzulassen, während sie an den anderen Tagen in einiger Entfernung verwahrt wurden. Nach bürgerlichem Muster zogen nun beide den Schluß, daß sie Eigentümer jener Hügelkuppe seien. Als sie schließlich beide zur selben Zeit auf dem Hügel plaziert wurden, kam es zu einem langwierigen Kampf. Wiederum bestätigten sich die Vorhersagen der evolutionären Spieltheorie: Denn auch diese Schmetterlinge sind offenkundig Bürger.

Wie man auf Anpassung schließt

Eines der Probleme der Evolutionsbiologie besteht darin, daß Selektion so schwer zu beobachten ist. Die eben angeführten Beispiele natürlicher Auslese in der Wildnis sind insofern ungewöhnlich, als eine unmittelbare Beobachtung hier möglich war. Die Regel ist jedoch, daß es außerordentlich schwierig ist, selektive Vorgänge aufzuspüren, und daß es in jedem einzelnen Fall enormer Anstrengungen und Mittel bedarf. Und das ist im Grunde auch das, was Darwin erwartet hatte.

Doch es gibt einige Möglichkeiten, dieses Problem zu umgehen. Die Evolutionstheorie besagt, daß die durchschnittliche »Fitness« einer Population, auch durchschnittliche »Reproduktionsrate« genannt, unter dem Druck natürlicher Auslese gewöhnlich ansteigt. (Aus der Perspektive des einzelnen Organismus resultiert »Fitness« gewöhnlich aus dem reproduktiven Netto-Output, eingerechnet die Sterblichkeit vor einer möglichen Reproduktion.) Ein mathematisches Gesetz ist dies freilich nicht, doch die Theorie besagt, das es häufig zutrifft. Wenn wir nun feststellen, daß die Fitness einer Population von einer Generation zur nächsten immerzu ansteigt, und wenn wir sonst nichts über diese Organismen wissen, dann wird die natürliche Schlußfolgerung sein, daß hier Selektion am Werk ist. Wenn wir weiterhin feststellen, daß eine bestimmte Eigenschaft, etwa eine dunklere Färbung, zur selben Zeit ebenfalls in ihrer Häufigkeit zunimmt, dann ist es vernünftig anzunehmen, daß es eben diese Färbung oder irgendeine damit in Zusammenhang stehende Eigenschaft ist, die selektiert wird. Damit haben wir das Wirken der Selektion indirekt erschlossen.

Man kann zu derartigen Schlußfolgerungen sogar auf noch weiteren Umwegen gelangen. Angenommen, wir bemerken, daß zwei Populationen derselben Art, die in verschiedenen Regionen siedeln, zu unterschiedlicher Körpergröße tendieren, und daß diejenigen, die in der kälteren Region wohnen, die größeren sind. Dann liegt es für Biologen nahe zu schlußfolgern, daß die größeren Körper eine Anpassung an das kältere Klima darstellen. (Unterschiedliche physiologische Reaktionen auf Temperaturunterschiede könnte man dann dadurch ausschließen, daß man die Populationen gleich lange niedrigen Temperaturen aussetzt und danach die Körpergrößen vergleicht.) Auf diese Weise wird das Auftreten von Anpassungsleistungen häufig dazu benutzt, um auf entsprechende Selektionsmuster zu schließen.

Um dieses Thema hat sich eine ganze Forschungsrichtung etabliert. Man sucht nach Einzelheiten der Morphologie, der Funktionalität oder des Verhaltens, die offenkundig Anpassungsleistungen sind, und danach fahndet man nach Selektionsmechanismen, die diese Anpassungen hervorgerufen haben könnten. Beispiele derartiger Mechanismen sind: die Selektion von Widerstandskraft gegenüber lebensbedrohlichen Umständen wie Hitze oder Dehydrierung; die Selektion fürsorglichen Verhaltens gegenüber Geschwistern; oder die Selektion bestimmter Waffen und Taktiken für den Kampf mit anderen Männchen während der Paarungszeit. Praktisch jede physische Eigenschaft oder Funktion eines Organismus kann man als Anpassung an irgend etwas auffassen – was natürlich ebenfalls ein Problem ist.

Stößt ein Evolutionsbiologe zum erstenmal auf eine bestimmte Eigenschaft eines Organismus, so wird er versucht sein, sie als Anpassung zu deuten und sie unter dem Aspekt der Selektion zu erklären. Angenommen, es gehe um eine Spinne, die ein Netz webt. Eine natürliche Hypothese wäre, daß das Netz dazu dient, Beute zu machen. Doch nach sorgfältiger Beobachtung stellt sich heraus, daß die Spinne keineswegs auf diese Weise Beute fängt. Die Erklärung durch Anpassung hat demnach versagt. Nun bemerken aber einige Evolutionsbiologen, daß sich Tau an dem Netz befindet und daß die Spinne unter den Bedingungen großer Trockenheit lebt. Sie werden daher sagen, das Netz sei stattdessen eine Anpassungsleistung, die aus einer auf die Beschaffung von Wasser abzielenden Selektion hervorgeht.

Die Frage ist: Wie weit können wir die Suche nach möglichen Selektionsvorgängen treiben, um sämtliche Eigenschaften von Organismen zu erklären? Wenn wir so weiter machen, dann geraten wir in eine »Anpassungsmasche«, die von etlichen Evolutionsbiologen als unwissenschaftlich bekämpft wird (eine Polemik, an der sich wiederum die Kreatianisten ergötzen). Doch wenn wir fordern, daß die Biologen die Suche nach solchen »selektionistischen« Erklärungen nicht endlos fortführen, was ist dann die Alternative? Landen wir wieder bei Gott, wenn die erste naive Vermutung widerlegt wird? Tatsächlich ist die Selektion keineswegs allmächtig. Es gibt grundsätzliche Beschränkungen, welche den evolutionären Prozeß prägen und die Selektion daran hindern, Perfektion zu erlangen. Diese Beschränkungen sind sowohl genetischer wie historischer Art, und wir werden uns beiden nacheinander zuwenden.

Genetische Grenzen der Selektion

Die »Pleiotropie« ist es, die in der Genetik alles zusammenhält, und dieser Begriff bezeichnet eine der hauptsächlichen Ursachen dafür, daß die Wirksamkeit der Selektion begrenzt ist. Doch einen besonderen Namen verdient dieses genetische Phänomen eigentlich nicht, denn Pleiotropie ist allgegenwärtig. Der Begriff bedeutet, daß aus einer einzigen genetischen Differenz vielfache Effekte resultieren, im Gegensatz zum Effekt in einem einzelnen Merkmal. Nach allem, was wir über genetische Wirksamkeit wissen, von der Ebene des Moleküls bis zu der des Organismus selbst, zeigen praktisch alle Gene multiple Effekte. Das Problem jedoch, das die Pleiotropie für die Selektion darstellt, besteht darin, daß ein Allel möglicherweise die eine Eigenschaft verbessert, während es eine andere verschlechtert (gemessen an der Wirkung anderer Allele). Es kann vorkommen, daß die Selektion *für* den ersten, aber *gegen* den zweiten Effekt arbeitet. Ist demnach der zweite Effekt stark genug, so kommt der vorteilhafte Effekt auf die erste Eigenschaft gar nicht zur Geltung, weil der Nettoeffekt auf die Fitness insgesamt schädlich ist. Ist aber diese genetische Veränderung die einzige, durch welche die erste Eigenschaft noch gesteigert werden kann, dann bleibt die Evolution von weiteren Verbesserungen in dieser Richtung abgeschnitten.

Nehmen wir als Beispiel das »alloparentale» Verhalten.[27] Bei dieser Verhaltensweise »adoptieren« erwachsene Tiere alleinstehende Junge, sie füttern sie, verteidigen sie gegen räuberische Angreifer und so weiter. Bei Säugetieren kommt dies besonders häufig vor, wenn die Tiere keine eigenen Nachkommen haben, und typischerweise handelt es sich bei den »Adoptivmüttern« um Weibchen, die eben erst geschlechtsreif geworden sind. Doch ist die Adoption im allgemeinen nicht erfolgreich, und oft sterben die Jungen. Bei Vögeln ist häufig zu beobachten, daß sie Eier in den Nestern anderer ablegen und so an deren Brutpflege schmarotzen. Einige Arten, wie der Kuhvogel und der Kuckuck, pflanzen sich ausschließlich als Nestschmarotzer anderer Arten fort. Da jedoch zum Beispiel Kuckucknestlinge nicht davor zurückschrecken, die legitimen Nachkommen der Pflegeeltern aus dem Nest zu werfen, ist die Schädlichkeit des alloparentalen Verhaltens offensichtlich. Warum existiert es dann?

Fast durchweg investieren weibliche Vögel und Säugetiere viel Kraft, um ihre Jungen aufzuziehen, und in einigen Fällen gilt das sogar für die Männchen. Umfangreiche quantitative Erhebungen zeigen, daß die Eltern an Gewicht verlieren und während der Aufzucht einem erhöhten Risiko unterliegen, erbeutet zu werden. Gleichzeitig gibt es einen starken Selektionsdruck in Richtung elterlicher Fürsorge. Es bilden sich Mechanismen aus, welche die entsprechenden Individuen auf den Empfang positiver (oder »belohnender«) Reize aus der Eltern-Kind-Beziehung einstimmen. Derartige Verhaltensauslöser können aber niemals exakt sein. Zwar verfügen die Eltern innerhalb solcher Arten im allgemeinen über gute Fähigkeiten, den eigenen Nachwuchs zu erkennen, doch sie sind nicht unbedingt perfekt. Und selbst wenn die Erwachsenen bemerken, daß das Junge nicht ihr eigenes ist, werden noch immer einige jener »Bestätigungs-Signale« dafür sorgen, daß ihre auf elterliche Fürsorge programmierten Gehirnareale aktiviert werden. (Das ist der Grund, warum flauschige Welpen und Kätzchen »so süß« sind.) Es gibt also die

Selektion eines allgemeinen Verhaltensmusters, der elterlichen Pflege der Jungen, und dieses Muster wiederum bringt alloparentales und damit die eigene Fitness schädigendes Verhalten hervor. Man kann also sagen, das alloparentale Verhalten ist ein pleiotropischer Nebeneffekt jener Selektion, welche die hauptsächliche Anpassung bewirkt. Auf diese Weise bringt Selektion freilich niemals Perfektion hervor. Doch ein Problem ist das nicht. Selektion ist eben nicht mehr als ein Basteln und Flicken mit immer nur kleinen, relativen Verbesserungen.

Historische Grenzen der Selektion

Untersucht man die Anpassungsbedürfnisse eines Organismus, dann stellt sich bisweilen heraus, daß er eigentlich bestimmte Anpassungen hätte vollziehen müssen und es dennoch nicht tat. Ein offenkundiges Beispiel hierfür ist die Atmung bei Säugetieren, die im Wasser leben, wie Wale und Delphine. Sie hätten Kiemen entwickeln müssen, doch sie behielten die Lungenatmung bei.

Eine generelle Anpassung, von der zahlreiche Organismen profitieren würden, wäre die Wahrnehmung von Röntgenstrahlen. Angefangen von parasitären Insekten, deren »Wirte« in Früchten leben, bis hin zum Specht, der in Baumrinden nach Larven sucht: Ein Organ, das es einem Tier ermöglichen würde, in das Innere opaker Strukturen zu sehen, wäre von offensichtlichem Nutzen. Dennoch hat kein uns bekannter Organismus jemals irgendeine Art von Röntgensehen entwickelt.

Die Ursache dieses Versagens der Anpassung besteht darin, daß es keine genetische Variabilität gibt, um die Entwicklung von Strukturen zu ermöglichen, die eine derartige Funktion erfordern würde. Es gibt eben in der Evolution keinerlei Garantie dafür, daß eine bestimmte genetische Variation auch auftritt. Und wenn es sie nicht gibt, kommt es auch nicht zur Selektion.

Es kann auch vorkommen, daß ein Organismus zwar über die genetische Variabilität verfügt, die er benötigt, um sich an seine ökologische Situation anzupassen, daß jedoch die Selektion dennoch nicht in Gang kommt. Das muß nicht unbedingt ein wissenschaftliches Problem sein. Hat die Umwelt sich erst kürzlich verändert, dann hat vielleicht die Selektion noch gar nicht genügend Zeit gehabt, um etwas zu bewirken. Letztlich hinkt die Selektion den Erfordernissen der Umwelt stets hinterher. Wir erwarten ja auch nicht, daß etwa kürzlich domestizierte Tiere, wie viele der Arten, die in Zoos zu sehen sind, an die Bedingungen, denen man sie neuerdings aussetzt, schon angepaßt sind. Ihre Anpassungen werden nach wie vor die Selektion widerspiegeln, der sie in ihrem ursprünglichen Lebensraum – in der Wildnis – unterworfen sind. So werden zum Beispiel »Großkatzen« im Zoo die Fähigkeit zu spektakulären Geschwindigkeiten behalten, obwohl sie diese gar nicht mehr nutzen können. Papageien in Zoos, in der armseligen »Umwelt« ihrer Käfige, können mit ihren beachtlichen Gehirnen nichts mehr anfangen. Zwangsläufig bedeuten Zoos für die meisten ihrer Bewohner eine gutgemeinte Quälerei.

Die Selektion – ein Freund in guten Zeiten

Die Selektion sorgt dafür, daß die Organismen gemäß der Darwinschen Theorie funktionieren, und in diesem Sinne ist sie der Wohltäter aller Lebewesen. Praktisch alles, was in und an unserem Körper bestimmte Aufgaben erfüllt, entstand durch natürliche Auslese, die sich wiederum zufälliger genetischer Variationen bediente. Doch die Selektion ist nicht allmächtig, und sie kümmert sich keineswegs um alles. Produktiv ist sie dann, wenn die ökologischen, physiologischen und genetischen Faktoren einer bestimmten biologischen Situation dies zulassen. Ist dies jedoch nicht der Fall, dann erweist sie sich möglicherweise als schwach, unwirksam oder sogar dezidiert schädlich. Es hängt alles von den Umständen ab, von den »Arbeitsbedingungen«, welche die Evolution vorfindet. Unter optimalen Bedingungen, mit genetischer Vielfalt und geringen Nebenwirkungen, kann die Selektion Wunder bewirken, unter ungünstigen Umständen möglicherweise gar nichts. Auch wenn es schwierig ist: Man muß den scheinbaren Widerspruch hinnehmen und sich stets vor Augen halten, daß die Selektion mächtig und schwach zugleich ist. *Beides* trägt dazu bei, die Komplikationen des Lebens verständlich zu machen – und vielleicht sogar dessen gegenwärtige Perversion.

Darwin wußte nichts von den Problemen der Genetik und der Physiologie, die, wie inzwischen bekannt ist, die natürliche Auslese behindern. Er hatte jedoch ein außerordentliches Gespür für diese Probleme. Keineswegs sagte er voraus, es werde zu einer immerwährenden Akkumulation von letztendlich perfekten Lebewesen kommen. Eher schien sein Verständnis der natürlichen Auslese darauf hinauszulaufen, daß sie Tiere und Pflanzen so gut macht, wie sie nun einmal sind, und das ist von einem Zustand der Perfektion noch weit entfernt. Dennoch: Wie die meisten Evolutionsbiologen, die ihm folgten, verspürte auch Darwin Ehrfurcht vor dem, was die natürliche Auslese zustandegebracht hatte.

4 Evolution
Der Baum des Lebens

Evolution bedeutet, daß Vererbung und Selektion sich entfalten und gemeinsam den Teppich des Lebens knüpfen. Doch jene langfristige Evolution, von der Evolutionsbiologen gewöhnlich die wesentlichen Ereignisse in der Geschichte des Lebens erwarten, zählt zu den schwierigsten Anwendungsgebieten des Darwinismus. Jedoch nicht etwa deshalb, weil die Evolution nicht im wesentlichen biologisch erklärbar wäre – immerhin liefert ja der Darwinismus das am besten bestätigte Modell der Funktionsweise der Evolution. Doch Schwierigkeiten ergeben sich aus der Tatsache, daß wir gewöhnlich nicht dazu in der Lage sind, über die Mechanismen langfristiger evolutionärer Entwicklungen genügend empirisches Material zu sammeln. Wir besitzen keine Zeitmaschinen. Wie sollen wir also die Ereignisse am Ursprung des Lebens erforschen, wenn wir sie nicht direkt beobachten können? Wie entstehen neue Arten? Was sind die evolutionären Mechanismen, die so erstaunlich Fähigkeiten hervorbringen wie das Fliegen oder das Echo-Radar bei Fledermäusen, das bizarre Gefieder vieler tropischer Vögel oder die schiere Größe von Walen und Mammutbäumen? Die Unermeßlichkeit der Evolutionsdauer ist es, die diese Probleme aufwirft. Doch sämtliche groß angelegten theoretischen Systeme des Lebens kämpfen mit denselben Problemen, und zumindest können wir sehen, wie es dem Darwinismus damit ergeht, verglichen mit der »Konkurrenz«.

Systeme des Lebens

Sie sind ein Mitglied der Spezies *Homo sapiens*, gehören zur Familie der Hominiden, zur Ordnung der Primaten, zur Klasse der Säugetiere, zum Stamm Chordata und zum Reich der Tiere. So lautet Ihre taxonomische Beschreibung, die schon seit einiger Zeit Bestand hat, nämlich seit den Veröffentlichungen des schwedischen Biologen Carl von Linné im 18. Jahrhundert. Die Grundideen der Taxonomie gehen zurück auf Platon und Aristoteles.[28] Die wichtigste Idee bestand darin, sämtliche Lebewesen nach dem Kriterium der Ähnlichkeit in Gruppen einzuteilen. Für einen griechischen Systematiker wie Platon war es ganz natürlich, eine solche Klassifikation hierarchisch zu strukturieren, wobei umfassendere Bezeichnungen unterteilt und diese Unterteilungen wiederum selbst unterteilt werden. Erstaunlich ist, wie gut eine derartige hierarchische Gliederung in der Biologie funktioniert. Man stelle sich nur vor, man würde bei Sternbildern, Radiomusik oder bei Regierungen heutiger Staaten das gleiche versuchen – eine Hierarchie würde hier fast immer gekünstelt erscheinen. Im Fall der biologischen Arten jedoch klappt es. Aber warum?

Ein Anhänger der Schöpfungslehre könnte diese Hierarchie allenfalls aus der Psychologie Gottes erklären. Denn diese Hierarchie steht außerhalb des kreatianistischen »Systems des Lebens«, jener Anordnung biologischer Arten, von der er annimmt, daß sie schon von jeher existierte. Das System

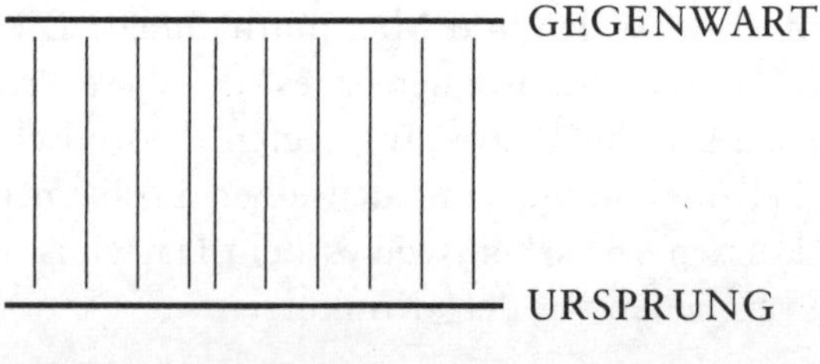

des Lebens, wie ein orthodoxer Kreatianist es sich vorstellt (und wie es sich auch die Biologen vor Darwin vorstellten), sieht aus wie die Abbildung links unten.

Dabei bedeuten die senkrechten Linien die Arten im Lauf der Zeit, wobei die Gegenwart oben ist und der Ursprung des Universums unten. Jede Tierart wurde gemeinsam mit der Erde erschaffen, seither existiert sie, und es gibt sie noch immer. In diesem kreatianistischen System hat die Art und Weise, wie Lebewesen die Zeiten überdauern, mit ihrer hierarchischen Anordnung nichts zu tun.

Eine bedeutende Alternative zu diesem Modell war das System, das Lamarck im frühen 19. Jahrhundert vorschlug. Wie schon erwähnt, wird Lamarck häufig als Vorläufer Darwins gehandelt. Im zweiten Kapitel war die Rede davon, wie sein Mechanismus der Evolution, nämlich die Vererbung erworbener Eigenschaften, sich vom Modell der natürlichen Auslese unterscheidet. Doch das war noch gar nicht der hauptsächliche Unterschied zwischen ihm und Darwin. Auch Lamarcks Vorstellung vom Verlauf der Evolution insgesamt unterschied sich radikal von der Darwinschen, wie folgende Abbildung verdeutlicht:

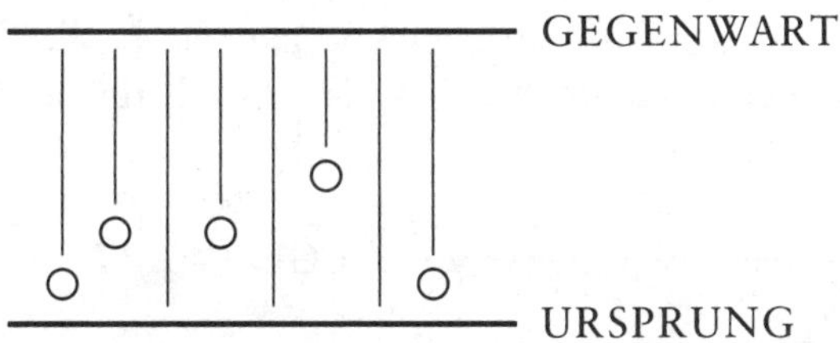

Auch in Lamarcks Modell gibt es eine ursprüngliche Erschaffung des Lebens. Nach dieser ersten Schöpfung entstehen spontan weitere Arten aus unbelebter Materie (die entsprechenden Punkte sind durch ein »O« markiert). Nach ihrer Entstehung entwickelt sich jede Art zu immer komplexeren Formen, und zwar unabhängig voneinander. Einfachste Lebensformen entwickeln sich zu Würmern, diese zu Insekten, diese wiederum zu einfachen Wirbeltieren. Dieser Ablauf wiederholt sich immer wieder, und daraus entsteht die ganze Vielfalt der Würmer, Insekten und Wirbeltiere. So kann etwa ein Insekt zu einem Stammbaum gehören, an dessen Ende ein Vogel oder eine Schildkröte steht. Neue Arten sind normalerweise keine Abkömmlinge alter Arten, und Arten gehen gewöhnlich auch nicht unter.

Soweit Lamarck. Nun mischten sich aber die englischen Geologen und insbesondere Charles Lyell ein, die aufgrund dessen, was sich an Fossilien ablesen ließ, ihre eigenen Ansichten über die lange Geschichte des Lebens hatten. Der Geologe Lyell war derselbe, von dem Darwin seine gradualistischen Neigungen hatte.[29] Lyell verstand genug von Paläontologie, um zu wissen, daß den fossilen Funden zufolge einige Arten verschwanden, während neue auftauchten. Er nahm daher an, daß nach der ersten Schöpfung nicht nur neue Arten entstanden, sondern auch andere ausgelöscht wurden. Lyell behauptete jedoch nicht, daß sich neue Arten aus alten entwickelten. Auch gab er keinen konkreten Mechanismus an, durch den neue Arten hätten entstehen können. Entsprechend den vorigen Abbildungen können wir Lyells System folgendermaßen darstellen, wobei »X« jeweils für die Auslöschung einer Art steht:

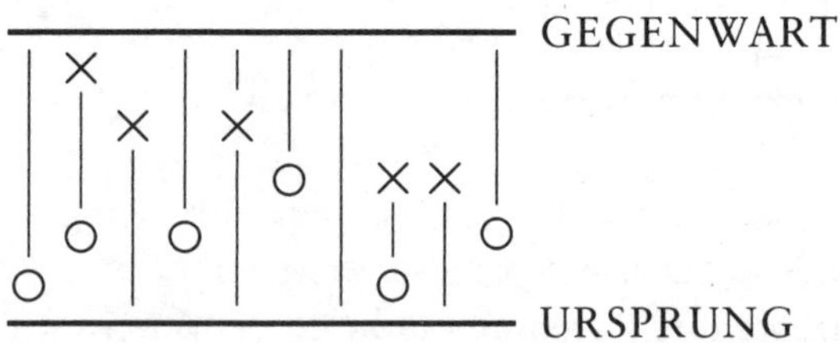

Bis zu Darwins Evolutionstheorie hatte in den meisten Systemen des Lebens die hierarchische Anordnung der Vielfalt keinerlei Beziehung zum Vorgang der Entstehung oder Auslöschung der Arten. Die Ausnahme zu dieser Regel ist die Theorie von É. Geoffroy St.-Hilaire, eine Variante des Lamarckismus im 19. Jahrhundert. Diese Theorie gründete auf der Idee einer Abstammung verschiedener Arten von einem gemeinsamen Vorfahren – weshalb die Franzosen bisweilen Darwin als späten Anhänger Geoffroys sehen. Doch dessen Denkschule gelangte nie zu dem Einfluß Darwins. Im darwinistischen System des Lebens rührt die hierarchische Organisation der Vielfalt daher, daß heutige Arten gemeinsame Vorfahren haben. Und gemeinsame Vorfahren haben sie deshalb, weil man das System des Lebens als einen *sich verzweigenden Baum* auffassen muß, in dem *neue Arten aus weiterhin bestehenden Arten hervorgehen*.

In Darwins Modell des Lebens gibt es kein spontanes Entstehen. Leben erwächst aus Leben, mit Ausnahme von einer oder vielleicht einiger weniger Urformen des Lebens, die aus unbelebter Materie hervorgegangen sein müssen. Auch die Auslöschung von Arten ist möglich, anders als bei Lamarck. Tatsächlich ist Darwins Lebensbaum eine eigenständigere Idee als seine Theorie der natürlichen Auslese, obwohl der Lebensbaum zuerst da war.

Entsprechend den vorigen Abbildungen haben wir hier demnach ein baumartiges Muster, wobei das untere Ende den Ursprung des Lebens repräsentiert und die Zweigspitzen, die bis nach oben gelangen, die heute lebenden Arten darstellen. »O« bedeute wiederum das Entstehen einer neuen Art aus unbelebter Materie, während die Verzweigungen der Arten, also das Entstehen neuer Arten aus schon vorhandenen, *nicht* mit »O« markiert sind. »X« steht für das Verschwinden einer Art:

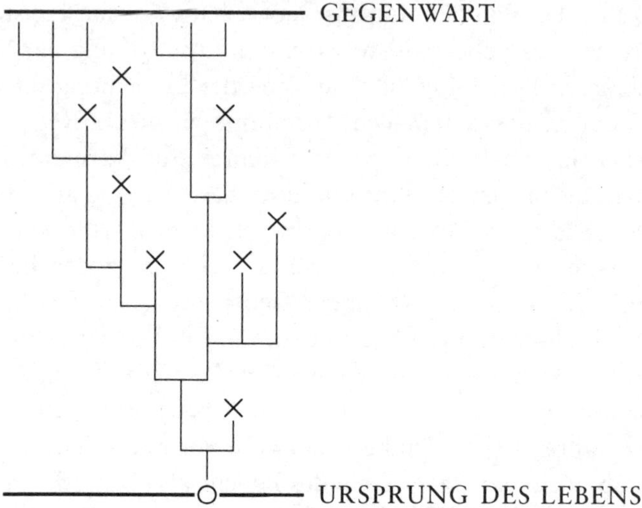

Die Bedeutung des Lebensbaums

Die Implikationen von Darwins Modell für unser Verständnis des Lebens sind beinahe atemberaubend. Zunächst einmal bedeutet es, daß alles Leben, oder zumindest jeder einzelne von wenigen Bereichen des Lebens, eine gemeinsame physiologische Basis besitzen muß. Diese Auffassung ist seit den fünfziger Jahren des 20. Jahrhunderts schlagend bestätigt worden, und zwar durch die Universalität der Nukleinsäuren, insbesondere der DNA, als Grundstoffe des Lebens. (Ein paar Viren benutzen RNA, um ihre Genome zu codieren.) Daß der genetische Code, bei dem die einzelnen Abschnitte der DNA für bestimmte Abschnitte von Aminosäuren zuständig sind, tatsächlich universell zu sein scheint, ist ein Triumph nicht nur für die Molekularbiologie, sondern ebenso für Darwin. Denn er war es, der diese biochemische Universalität vorhersagte – hundert Jahre vor ihrem Nachweis durch die Molekularbiologie. Auch die Allgegenwart der Aminosäuren und selbst das verbreitete Auftreten spezifischer Proteine wie etwa Histone und Superoxiddismutase erweisen die grundlegende Einheit des Lebens. Auch dies könnte man reichlich pauschal damit erklären, daß es eine Gottheit gibt, die sich eben fortwährend wiederholt; man kann es aber auch auf natürliche Weise durch einen Baum der Evolution erklären, in dem alles Leben auf einige gemeinsamen Ahnen zurückgeht.

Abgesehen von dieser Einheit des Lebens jedoch können nun auch die spezifischen Ähnlichkeiten zwischen den Arten aus jener gemeinsamen Herkunft erklärt werden. So etwa die Federn als gemeinsames Merkmal aller Vögel: Sie erklären sich daraus, daß auch die Stammarten aller Vögel Federn hatten. Die taxonomische Hierarchie gewinnt man also daraus, daß man den Baum des Lebens auf den Kopf stellt. Fast alle verbreiteten Eigenschaften lassen sich aus vergleichbaren Strukturen bei gemeinsamen Vorfahren erklären, ein Phänomen, das als *Homologie* bezeichnet wird. So sind etwa die Flügel von Fledermäusen, die Vorderhufe von Pferden und die menschlichen Hände in diesem Sinn homolog: Man nimmt an, daß es sich in allen Fällen um evolutionäre Abwandlungen von »Fingern« an den beiden vorderen Gliedmaßen eines Säugetiers handelt, das der gemeinsame Vorfahre aller drei Arten ist. Die Unterschiede zwischen den drei Strukturen werden von Evolutionsbiologen – zumindest teilweise – als Anpassungen erklärt. Diese »Einheit in der Vielfalt« resultiert also daraus, daß sich Ähnlichkeiten aufgrund gemeinsamer Vorfahren überlagern mit Unterschieden, die von Anpassungen herrühren.

Eine dritte Folgerung schließlich ist, daß die Evolution einen kontinuierlichen Zusammenhang herstellt, ähnlich einem Familienstammbaum. Eine Gruppe von Tierarten kann nicht zweimal nacheinander auftreten, mit großem zeitlichem Abstand. Ebenso wenig kann sich eine Tierart, ist sie einmal vollständig ausgerottet, in genau derselben Form erneuern.

Die Evolution kann mit ihrem Material nur in kleinen Schritten arbeiten; sie ist nicht dazu in der Lage, »aus dem Stand« völlig neue Lebensmuster zu erschaffen. François Jacob hat die Evolution eine Art »Kesselflickerei« genannt. Kesselflikker hießen jene Handwerker auf dem Dorf oder in Kleinstädten, die es verstanden, Uhren und andere Geräte zu reparieren und die sie dadurch manchmal auch verbesserten. Doch kein Kesselflicker wäre dazu fähig gewesen, völlig neue Maschinen zu erfinden, etwa Autos, U-Boote oder Flugzeuge. Das blieb den Ingenieuren vorbehalten, die in der modernen Wirtschaft die Kesselflicker verdrängt haben. Bis in jüngste Zeit verlief also der evolutionäre Prozeß ganz nach gradualistischer Manier, und wundersame Neuerungen gab es nicht – so lange jedenfalls, bis der Mensch erschien.

Fünf Argumente für Darwins Baum

In der Biologie ist Darwins Baum ein äußerst leistungsfähiges Modell, das wenigstens in den Grundzügen den gesamten Bereich des Lebens zu erklären vermag. Dennoch ist es natürlich schwierig, dieses Modell auf irgendeine einfache Weise zu überprüfen, wie etwa die Mendelsche Genetik. Es gibt jedoch empirische Tatsachen, die durch Darwins Baum auf zufriedenstellende Weise erklärt werden, während es jedem anderen System des Lebens beinahe unmöglich sein wird, eine rationale Erklärung zu bieten – es sei denn, man sagt, daß Gott es eben so eingerichtet hat.[30]

Erstens ist es möglich, bei sämtlichen Arten, die regelmäßig versteinert werden, die Konturen der evolutionären Entwicklung zurückzuverfolgen. Formen, von denen es keine Versteinerungen gibt, wie etwa Erdwürmer, sind natürlich mit Hilfe geologischer Formationen kaum zu erforschen. Doch Stammbäume wie etwa die der Wirbeltiere, die ja aufgrund ihres harten Skeletts gut versteinern, wurden teilweise schon bis ins Detail ausgearbeitet, und die Muster, die sich daraus ergaben, entsprechen eindeutig Darwins Baum.

Zweitens: Je weiter wir in der fossilen Überlieferung zurückgehen – das heißt, je tiefer die entsprechende Gesteinsformation liegt —, desto größer ist im allgemeinen der Unterschied zwischen den fossilen Formen und den heute lebenden Arten. Und das ist genau das, was wir erwarten, wenn die Evolution tatsächlich ein kontinuierlicher historischer Prozeß ist, der kleine Veränderungen in grundsätzlich unumkehrbarer Weise akkumuliert.

Drittens: Fossilien, die aus zwei aneinander grenzenden Gesteinsschichten stammen, sind mit höherer Wahrscheinlichkeit einander ähnlich als Fossilien aus weit voneinander entfernten geologischen Schichten. In gewissem Sinn ist das die natürliche Schlußfolgerung aus dem zweiten Argument.

Viertens: Die Lebewesen auf einer isolierten Landmasse, wie etwa Australien, sind gewöhnlich eng verwandt mit den jüngeren Fossilien dieser Region, enger jedenfalls als mit denen entfernter Regionen – ein weiterer Beleg für die Kontinuität des darwinschen Evolutionsprozesses. Zugleich ist das ein Schlag gegen jeden Versuch einer vernünftigen Schöpfungstheorie, denn wenn es in Gottes Schöpfungen irgendeine Logik gibt, dann müßten doch die Arten aus verschiedenen tropischen Zonen einander ähnlich sein, ähnlicher als die Arten aus benachbarten Klimazonen. Und doch ist im allgemeinen eher das letztere der Fall. Diese »Biogeographie« ist nur zu erklären aus einer gemeinsamen Abstammung – allein schon die außergewöhnliche Konzentration von Beuteltieren in Australien ist dafür ein schlagender Beweis. Das Leben entsteht lokal, aus dem Material, das jeweils vorhanden ist, und nicht global durch einen wohltätigen Erfinder.

Fünftens: Die Embryologie hat gezeigt, daß im frühen Entwicklungsstadium Strukturen auftreten, die man zwanglos mit den evolutionären Vorfahren in Zusammenhang bringen kann, selbst dann, wenn diese Strukturen nicht in voll entwickelter Form erhalten geblieben sind. Ein schlagendes Beispiel hierfür ist die Tatsache, daß sich bei Embryonen von Vögeln und Säugetieren im Frühstadium Kiemenbögen ausbilden, was auf plausible Weise nur dadurch zu erklären ist, daß die gemeinsamen Vorfahren dieser Tiere Fische waren. Die Embryonen großer taxonomischer Gruppen durchlaufen in ihrer Entwicklung sehr ähnliche Stadien. Damit soll nicht gesagt sein, daß die embryonale Entwicklung die Evolution exakt wiederholt. Doch der Entwicklungsprozeß zahlreicher Lebewesen enthüllt immer wieder evolutionäre Ursprünge, die ganz anderer Art sind als das, was sich dann in den ausgewachsenen Formen manifestiert. Mit anderen Worten: In unserem Leben scheint es »Überreste« zu geben, Bestandteile archaischer Physiologie und Anatomie, die nur verständlich sind, wenn man annimmt, daß unsere Vorfahren ganz andersartige Organismen waren. Das ist einer jener Sachverhalte, den die Evolutionstheorie leicht erklären kann, mit dem jedoch jede nichtevolutionäre Theorie die größten Schwierigkeiten haben wird. Natürlich besteht die geläufige Reaktion der meisten Anhänger der Schöpfungslehre darin, daß sie diesen Punkt entweder ignorieren oder ihn wiederum kritisch gegen die Evolutionstheorie wenden, da ja die Wiederholung der Entwicklung nicht völlig identisch ist. Doch die Evolutionstheorie in ihrer modernen Form braucht gar keine perfekte Wiederholung. Die archaischen Eigenschaften des Lebens enthüllen ja nur die verschlungenen Wege ihrer evolutionären Geschichte, vergleichbar den archaischen Eigenschaften der menschlichen Sprache oder des öffentlichen Rechts.

Die Fakten, die für Darwins Baum sprechen, sind derart überzeugend, und seine Erklärungskraft ist derart umfassend, daß die Theorie einer Evolution durch Modifikationen gemeinsamer Vorfahren bereits zu Darwins Lebzeiten von den Biologen weitgehend akzeptiert wurde. Wenn man von Kontroversen um die Evolutionsbiologie hört, so kann man ziemlich sicher sein, daß es dabei nur noch um den Einfluß der natürlichen Auslese und der Variation auf die Geschwindigkeit der Evolution geht. Darwins Baum des Lebens ist einer der Grundsteine, auf denen die moderne Biologie errichtet ist, und eine noch so verbreitete »ätzende« Kritik am Darwinismus wird diesen Stein wohl kaum zersetzten.

Was ist eine Art?

Vor Darwin hing der Begriff der Art eng mit dem Modell des platonischen Organismus zusammen. Arten waren absolut getrennt voneinander, und Variationen innerhalb ein und derselben Art galten als zufällig. Demzufolge wurden Arten als absolute Typen wahrgenommen, die deutlich voneinander abgegrenzt sind. Nichts hätte den Biologen vor Darwin weniger gefallen als der Gedanke, daß Arten ineinander übergehen, ohne klare Trennungslinie.

Für Darwin bedeuteten Arten lediglich Bezeichnungen für mehr oder weniger ausdifferenzierte Formen. Diese Bezeichnungen beruhten demnach auf praktischen Übereinkünften, sie waren willkürliche sprachliche Etiketten mit dem Zweck, die Forschungstätigkeit zu erleichtern. Die zugrundeliegende Kontinuität zwischen den Formen wurde dadurch jedoch in gewissem Sinn maskiert.

Als hauptsächliches Kriterium zur Unterscheidung von Arten betrachtete Darwin die Frage, ob es dazwischen angesiedelte »Varietäten« oder Populationen gab, die den Austausch von Erbgut zwischen den vermeintlichen Arten in gewissem Grad ermöglichten. Existierten solche Zwischenstufen, dann war Darwin eher geneigt, zwei getrennten Populationen den Status verschiedener Arten abzusprechen. Existierten sie nicht, betrachtete er die Populationen als Arten. Aus dieser Kernvorstellung hat sich der moderne Begriff der Art entwickelt. Doch bevor wir darauf zu sprechen kommen, sollten wir uns noch einmal vor Augen halten, welche Welten zwischen dem platonischen und dem darwinistischen Artbegriff liegen. Für Darwin ist an einer Art überhaupt nichts »fundamental«; es fehlt ein Austausch von Erbgut, und der Begriff ist zweckmäßig, um unterschiedliche Populationen zu identifizieren, das ist alles. Durch den Darwinismus wurden demnach die Arten ihres metaphysischen Status vollständig beraubt.

Einfach gesagt: Ein Evolutionsbiologe spricht von der Entwicklung einer neuen Art, sobald der evolutionäre Baum sich verzweigt. (Das ist allerdings nur *eine* Möglichkeit, neue Arten zu entdecken.) Doch was bedeutet es für den Baum, sich zu »verzweigen«? Klar ist, daß die beiden Arten nun evolutionär unabhängig voneinander sein müssen. Diese Unabhängigkeit bedeutet nicht, daß der Selektionsdruck, dem sich die beiden Arten gegenüber sehen, nun unterschiedlich sein müßte. Leben sie in derselben Region, dann kann auch jener Druck durchaus der gleiche sein. Vielmehr geht es hier um Darwins Vorstellung, daß die beiden Arten nicht mehr in der Lage sind, Erbgut auszutauschen. Modern gesprochen: Der »Genfluß« wurde unterbunden.

Was bedeutet diese Unterbrechung des Genflusses? Grundsätzlich bedeutet sie eine *reproduktive Isolation*. Werden Individuen aus verschiedenen Arten zusammengebracht, so können sie keinen fruchtbaren Nachwuchs erzeugen. Im Hinblick darauf, wie der evolutionäre Prozeß funktioniert, ist dieser Artbegriff demnach der natürliche. Denn er konzentriert sich auf genau den Punkt, an dem die Arten getrennte Wege einschlagen: ihre Unfähigkeit, sich miteinander zu paaren.

Paläontologen freilich, die fossile Formen untersuchen, können keine Paarungsexperimente anstellen. Denn die Arten, die sie vermuten, sind vor Millionen von Jahren ausgestorben. Was also sollen sie tun, um Familien von Arten zu identifizieren? Die Paläontologen müssen ihre Arten *post hoc* definieren. Für sie ist eine Art eine distinktive Einheit in einer Abfolge von Fossilien. So tauchte zum Beispiel vor etwa drei Millionen Jahren in Afrika ein Hominide auf, der große Zähne und Kieferknochen hatte. Er ging aufrecht, und viele Merkmale seines Skeletts entsprachen jenem Zweig, der sich zum *Homo sapiens* weiter entwickelte. Bei dem afrikanischen Hominiden war dies offenbar nicht der Fall, er blieb davon verschieden, so lange, bis er ausstarb. Daher wird ihm der Status einer eigenen Art zuerkannt. Wir können natürlich nicht wissen, ob sich dieser Hominide mit unseren eigenen Vorfahren kreuzte; doch die offenbare morphologische Verschiedenheit und das unterschiedliche evolutionäre Schicksal deuten darauf hin, daß es nicht dazu kam.

Dies war ein relativ schwieriger Fall. Im allgemeinen ist es wesentlich einfacher, evolutionäre Unabhängigkeit festzustellen. Vor etwa sechzig Millionen Jahren begannen einige Säugetierarten, sich in die wesentlichen Gruppen auszudifferenzieren, die wir heute vor Augen haben. Ihre Ursprünge sind nicht genau bekannt, denn die fossile Überlieferung zeigt eine Lücke, die auf eine extrem schnelle Evolution hindeutet – ein Problem, von dem noch im einzelnen zu sprechen ist. *Nach* dieser Lücke finden wir dann mehr als ein Dutzend voneinander unabhängige evolutionäre Stämme vor, und aus diesen entwickelten sich Affen, Bären, Pferde, Wale, Fledermäuse und so weiter. Angesichts dieser morphologischen Unterschiede, der ökologischen Differenzierung und der miteinander nicht vergleichbaren evolutionären Schicksale ist es hier einfach, von evolutionärer Unabhängigkeit zu sprechen. Und diese evolutionäre Unabhängigkeit wiederum ist der Kern der paläontologischen Definition der Arten.

Wie neue Arten entstehen

Evolutionsbiologen nehmen an, daß neue Arten häufig auf folgende Weise entstehen:[31] Eine etablierte Art wird irgendwann im Laufe ihrer Geschichte in eine Anzahl räumlich getrennter Populationen zersplittert, und zwar für längere Zeit. Zwischen diesen Populationen kommt es selten zu Wanderungen, und die Entfernung sorgt dafür, daß sie evolutionär unabhängig voneinander bleiben. Nun verstreicht eine lange Zeit – lang genug für beträchtliche evolutionäre Veränderungen in jeder dieser Populationen, und diese Veränderungen werden natürlich nicht in jeder Population gleich ausfallen. Es werden sich also in einigen der Populationen erhebliche Unterschiede zu allen anderen herausbilden. Wenn nun die Schwierigkeiten einer wechselseitigen Migration zurückgehen, kommt es zu einem erneuten Kontakt zwischen den Populationen. Doch Kreuzungen zwischen den divergierenden Populationen sind nun nicht mehr ohne weiteres möglich, denn sie bilden neue Arten. So glauben zum Beispiel Anthropologen, daß vor 600000 Jahren oder mehr einige Hominiden von Afrika nach Europa wanderten, wo sie sich zu einer eigenen Art entwickelten, dem *Homo neanderthalis*. Als sich später der *Homo sapiens* von Afrika aus verbreitete – das war vor etwa 100000 Jahren –, kreuzte er sich nicht mit den Neandertalern. Es gab nun zwei Arten.

Derartige Geschichten kommen in zwei Versionen vor, mit und ohne Anpassung. Bei der ersten Version setzt während der räumlichen Isolation ein evolutionärer Wandel ein, weil die natürliche Auslese in der Stammpopulation eine neue Art der Anpassung bevorzugt. Ist diese neue Anpassung einmal fest verankert, dann kann es zu einer reproduktiven Isolation aus den verschiedensten Ursachen kommen, die wiederum mit dieser Anpassung zu tun haben. Ein möglicher Grund ist die Divergenz des Lebensraums. Die Evolution in einer neuen geographischen Region kann zum Beispiel aus einem Waldtier ein Tier machen, das Grasland bevorzugt. Selbst wenn aufgrund von Wanderungen diese Graslandform wieder in die Region gelangt, wo sich die Wälder seiner Vorfahren befinden, kann es durchaus sein, daß es den Wald als Lebensraum nicht mehr braucht. Und wenn es nicht in den Wald eindringt, wird es sich auch nicht mit Waldtieren paaren: So entsteht evolutionäre Isolation und damit eine neue Art. Eine andere Möglichkeit besteht darin, daß die unterschiedlichen Populationen als Nachwuchs Mischformen (Hybriden) hervorbringen, die nicht überlebensfähig sind, weil sie weder über die ursprünglichen noch über die neuen Anpassungen verfügen. Diese Hybriden bleiben traurige Monster, die gefangen sind in einem biologischen Niemandsland.

Es gibt noch weitere mögliche Gründe dafür, daß geographisch entfernte Populationen voneinander evolutionär unabhängig werden. Einer davon ist die genetische Reorganisation, eine langsamere Version des genetischen Sprungs, den De Vries bei der Nachtkerze entdeckte (siehe zweites Kapitel). Dabei kommt es innerhalb von isolierten Populationen zu chromosomalen Umlagerungen, und die neue Anordnung setzt sich zufälligerweise durch – ähnlich wie die Verfestigung von Wörtern innerhalb von isolierten menschlichen Populationen. (In den USA sagt man »trunk«, »truck« und »gasoline«, in England hingegen »boot«, »lorry« und »petrol«.) Bisweilen können diese Umlagerungen innerhalb des Chromosoms so weit gehen, daß bei einer Kreuzung mit Individuen, bei denen es *nicht* zu dieser Neuordnung kam, gar keine lebensfähigen oder fruchtbaren Nachkommen mehr entstehen können – etwa so, wie es Fünfzigjährigen kaum mehr möglich ist, den Slang von Jugendlichen zu verstehen. In diesem Fall bewegt sich das ganze genetische System in eine Richtung, in der es gleichsam als Nebenwirkung zur reproduktiven Isolation kommt. Für diesen Typ der Artentstehung ist nicht die natürliche Auslese verantwortlich, sondern der genetische Zufall.

Eine weitere Möglichkeit der Artentstehung besteht darin, daß Teile von Populationen sich auf verschiedene Lebensgrundlagen spezialisieren, sowohl im Hinblick auf die Ernährung wie auch auf die Paarung. Man nimmt an, daß dieser Vorgang besonders bei Insekten verbreitet ist, etwa bei Fruchtfliegen. Wenn bestimmte Früchte zur alleinigen Grundlage der Ernährung und der Paarung werden, und wenn keine Wanderung zwischen ihnen stattfindet, dann bedeutet dies Separation, schon vor der Entstehung neuer Arten. Diskutiert wird darüber, ob die selektive Anpassung an beispielsweise zwei verschiedene Früchte auch zur Aufspaltung der Population in zwei Gruppen führt, die sich dann nicht mehr miteinander paaren, so daß es zur Entstehung neuer Arten kommt. Es gibt einige Laborexperimente, bei denen die Selektion in Richtung einer Bevorzugung verschiedener Lebensräume zur reproduktiven Isolation führte; das legt nahe, daß sich die Reproduktion in einer umweltspezifischen Weise abspielt. Wie häufig dieser Typ der Artentstehung in der Natur vorkommt, ist jedoch noch ungewiß.

Fortpflanzungsbarrieren zwischen Arten

Die Artentstehung ist ein Prozeß, der schwer zu beobachten ist. Man nimmt an, daß er sich über viele Generationen erstreckt. Bei den meisten Lebewesen haben wir es mit Tausenden von Jahren zu tun – nicht gerade der einfachste Stoff für eine Dissertation. Unsere Schlußfolgerungen hinsichtlich der Entstehung neuer Arten sind daher eher indirekter Natur. Bisweilen finden wir Populationen, die sich schon stark voneinander unterscheiden, die jedoch noch keine eigenständigen Arten sind und bei denen die Aufzucht von Hybriden noch immer gelingt. Die zahlreichen Populationen der Fruchtfliege *Drosophila willistoni* in Südamerika scheinen diese Eigenart zu haben. In anderen Fällen sind sich verschiedene Arten genetisch so ähnlich, daß wir die Unterschiede zwischen ihren Chromosomen dazu nutzen können, um die Ausdifferenzierung der Arten Schritt für Schritt zu rekonstruieren. Nur die direkte Beobachtung der Artentstehung ist uns gewöhnlich versagt.

Eine der wenigen Möglichkeiten, etwas über die Artentstehung zu erfahren, besteht darin, die Mechanismen der reproduktiven Isolation zu untersuchen. Diese Mechanismen liefern Indizien dafür, welche Faktoren für die Aufspaltung von Arten wahrscheinlich verantwortlich sind, wenngleich diese Indizien möglicherweise noch unzureichend sind. Es gibt vielleicht noch weitere Mechanismen der reproduktiven Isolation, die sich erst entwickeln, nachdem die ursprünglichen Mechanismen die Art bereits gespalten haben. Dennoch, diese Belege sind das Beste, was wir derzeit haben.

Zunächst die Fortpflanzungsprobleme *vor* der Befruchtung. Beispiele dafür sind bekannt unter den *Dentrobium*-Orchideen. Diese Arten brauchen ein ganz bestimmtes Wetter, um zu blühen – wie etwa ein Gewitter an einem heißen Tag –, und dann bringen sie Blüten hervor, die sich in der Morgendämmerung öffnen und mit Einbruch der Dunkelheit schon wieder verdorren, die also nur einen Tag überdauern. Die eine Art blüht acht Tage nach einem richtigen Unwetter, eine andere nach neun Tagen und eine weitere erst nach zehn bis elf Tagen. Dadurch bleiben diese Arten reproduktiv voneinander isoliert.

Bei den meisten Tierarten gibt es ein charakteristisches männliches Verhaltensrepertoire, um das Interesse der Weibchen zu wecken. Beim Frosch sind es bestimmte Lautmuster, die definiert sind durch Tonhöhe, Dauer sowie durch Triller. Weibliche Frösche werden vor allem von den männlichen

Rufen ihrer eigenen Art angezogen. Bei Fruchtfliegen beruht die Paarung auf männlichen Bewegungs- und Stimulationsmustern wie Antippen mit den Vorderbeinen, Kreisen, Flügelbewegungen, Belecken der weiblichen Genitalien, Ausbreiten der Flügel des Weibchens. Mit Mutanten solcher Fliegen, denen das normale männlich Paarungsverhalten teilweise fehlt, werden sich die meisten Weibchen nicht paaren, vor allem dann nicht, wenn daneben normale Männchen zur Wahl stehen. Dies sind nur einige wenige Beispiele dafür, wie Tiere und Pflanzen »unter sich« bleiben.

Selbst dann, wenn die Gameten in engen Kontakt zueinander gelangen, kommt es vor, daß die Befruchtung ausbleibt. So wird zum Beispiel bei Paarungen der Fruchtfliege *Drosophila pseudoobscura* mit der *Drosophila imaii* das fremde Sperma deaktiviert und aus der Vagina ausgestoßen. Selbst bei Gruppen mit externer Befruchtung, etwa den Seeigeln, wurde festgestellt, daß nach dem Mischen von Sperma und Eiern zweier verschiedener Arten die gleichartige Befruchtung noch immer überwiegt.

Ist die Befruchtung erfolgt, dann wird die reproduktive Isolation möglicherweise dadurch fortdauern, daß die Nachkommen von unzulänglicher Fitness sind. Die Unfruchtbarkeit von Hybriden interessiert die Biologen schon seit der Antike. Aristoteles war fasziniert von der Sterilität des Maultiers, das aus der Paarung von Pferd und Esel hervorgeht. Gelingt es, Hybriden aufzuziehen, so stellt sich meist heraus, daß deren Keimdrüsen keine lebensfähigen Gameten produzieren. Dies ist beispielsweise der Fall bei den lebensfähigen Säugetier-Hybriden: Pferd/Esel, Pferd/Zebra und Kuh/Yak.

Muster der Artentstehung in der fossilen Überlieferung

»Neue Arten sind im Wasser wie auf dem Lande nur sehr langsam, eine nach der andern zum Vorschein gekommen«, schreibt Darwin am Anfang des XI. Kapitels in *Die Entstehung der Arten*. Zwar vermutete Darwin, daß die Geschwindigkeit, mit der neue Arten entstehen, Veränderungen unterworfen ist; doch er war auch der Ansicht, daß dieser Prozeß im großen und ganzen nur als gradueller verstanden werden kann. Das entsprach völlig dem Stil seines Denkens, der sich von Charles Lyell und anderen englischen Gelehrten herleitete.

Dieser gradualistische Zug in Darwins Denken wurde von einigen Geologen noch weiter getrieben; so gelangten sie zu einem hochgradig vereinfachten Szenario, in dem sich die Stammbäume der Arten in der fossilen Überlieferung Schritt für Schritt verzweigten. Tatsächlich schien eine Zeitlang die Aufgabe der Paläontologie darin zu bestehen, immer detailliertere Manifestationen einer graduellen Evolution in der fossilen Überlieferung aufzuzeigen. Die Ironie dabei war, daß Darwin selbst keineswegs erwartete, das graduelle Auftauchen neuer Arten werde sich auch in der fossilen Überlieferung zeigen. »Die Geologie enthüllt uns sicherlich keine solche fein abgestufte Organismenreihe«, heißt es im X. Kapitel der *Entstehung der Arten*. Die Gründe für diese Skepsis waren teilweise geologischer Natur. Da er selbst ursprünglich Geologe gewesen war, war ihm durchaus klar, daß es Prozesse gab, die Gesteinsschichten zerstörten und die damit auch lange Perioden aus der fossilen Überlieferung eliminierten. Auch auf die Bedingungen, durch die Versteinerungen erst möglich wurden, war kein Verlaß. Daher trägt das X. Kapitel die Überschrift: »Unvollständigkeit der geologischen Urkunden«.

Eine Ironie angesichts der Skepsis Darwins ist es wiederum, daß im 20. Jahrhundert tatsächlich eine erstaunlich Zahl von Übergangsformen in der fossilen Überlieferung entdeckt wurde, vor allem im Bereich der Wirbeltiere. Ein Beispiel ist die zunehmende Genauigkeit der fossilen Überlieferung beim Menschen, ein weiteres der *Archaeopteryx*, ein saurierähnliches Fossil mit Zähnen, Klauen und gefiederten Flügeln. Selbst die Geheimnisse der präkambrischen Epoche lichten sich angesichts der äußerst ergiebigen Fossilien von Burgess Shale (Rocky Mountains). Darwin hatte während seiner Fahrt mit der *Beagle* selbst Fossilien gesammelt – vielleicht war er darum so vorsichtig.

Es gab jedoch noch einen anderen Punkt, der für Darwins Skepsis hinsichtlich der fossilen Überlieferung sprach. Seine Theorie des evolutionären Prozesses selbst war es, welche die Möglichkeit eröffnete, die Evolution könne auch in anderer Weise voranschreiten, in einer Weise, die in den paläontologischen Daten keine eindeutigen Trends erkennen lassen würde. Eine dieser Komplikationen etwa ist, daß Übergangsformen möglicherweise eigene Anpassungen entwickeln, die weder bei ihren Vorfahren noch bei ihren Nachkommen zu finden sind, und das würde jeden Versuch, eindeutige Zwischenglieder zwischen Vorfahren und Nachkommen zu finden, in ein Chaos führen.

Letztlich war es Darwin, der das ganze Problem der Fragwürdigkeit fossiler Arten aufbrachte, samt der Schwierigkeiten, die das für jeden Versuch bedeutet, bestimmte paläontologische Muster aufzuzeigen. Insgesamt leitet sich der paläontologische Gradualismus wohl teilweise vom Darwinismus her, doch keineswegs mit Darwins uneingeschränkter Zustimmung.

Dessen kritische und analytische Sicht der fossilen Überlieferung wurde erst in den siebziger Jahren des 20. Jahrhunderts wieder aufgenommen, als Niles Eldredge und Stephen Jay Gould in einem gemeinsamen Aufsatz feststellten, man dürfe von der fossilen Überlieferung keinesfalls eine kontinuierliche Abfolge von Arten erwarten.[32] Sie untersuchten eine Folge von Gesteinsschichten und deren fossile Formen und kamen dabei zu dem Schluß, eher sei das abrupte Auftauchen neuer Arten zu erwarten, ein Muster, das sie als »interpunktiertes Gleichgewicht« bezeichneten. Ursprünglich stammte dieser Begriff aus dem konventionellen Szenario der Artentstehung, wo er einen Vorgang bezeichnete, der durch die räumliche Trennung von Populationen veranlaßt wird. Wenn neue Arten tatsächlich durch geographische Streuung, evolutionäre Differenzierung und sekundäre Kontakte mit der Stammart entstehen, dann wird die fossile Überlieferung *an jedem beliebigen Ort* das unvermittelte Erscheinen neuer Formen zeigen. Es ist wie das plötzliche Auftauchen der Vettern vom Land. Man ist mit ihnen verwandt, aber man will es nicht wahrhaben. Man kann es nicht glauben, wenn man sie anschaut. Doch genau das ist es, was sich in fernen Zeiten in einer neuen Umgebung abspielte. Die fossile Überlieferung der Artentstehung sieht daher »interpunktiert« aus, nicht graduell.

So weit konnten das viele Evolutionsbiologen ohne weiteres akzeptieren. Die Sache wurde jedoch schwierig, als die Geologen begannen, sich die großräumige Verteilung verwandter Arten anzusehen. Nun wurden die Aussagen auf beiden Seiten deutlicher. Einige behaupteten, auf globaler Ebene sei der Gradualismus die Regel, während andere empirisches Material fanden, das über die ganze Abfolge einiger Arten eine durchgängige Interpunktion zu zeigen schien. Insbesondere Stephen Jay Gould erhöhte jetzt den Einsatz. Er entwickelte eine Theorie, die besagte, daß die Evolution charakterisiert ist durch lange Phasen der Stagnation, die von raschem evolutionärem Wandel unterbrochen werden. Freilich blieb die biologische Grundlage dieser »Interpunktion« zunächst verborgen, und Gould spielte mit makro-mutationistischen Ideen, ähnlich denen, die wir im zweiten Kapitel besprachen.

Mit der Zeit entschärfte sich die Debatte. Populationsgenetiker wiesen nach, daß selbst eine ziemlich graduelle Selektion innerhalb einer Population zu evolutionären Veränderungen führen kann, die dann nach dem geologischem Zeitmaß, das die fossile Überlieferung bestimmt, als abrupter Vorgang erscheinen. Gould, der mit einer nichtdarwinistischen Evolution geliebäugelt hatte, machte einen Rückzieher. Es waren vor allem die Herausgeber populärer Zeitschriften, die den Eindruck hatten, irgend etwas Wichtiges sei passiert, und die daraus ihre Titelgeschichten zimmerten, dazu eine Meute von Antidarwinisten, einschließlich Anhängern der Schöpfungslehre, die ja meist glücklich sind, wenn sie unter den Darwinisten Verwirrung stiften können.

Der allgemeine Konsens ist heute der Auffassung ziemlich nahe, die auch Darwin schon vertrat. Man erwartet zwar, daß die Evolution im Laufe biologischer Zeitalter sehr langsam vonstatten geht, doch ist es durchaus möglich, daß ihre Ergebnisse in der fossilen Überlieferung als ziemlich sprunghaft und zusammenhanglos erscheinen. Gould und Eldredge haben wir es zu verdanken, daß wir wieder etwas realistischer sind als der Gradualismus der traditionellen Paläontologie.

Muster des Untergangs – *en detail und en gros*

Nahezu alle Arten erlöschen innerhalb weniger Millionen Jahre. Das ist die natürliche Folge in einer Welt des Lebens, in der die Arten entsprechend der Genetik ihrer jeweils eigenen Population hervorgebracht werden und nicht nach einem kosmischen Ordnungsprinzip, sei es nun ästhetischer oder moralischer Natur. Die schönsten Paradiesvögel gehen unter, während es den Küchenschaben weiterhin blendend geht. Nicht jede Art verfügt über die notwendigen Eigenschaften, um sich angesichts der zahllosen Quellen von Mortalität, denen alle sich gegenüber sehen, in ausreichender Zahl zu reproduzieren.

So betrachtet ist das Aussterben der Arten eine düstere Sache; doch in der Evolution des Lebens auf der Erde spielt die Auslöschung auch eine schöpferische Rolle, und zwar in zweierlei Hinsicht. Zum einen werden durch Aussterben jene Formen entfernt, die physiologisch und anatomisch nicht mehr »auf dem neuesten Stand« sind. Betrachtet man beispielsweise die Evolution der an Land lebenden Wirbeltiere, so bemerkt man einen bedeutsamen evolutionären Trend in Richtung einer immer effizienteren Fortbewegung. Während dieser Trend innerhalb bestimmter Arten zur Ausbreitung wirksamer Anpassungen führte, wurden andererseits ganze Arten schwerfällig gehender oder laufender Tiere ausgelöscht. So glaubt man etwa, daß es bei der Evolution des Pferdes zu zahlreichen Episoden des Aussterbens oder der selektiven Verdrängung von weniger effizient laufenden Pferdearten kam. Andere Evolutionsbiologen sind dennoch der Ansicht, daß die Evolution des Pferdes mehr vom Zufall als von der Anpassung bestimmt wurde.

Zweitens können durch Aussterben Nischen frei werden, die von »dominanten« Formen besetzt gehalten wurden, die dadurch wiederum ihre Nachfolger an der Fortentwicklung hinderten. Eine der großartigsten Geschichten, die man aus der fossilen Überlieferung herauslesen kann, ist die Geschichte vom Untergang der Dinosaurier gegen Ende der Kreidezeit, vor mehr als 60 Millionen Jahren. Eine der Folgen dieses Untergangs war die evolutionäre Diversifizierung der Säugetiere in der daran anschließenden geologischen Epoche, dem Tertiär. Innerhalb einiger Dutzend Millionen Jahre besetzten die Säugetierarten die meisten jener Lebensräume, die einst von den Dinosaurierarten bewohnt worden waren. In diesem Fall ermöglichte also der Untergang die Auffächerung einer völlig neuen Gruppe von Tierarten. Damit soll jedoch nicht gesagt sein, daß die Säugetiere das Aussterben der Reptilien *verursachten* oder daß die Säugetiere in irgendeiner Hinsicht »besser angepaßt« waren als die Dinosaurier. Entscheidend bei diesem Beispiel ist vielmehr, daß das Aussterben der Dinosaurier die Evolution einer neuen Gruppe von Arten ermöglichte, ganz gleich, ob diese aus darwinistischer Sicht schlechter oder besser waren.

Die fossile Überlieferung zeigt zahllose Lücken, und es gibt darin »Schluchten« mit deutlich weniger Arten zwischen Epochen mit hoher Artenvielfalt. Diese Schluchten sind das Ergebnis massenhaften Aussterbens. Auch das eben erwähnte Aussterben der Dinosaurier am Ende der Kreidezeit dürfte ein solcher massenhafter Untergang gewesen sein. Doch zu jener Zeit wurden noch zahllose andere Arten ausgelöscht, von ozeanischem Plankton bis zu Arten von Landpflanzen. Luis und Walter Alvarez haben behauptet, dieser massenhafte Untergang erkläre sich aus dem Aufprall großer Meteore oder Kometen, die einige Lebensformen unmittelbar auslöschten, danach weitere Arten mittelbar durch die klimatischen Folgen. Es gibt zahlreiche Belege für diese Theorie, darunter die beträchtliche Zunahme von Iridium – einem Element, das auf der Erde selten, in Meteoriten jedoch häufig zu finden ist – gerade in jener geologischen Schicht, die das Ende der Kreidezeit definiert. Die Autoren nehmen an, das durch jenes große Objekt, das auf der Erde aufschlug, Asche aufgewirbelt wurde, die für ein Jahr oder länger den Himmel verdunkelte. Der größte Teil der Vegetation sei dadurch abgestorben, was den Untergang vieler Tierarten nach sich zog, die sich von dieser Vegetation ernährten, wie auch von Arten, die sich wiederum von diesen Pflanzenfressern ernährten. Man nimmt an, daß unsere Säugetier-Vorfahren damals kleine, allesfressende Nachttiere waren, die besonders geeignet waren, einen derartigen Holocaust zu überleben. Der gigantische Krater dieses Aufschlags wurde auf der mexikanischen Halbinsel Yucatan gefunden, und gegenwärtig scheint diese astronomische Kollisionstheorie in bezug auf den Untergang der Dinosaurier und der zeitgenössischen Arten unter Evolutionsbiologen kaum mehr strittig zu sein – abgesehen von einigen traditionellen Paläontologen, die nach wie vor weniger katastrophische Modelle bevorzugen.[33]

Der Baum des Lebens – ein Gummibaum?

Fälle von massenhaftem Aussterben sind Beispiele für Prozesse, die mit dem Gradualismus von Darwins geologischer Ausbildung auf den ersten Blick nicht zu vereinbaren scheinen. Ein Kritiker könnte daraus folgern, daß der Begriff des Darwinismus damit inhaltsleer geworden sei und daß es auf dem Gebiet der Evolutionsbiologie keinerlei verläßliche Modelle gibt. Doch diese Schlußfolgerung ist falsch, denn so funktioniert Wissenschaft nicht. Einstein und die anderen Revolutionäre der modernen Physik haben die von Galileo und Newton begründete Wissenschaft beträchtlich erweitert. Und doch blieb ihr Arbeitsgebiet die Physik. Denn auch weiterhin bedienten sie sich der analytischen und experimentellen Methoden, die ihre großen Vorgänger eingeführt hatten. Ähnlich vertraut der Darwinismus auch weiterhin auf die Analyseverfahren von Darwin selbst: unter anderem ein vernünftiger Gebrauch des Begriffs der natürlichen Auslese und der Abstammung von gemeinsamen Vorfahren sowie eine generelle Neigung zum Gradualismus. Wo immer eines dieser Elemente nicht mehr funktioniert, wird es aufgegeben, und andere Ideen treten an seine Stelle. Doch die Grundlagen bleiben stets die von Darwin, und dort, wo es angebracht ist, auch die von Mendel.

Teil II

Angewandter Darwinismus

Einführung in Teil II

Der Darwinismus ist mehr als eine bedeutende wissenschaftliche Tradition. Er ist auch von größtem Einfluß auf die stoffliche Existenz all derjenigen, die in der Moderne leben oder gelebt haben. Und daran ist nichts Ungewöhnliches. Jede erfolgreiche Wissenschaft hat praktische Konsequenzen. Nur Wissenschaft, die scheitert, kennt keine »Anwendungen«.

Die wichtigste Anwendung des Darwinismus ist zugleich die profanste: die moderne Landwirtschaft. Schon seit langem gibt es zwischen der Landwirtschaft und dem Darwinismus einen Austausch von Menschen, Ideen und Daten, und das geht zurück bis auf Darwins eigene Forschungen. Seit dem Zweiten Weltkrieg verdankt sich ein wesentlicher Teil der enormen landwirtschaftlichen Erfolge der Anwendung darwinistischer Grundsätze, vor allem auf dem Gebiet der quantitativen Genetik.

Seit kurzem richten Darwinisten ihr Augenmerk auch auf medizinische Probleme. Sie haben einige radikale Vorschläge zur Reform der praktischen Medizin gemacht, vor allem im Hinblick auf die Behandlung von Infektionskrankheiten. Außerdem haben Darwinisten neue Wege gefunden, um einige wesentliche medizinische Probleme zu verstehen und zu beherrschen, die zuvor der Forschung nicht zugänglich gewesen waren, insbesondere das Problem des Alterns. Um die Medizin auf wissenschaftlicher Grundlage zu reformieren, wird man unter die biologischen Disziplinen, die sie sich nutzbar macht, auch die Evolutionsbiologie mit aufnehmen müssen.

Es ist die geheime Schande des Darwinismus, daß er auch bei der Begründung und Rechtfertigung jener als »Eugenik« bekannten Bewegung, die auf ein Hirngespinst Francis Galtons zurückgeht, eine beträchtliche Rolle spielte. Die Eugenik war weit davon entfernt, tatsächlich den *Darwinismus* auf die selbstbestimmte Fortpflanzung des Menschen anzuwenden. Doch der Versuch weckte die Hoffnungen utopistischer Ideologen und das Grauen derjenigen, die mit seinen praktischen Folgen leben mußten.

1 Landwirtschaft
Malthus ist vertagt

Einer der am wenigsten bekannten Einflüsse des Darwinismus besteht in seinen Auswirkungen auf die Landwirtschaft. Darwin selbst hatte ja einen Großteil seiner biologischen Kenntnisse aus der Landwirtschaft bezogen, und der Informationsfluß vom Darwinismus zurück in die Landwirtschaft war seither von beträchtlichem Umfang. Einige der führenden Praktiker des Darwinismus arbeiteten zunächst in der landwirtschaftlichen Forschung.[1] Das vorliegende Kapitel ist ein kurz gefaßter Versuch, die Vernachlässigung der Landwirtschaft durch die meisten Historiker des Darwinismus wiedergutzumachen.

Wir werden uns auf das allerwichtigste Problem der Landwirtschaft konzentrieren: Die Frage nämlich, inwieweit sie Schritt halten kann mit dem Anwachsen der menschlichen Bevölkerung, das durch die Erfolge der Moderne ausgelöst wurde. Bei diesem brisanten Wettlauf zwischen der Landwirtschaft und der Fortpflanzungsfähigkeit des Menschen spielte der Darwinismus eine Schlüsselrolle.

Malthus als Kassandra

In der Geschichte der Evolutionsbiologie ist Thomas Robert Malthus bekannt als derjenige, der sich das erschreckende Szenario einer exponentiell anwachsenden menschlichen Bevölkerung ausdachte, bei nur allmählicher Steigerung der landwirtschaftlichen Produktivität. Das Ergebnis, das er voraussagte, war eine katastrophal beschleunigte Verbreitung von Krankheiten, Konflikten und allgemeinem Elend. Das bereitete den Boden für Darwin und für Alfred Russel Wallace; sie entgegneten, daß im Fall einer Krise durch Überbevölkerung die natürliche Auslese zwischen Lebewesen mit unterschiedlichen erblichen Überlebensfähigkeiten differenzieren würde.

Doch diesen intellektuellen Sprung unterließ Malthus. Ihn interessierte mehr die praktische Frage, woher die anwachsende Bevölkerung Europas ihre nächste Mahlzeit bekommen würde. Für eine nennenswert steigende Produktivität der Landwirtschaft sah er keine Chance, daher plädierte er für sexuelle Selbstbeschränkung, um den Zuwachs an hungrigen Mäulern zu begrenzen. In der Nachfolge etlicher Moralisten der Moderne sah er jedoch keinerlei Notwendigkeit, sich selbst zu beschränken, und so hatte er zahlreiche Kinder. Die anderen waren es, die sich einschränken sollten, damit Malthus' Kinder und Enkel in einer geordneten und satten Welt leben konnten.

Kassandra war eine Frau aus Troja, die den Untergang ihrer Stadt durch die Hand der Griechen vorhersagte – so jedenfalls erzählt es Homer in der *Ilias*. Apollo hatte Kassandra die Fähigkeit zur Prophetie verliehen, jedoch nicht auch die Fähigkeit, die Bevölkerung von der Wahrheit ihrer Prophezeiungen zu überzeugen. Kaum ein Wahn ist unter Propheten verbreiteter als die Vorstellung, man wisse sie nicht zu schätzen und trotz ihres einzigartigen Wissens um die Zukunft fänden sie unter den Zeitgenossen keinerlei Anerkennung. Malthus war ein frühes Beispiel all jener Kassandras der Überbevölkerung, ein Vorläufer der heutigen Medien-Ökologen. Es muß schmerzlich sein, einer kommenden Katastrophe so völlig gewiß zu sein und doch so wenig Einfluß zu haben.

Die malthusianische Hungersnot bleibt aus

Wie die meisten Kassandras behielt auch Malthus unrecht, zumindest für die nächsten beiden Jahrhunderte.[2] Abgesehen von Kriegen, Bürgerkriegen und staatlichen Eingriffen gab es seit der Kartoffelpest in Irland Mitte des 19. Jahrhunderts keine eklatanten Hungersnöte mehr. Malthus hatte eine allgemeine, systembedingte Knappheit vorhergesagt, nicht jene Art lokaler Katastrophen, die durch unglückliches Zusammentreffen von Pflanzenkrankheiten und imperialistischer Gleichgültigkeit entstehen, so wie es in Irland geschah. Tatsächlich schrieb Malthus kurz vor den letzten großen europäischen Hungersnöten in der Zeit zwischen 1790 und 1850. In den 150 Jahren nach 1850 gab es in Europa weniger ungewollte Knappheiten als jemals zuvor seit dem Fall des westlichen Römischen Reichs um 400 n. Chr. Und das, obwohl die von Malthus vorhergesagte exponentielle Zunahme der Bevölkerung in der Zeit zwischen 1790 und 1930 tatsächlich stattfand.

Es ist eine historische Tatsache, daß die landwirtschaftliche Produktivität mit dem exponentiellen Wachstum der Menschheit mehr als Schritt gehalten hat. Nehmen wir etwa die Produktion von Getreide.

Im Jahr 1839, am Beginn der modernen Ära, produzierten die Vereinigten Staaten 378 Millionen Bushel Getreide für ungefähr 17 Millionen Einwohner. 1957 produzierten die USA 3422000 Millionen Bushel, bei einer Bevölkerungszahl von etwa 180 Millionen. Während also die Bevölkerung um das Zehnfache anwuchs, stieg die landwirtschaftliche Produktivität noch einmal um das Tausendfache schneller! Malthus befand sich in einem Riesenirrtum: In Relation zum Wachstum der Bevölkerung ist es prinzipiell durchaus möglich, die landwirtschaftliche Produktivität erheblich schneller zu steigern.

Natürlich ist es strittig, ob diese Zuwachsrate aufrecht erhalten werden kann. Ein großer Teil der Zunahme der landwirtschaftlichen Produktivität verdankte sich der Ausbeutung dreier endlicher Ressourcen: erstens bebaubares, kultivierbares Land; zweitens zugängliches Erz für die Produktion von Kunstdünger; und drittens fossile Brennstoffe zum Betrieb landwirtschaftlicher Maschinen. Denkt man freilich an die extensive Bewässerung der Wüsten mit entsalztem Wasser, an den Abbau von schwerer zugänglichem Erz und an die riesigen, wenngleich teureren Ölreserven etwa in den kanadischen Teersänden, dann sind möglicherweise selbst diese endlichen Ressourcen noch über längere Zeit reichlich verfügbar – wenngleich das seinen Preis haben wird.

Eine weitere Begrenzung der landwirtschaftlichen Produktivität resultiert aus den Umweltschäden, welche die moderne Landwirtschaft nach sich zieht, angefangen von der Zerstörung des Waldes über die Verwendung giftiger Chemikalien in Kunstdüngern und Pestiziden bis hin zum Treibhauseffekt, den Dieseltraktoren und die Verdauung von Kühen auslösen. Vielleicht ist die heutige Zeit mit ihrem Überfluß an Nahrung nur eine Übergangsphase, doch diese Phase deckt sich genau mit dem Zeitraum der Moderne. Die Jugendlichen der westlichen Industriestaaten kennen keine andere Kultur. Für sie sind nicht Hungersnöte das Problem, sondern Diäten. So ist im industrialisierten Westen seit dem Zweiten Weltkrieg die Erfahrung des Hungers im wesentlichen die von Modehörigen, dann die von Fettleibigen, die um die Befolgung ärztlicher Vorschriften kämpfen, und schließlich die Erfahrung von Jugendlichen mit Eßstörungen. Für die Mehrzahl der menschlichen Rasse ist verbreiteter Hunger die Folge von Armut, von einer gezielt totalitären Politik, von Bürgerkriegen oder anderen Unglücksfällen, nicht aber eine naturbedingte Katastrophe, die fast alle trifft. Daher haben wir eine völlig andere Vorstellung von unserer ökologischen

Gefährdung als ein mittelalterlicher Bauer, Handwerker oder Soldat. Für sie konnte Hunger auch noch aus Mißernten und ähnlichem resultieren. Landwirtschaftlicher Überfluß ist eines der wesentlichen Charakteristika der modernen Welt.

Der Darwinismus und die Revolution in der Landwirtschaft

Man muß sich vor Augen halten, wie die Situation vor Darwin aussah. In vorchristlicher Zeit war es für Europäer normal, den Boden mit Fruchtbarkeitsriten vorzubereiten. Doch diese Frühlingsfeste verbesserten die Ernte keineswegs – das war die bittere Wahrheit. Im christlichen Mittelalter wurden die bunten Rituale durch Gebete und durch Zahlungen an den Papst ersetzt. Daß dabei mehr herauskam, ist zu bezweifeln. Anzeichen von Krankheit und Inzucht wurden vor der christlichen Epoche als das Werk verschiedenster Dämonen, später dann als das des Teufels aufgefaßt. Eine Ziege, die mit zwei Köpfen geboren wurde, galt als sicheres Zeichen für die Nähe des Bösen, eine Situation, der nur mit rituellen Opfern, anhaltenden Gebeten, Zahlungen an den Bischof oder möglicherweise mit einer Kombination dieser drei Verfahren abzuhelfen war.

Nach dem Aufkommen des Darwinismus hätte ein vernünftiger Schäfer den Schluß gezogen, daß wahrscheinlich ein Zuchtproblem vorliegt, und er hätte die Anschaffung eines neuen Bocks für seine Herde erwogen, um die Gefahr der Inzucht etwas zu mindern. Das weist auf einen kulturellen Wandel hin, der deshalb eintrat, weil Darwins Forschungen der Biologie eine materialistische Grundlage verschafften. Darwin glaubte zwar noch – etwas leichtfertig – an solche Phantasmen wie die Vererbung erworbener Eigenschaften, doch auch dies integrierte er vollständig in einen materialistischen Zugang zum Problem der Vererbung. Nach göttlichen Eingriffen suchte er jedenfalls nicht, wenn es darum ging, die Angepaßtheit von Tieren und Pflanzen an ihre Umgebung zu erklären. Damit spielte Darwin eine bedeutende indirekte, »kulturelle« Rolle, indem er die Praxis der Landwirtschaft vom Aberglauben befreite.

Zugleich schuf Darwin damit die Voraussetzungen zur Entwicklung einer wissenschaftlichen Landwirtschaft, die teilweise auf die Naturwissenschaften zurückgriff, etwa bei der Chemie des Ackerbodens, dem Problem der Erosion oder der Planung landwirtschaftlicher Maschinen. Auch die verbesserten Grundlagen der Biologie machte sich die Landwirtschaft nun zunutze, zum Beispiel hinsichtlich der Techniken der Befruchtung bei Pflanzen und Tieren. Schließlich bestand die neue Landwirtschaft aber auch aus einer Anwendung darwinschen Denkens im engeren Sinne, der Umsetzung von Ideen, die Darwin selbst als erster entwickelt hatte. Davon soll im folgenden die Rede sein.

Darwinismus und Zucht

Es ist ein verbreiteter Mythos – zumindest unter Naturwissenschaftlern –, daß wissenschaftliche Theorien die technologische Entwicklung bestimmen. So stellen sich Wissenschaftler häufig vor, die technologische Überlegenheit Europas zwischen 1700 und 1900 sei die Folge der wissenschaftlichen Tätigkeit von Galileo, Newton, Laplace und anderen.

Daß dies nur ein Mythos ist, erhellt daraus, daß es in Europa zahlreiche bedeutende Erfindungen gab, die den wissenschaftlichen Theorien vorausgingen, von denen sie angeblich inspiriert wurden. Pendeluhren, präzise Landkarten und Fernrohre – all das gab es schon vor dem neuen Weltbild Newtons. Man könnte sogar sagen, daß die ersten guten Fernrohre den grundlegenden Impuls zur Entwicklung der Newtonschen Physik lieferten. Indem sie derartige Teleskope benutzten, erkannten die Europäer erstmals, daß entgegen ihren bisherigen Theorien »der Himmel« keineswegs völlig anders ist als »die Erde«. Schon die frühesten Fernrohre zeigten, daß es auf dem Mond Berge gibt, und zunächst nahm man an, das seien Berge wie die auf der Erde (erst viel später stellte sich heraus, daß die Geologie des Mondes sich von der der Erde unterscheidet). Entgegen der griechischen Astronomie zeigte sich der Mond keineswegs als perfekte Kugel. Und die Bewegungen im Himmel schienen denen auf der Erde zu entsprechen – anders, als die aristotelische Physik es behauptete. Ihr klassisches Erbe konnten die europäischen Physiker begraben.

Technologien, und vor allem neue Instrumente, können durchaus die Entwicklung der Wissenschaften entscheidend beeinflussen. Neue Dinge zu sehen, neue Variablen zu messen – das inspiriert neue wissenschaftliche Theorien. Man kann in solchen Fällen die Naturwissenschaften geradezu als das Bemühen betrachten, jeweils *post hoc* zu einer Interpretation zu gelangen, nachdem die Technik eine weitere Eigenschaft der Welt schon enthüllt hat. Zugegeben, in anderen Fällen führte die Wissenschaft zur Erfindung neuer Technologien; ein herausragendes Beispiel ist die Erfindung des Elektromotors durch Michael Faraday. Doch worauf ich hier hinaus will, ist die Tatsache, daß der Informationsfluß von der Wissenschaft zur Technik keineswegs einer Einbahnstraße folgt.

In der Geschichte der Grundlagenwissenschaften gibt es nur wenige Fälle, wo dieses allgemeine Prinzip einer leitenden oder motivierenden Technologie mehr zutrifft als in der Evolutionsbiologie. Doch die Technik, um die es in diesem Fall geht, ist nicht die Technik glitzernder Maschinen, sondern die der Tier- und Pflanzenzucht. Domestizierte Tiere und Pflanzen kennen die Menschen seit Jahrtausenden. Und vielleicht kein Tier wird schon länger als Haustier gehalten als der Hund (*Canis familiaris*), dessen Domestikation bereits vor 100000 Jahren einsetzte. Gerade Hunde zeigen zahlreiche deutliche Merkmale der Domestikation. Obwohl sie alle von der gleichen Wolfsart abstammen, gibt es heute geradezu spektakuläre Unterschiede zwischen Dutzenden von Hunderassen. Es gibt große, kräftige Rassen wie die Dogge, den Bernhardiner und den Neufundländer; es gibt sehr kleine Hunde wie den Zwergpinscher, den Pekinesen und den Yorkshireterrier; und es gibt schnelle Hunde wie den Windhund und den Wolfshund. Es gibt ganz schwarze Hunde, ganz weiße Hunde und sämtliche Farben und Muster dazwischen. Als Haustiere haben sich die Hunde eklatant auseinanderentwickelt, und einige dieser künstlich geschaffenen Rassen sind vom Menschen völlig abhängig, da sie in freier Natur nicht lange überleben könnten. Zu ähnlichen Ergebnissen, wenngleich weniger ausgeprägt, gelangte man bei Katzen, Pferden, Rindern, Schafen, Weizen, Kartoffeln, Reis und so weiter.

Darwin stellte fest, daß diese Unterschiede teil auf planmäßige Auslese, teils aber auch auf »unbewußte Auslese« zurückgehen. Planmäßige Selektion gibt es bei vielen Tierrassen, insbesondere bei »Arbeitsrassen«. Bei Hunden, die für die Jagd gezüchtet wurden, richtete sich die Auslese auf sehr spezialisierte Fertigkeiten: die Beute aufzuspüren (Jagdhunde im engeren Sinn), die Beute hervorzuziehen (Terrier), verwundetes oder totes Wild zu apportieren (Retriever). Hunde, die sich nicht erwartungsgemäß verhalten, werden von der Zucht ausgeschlossen oder sogar getötet, wie der exzentrische Schäferhund in Thomas Hardys *Far From the Madding Crowd*, der eine ganze Schafherde über eine Klippe trieb und seinen Herrn damit ruinierte. Es gibt jedoch auch Rassen, die zu ihren charakteristischen Eigenschaften durch Zufall kamen, gepaart mit Inzucht. Darwin selbst führt im I. Kapitel der *Entstehung der Arten* einen in England lebenden »spanischen Vorstehhund« an, der von einer spanischen Rasse abstammt, jedoch mit keinem spanischen Hund mehr irgendeine Ähnlichkeit aufweist. Neue Rassen können entstehen, ohne daß ein Züchter dies beabsichtigt hat.

Ein wesentlicher Punkt ist, daß Darwins eigene Vorstellungen über natürliche Auslese von der Tierzucht stark beeinflußt wurden. Das I. Kapitel der *Entstehung der Arten* ist geradezu eine Einführung in die Tierzucht, insbesondere in die Taubenzucht, und bei der Entfaltung seiner Theorie der natürlichen Auslese beruft sich Darwin ganz deutlich auf Analogien zwischen der von Menschen gesteuerten Tierzucht und der natürlichen »Zucht«. Letztlich verallgemeinerte er die Leistungen menschlicher Züchter, um sie auf die Funktionsweise der Natur zu übertragen.

Wie schon in Kapitel I.3 erwähnt, versuchten einige Biologen, Darwins Theorie der Evolution durch natürliche Auslese experimentell zu bestätigen. Die mißlungenen Experimente von Wissenschaftlern wie Johannsen, Jennings und Pearl zeigten jedoch, daß Zucht unter Versuchsbedingungen alles andere als einfach ist. Man braucht genetische Variation als Ausgangsmaterial. Weiter braucht man Eigenschaften, die einfach oder zumindest mit vertretbarem Aufwand zu messen sind. Und schließlich braucht man Kontrollverfahren, um weitere Einflüsse auf das Experiment zu beobachten, wie etwa Inzucht oder unzulängliche Laborbedingungen. Erst in den Jahren nach 1910 gab es präzise durchgeführte Experimente, darunter insbesondere die schon erwähnten Versuche mit Ratten von William Ernest Castle.

Doch hinsichtlich der Entwicklung einer wissenschaftlichen Tierzucht waren diese Experimente gleichsam noch prähistorisch. Denn bis 1918 fehlte ein wesentlicher Baustein: die genetische Theorie der Selektion. Diese Theorie kam erst mit den (in Kapitel I.2 erwähnten) Arbeiten von R. A. Fisher auf. 1918 erschien Fishers erste Veröffentlichung einer populationsgenetischen Analyse quantitativer Variation. Zwischen 1918 und 1952, als Sewall Wright seine maßgebliche Synthese veröffentlichte, errichteten Wissenschaftler ein theoretisches Gebäude, das als »quantitative Genetik« bekannt werden sollte. Umgangssprachlich bedeutete dieser Begriff die Anwendung von Darwinismus und Mendelismus auf die Variation von Eigenschaften wie Größe, Gewicht, Überlebensrate oder Fruchtbarkeit. Die quantitative Genetik behauptet, daß die Gene solche quantitativen Eigenschaften teilweise festlegen. Doch die Gene werden von »außerhalb der Bühne« gesteuert, wie beim Puppenspiel. Wir sehen nur die »Puppen«, das heißt, die wahrnehmbaren Körperteile. Diese Einsicht war für landwirtschaftliche Anwendungen von größter Bedeutung. Denn es war unwahrscheinlich, daß Tier- und Pflanzenzüchter jemals in der Lage sein würden, sämtliche Gene zu identifizieren, die wiederum die bei der Zucht erwünschten Eigenschaften beeinflußten. Betrachtete man jedoch die Erfolge von Hunde- und Viehzüchtern aus vorgeschichtlicher Zeit, dann war klar, daß man Fortschritte erzielen konnte, auch ohne diese Gene zu identifizieren.

Züchtung zu landwirtschaftlichen Zwecken findet seit den fünfziger Jahren im Westen fast ausschließlich im Kontext der quantitativen Genetik statt. Eli Scheinberg, mein erster Lehrer auf diesem Gebiet, sagte gern, er unterrichte gar nicht quantitative Genetik, sondern Mais- und Schweinezucht. Bis zum heutigen Tag erscheinen Bücher mit Titeln wie *Evolution and Animal Breeding* (*Evolution und Tierzucht*)[4], in denen Darwinismus, Mendelismus und Landwirtschaft miteinander verknüpft werden.

Wenn man ein örtliches Fast-Food-Restaurant aufsucht – wie wir das alle ab und zu müssen –, und dort einen jener Mega-Snacks zu sich nimmt, der aus Hamburger, Pommes frites und einem Milchshake besteht, dann ist kaum etwas von dem, was man ißt, *nicht* durch Selektion verändert worden. Das Rind, von dem das Fleisch stammt, wurde gezüchtet in Richtung einer »marmorierten« Struktur aus Muskeln und Fett, damit das Fleisch bei der Zubereitung zart bleibt. Den Kartoffeln, aus denen die Pommes frites bestehen, wurde eine erhöhte Resistenz gegen Pflanzenkrankheiten angezüchtet. Das Öl, in denen die Pommes frites gekocht werden, stammt von Getreide, dessen Ölgehalt durch Selektion erhöht wurde. Die Milch in dem Shake stammt von Kühen, die erheblich mehr Milch geben als etwa Kühe um 1900. Selbst der Ketchup, den man über das Ganze gießt, stammt von Tomaten, die durch Züchtung massiv verändert wurden.

Landwirtschaftliche Zucht gehört zu jenen Leistungen, die den Menschen der Moderne auszeichnen – vielleicht nicht in der Sensationspresse, aber in der Realität. Durch den Einsatz selektiver Zuchtmethoden wurde die landwirtschaftliche Produktivität um ein Vielfaches gesteigert. Ein Großteil der gegenwärtigen Bevölkerung wäre gar nicht auf der Welt, gäbe es nicht die enormen Ertragszuwächse aufgrund der Anwendung wissenschaftlicher Zuchttechniken. Mit anderen Worten: Es waren Darwin und Mendel, die letztlich dafür verantwortlich sind, daß Malthus widerlegt wurde.

Wie man wissenschaftlich züchtet

Pflanzen- und Tierzucht ist einfach und dennoch wirkungsvoll; es überrascht daher nicht, daß die Menschen Züchter waren, lange bevor sie die geringste Vorstellung davon hatten, was sie da eigentlich taten. Dennoch ist es für eine effektive Auslese wichtig, einen guten Algorithmus zu besitzen.

Am Anfang jedes Zuchtprogramms steht genetische Variation. Wenn es hinsichtlich einer bestimmten Eigenschaft keine genetische Variation gibt, dann hat die Selektion keinen Ansatzpunkt. Andererseits haben zahlreiche Untersuchungen zum Thema Selektion und genetische Variation ergeben, daß so gut wie alle meßbaren Eigenschaften ein gewisses Maß an genetischer Variation zeigen: Größe, Gewicht, Fettgehalt, Muskelmasse usw. Es wird also kaum jemals vorkommen, daß die minimalen Voraussetzungen zur Selektion *nicht* gegeben sind. Doch genetische Variation ist eine *notwendige* Bedingung, keine *hinreichende*.

Besitzt man einen Zuchtbestand, der genetische Variation erkennen läßt, so besteht der erste Schritt zu einem guten Selektionsplan darin, daß man ab einem bestimmten Zeitpunkt eine ganze Generation heranzieht, alle unter den gleichen Bedingungen. Eine solche Gruppe von Organismen nennt man gewöhnlich »Kohorte«. Besonders wichtig ist dabei ein einheitliches Verfahren der Aufzucht. Wenn wir eine Zucht von Kühen auf drei Bauernhöfe verteilen, dann besteht die Möglichkeit, daß einer der Höfe besseres Futter zur Verfügung stellt als die anderen. Die Kühe auf diesem Hof wachsen daher schneller. Wenn wir bei unserem Zuchtversuch jeweils die größten Kühe auswählen, dann werden die Kühe von diesem einen Hof überwiegen, jedoch aus Gründen, die mit ihrem genetischen Wert gar nichts zu tun haben. Vielmehr werden die Umstände der Aufzucht der bestimmende Faktor sein. Wie wollen also hier davon ausgehen, daß wir diesen Anfängerfehler vermeiden und alle Kühe einheitlich aufziehen.

Nun mißt man in einem bestimmten Alter eine bestimmte Eigenschaft auf jeweils identische Weise. Angenommen, wir messen bei allen Kühen das Körpergewicht. Dann müssen wir alle mit derselben Maßeinheit und im selben Alter messen, außerdem zur selben Tageszeit nach Verabreichung der gleichen Mahlzeit. Angenommen, in einem bestimmten Alter beträgt das Durchschnittsgewicht 300 Kilogramm. Nun wählt man diejenigen 10 Prozent der Kühe aus, die am schwersten sind. Angenommen, diese ausgewählten Kühe haben ein Durchschnittsgewicht von 350 Kilo. Das »Selektionsdifferential«, also die Differenz zwischen der ausgewählten Gruppe und dem Rest der Population, beträgt demnach 50 Kilo.

Nun verkaufen wir die nicht ausgewählten Kühe an die Mega-Snack-GmbH zur Produktion von Hamburgern und züchten weiter mit den ausgewählten 10 Prozent. Nehmen wir an, wir seien ebenso mit unseren Bullen verfahren und auch hier betrage die Selektionsdifferenz 50 Kilo – das Durchschnittsgewicht der ausgewählten minus das Durchschnittsgewicht aller Bullen. Verwendet man nun zur Weiterzucht ausschließlich ausgewähltes Vieh, so ist zu erwarten, daß sich bei den Nachkommen der nächsten Generation ein Zuwachs an Gewicht zeigt. Nehmen wir an, das durchschnittliche Gewicht der nächsten Generation betrage 330 Kilo. Dann hätten wir einen »Selektions-Response« von 30 Kilo.

Man beachte, daß der Response geringer ausfällt als das Selektionsdifferential. Teilweise geht dies auf Umwelteinflüsse zurück. Das heißt, einige der ausgewählten Kühe und Bullen sind schwerer aufgrund zufälliger Eigenschaften ihrer Umgebung, nicht aufgrund ihres Genotyps. Die Faustregel der quantitativen Genetik besagt jedoch: So lange das Muster genetischer Variation konstant bleibt, so lange wird derselbe Umfang der Auswahl in jeder folgenden Generation auch denselben Zuwachs einer bestimmten Eigenschaft erbringen. Danach wäre es also möglich, die Züchtung fortzusetzen und stets den ungefähr gleichen Response zu bekommen, etwa 30 Kilo. Auf diese Weise extrapolieren Tier- und Pflanzenzüchter von den ersten ein, zwei Generationen einer Zucht auf künftige Generationen. Und diese Möglichkeit der Extrapolation dürfte auf die Bereitschaft von Geschäftsleuten, in die Tier- und Pflanzenzucht zu investieren, von nicht geringem Einfluß gewesen sein.

Man kann nicht alles haben

Wann haben Sie zum letzten Mal eine Tomate aus ihrer Plastikverpackung genommen und hineingebissen? Dabei ist Ihnen vielleicht der fade Geschmack und die undefinierbare Struktur aufgefallen, die für Tomaten heutzutage typisch sind. Tomaten waren einmal größer, sie hatten eine andere Farbe und schmeckten besser. Allerdings verdarben sie auch schneller, und es war teurer, sie zu ernten. Man hat eine Tomate gezüchtet, die einfacher aufzuziehen und zu ernten ist, und hat dadurch ihren Geschmack verschlechtert.

Dieses Beispiel verdeutlicht eines der wichtigsten Prinzipien der Zucht: Es ist unmöglich, durch Selektion nur eine einzige Sache zu verändern, denn unvermeidlich reagieren auch andere Eigenschaften. Gene, die Eigenschaften kodieren wie etwa die Körpergröße, kodieren möglicherweise noch andere Attribute. Gene beispielsweise, die für die Produktion von Wachstumshormonen sorgen, machen Kühe größer, darüber hinaus aber vielleicht auch gefügiger (ein nur hypothetisches Beispiel). Fast alle Abläufe bei der Hormonsekretion sind miteinander verzahnt; verändern sich die Werte hinsichtlich eines bestimmten Hormons, dann verändern sich möglicherweise noch weitere Hormonwerte. In unserem Beispiel verändern sich gleichzeitig die Körpergröße und das Temperament, weil es zu einer inneren, physiologischen Wechselwirkung kommt. Es ist durchaus denkbar, daß man das Selektionsverfahren in keiner Weise so ändern kann, daß diese Wechselwirkung unterbleibt. Sie resultiert einfach aus der Tatsache, daß funktionelle Eigenschaften wie Körpergröße und Temperament in einer dynamischen Beziehung stehen und nicht isolierbar sind.

Wenn Züchter Pflanzen oder Vieh produzieren, die für die massenhafte Produktion rentabler sind, dann züchten sie möglicherweise Nahrung, die nach Pappe schmeckt. Das tun sie nicht deshalb, weil sie uns so weit bringen wollen, daß wir die Nahrung nicht mehr von ihrer Verpackung unterscheiden können. Sondern es geschieht, weil sie nicht exakt das gewünschte Zuchtergebnis bekommen, ohne zugleich weitere und weniger erwünschte Veränderungen auszulösen. Daher nehmen Züchter von vornherein an, daß die Eigenschaft, um die es bei der Selektion geht, sehr wahrscheinlich nicht die einzige Eigenschaft sein wird, die auf die Selektion reagiert. Möglicherweise verursacht der zusätzliche Response die Zunahme unerwünschter Eigenschaften und verwandelt so unsere Nahrung allmählich in Imitationen, die aus Fasern ohne jeden Geschmack bestehen.

Grenzen der modernen Landwirtschaft

Die Tatsache, daß Malthus von der modernen Landwirtschaft aus dem Feld geschlagen wurde, sollten wir hinsichtlich unserer künftigen Versorgung mit Nahrung und anderen landwirtschaftlichen Produkten nicht zum Anlaß eines unbegrenzten Optimismus nehmen. Tatsächlich ergeben sich aus der Darwinschen Theorie allgemeine Indizien, die erwarten lassen, daß wir an biologische Grenzen stoßen werden, über die hinaus eine zahlenmäßige Zunahme der Menschheit nur noch auf Kosten von beträchtlichem Elend möglich ist. Insbesondere beruht ja unser dauerndes Gesichert-Sein gegenüber Hunger auf dem Gebrauch wissenschaftlicher Zuchtmethoden zur Verbesserung des Tierbestands und der Ernten – doch gerade hier gibt es gute Gründe für die Annahme, daß es so nicht weitergehen kann.

Das grundsätzlichste Problem, das den Fortschritten bei der Zucht Grenzen setzt, ist die Erschöpfung der genetischen Variation. Damit Selektion erfolgreich ist, bedarf es reicher vererbbarer Variation. Sind jedoch alle wohltätigen Gene festgelegt, so gibt es auch keine Variation mehr, die man zur

Selektion verwenden könnte. Dieses Problem, daß die Variation irgendwann aufgebraucht ist, tritt bei langfristigen Selektionsversuchen immer wieder auf. Bemerkbar macht es sich nach zahlreichen Generationen in Form von »Plateaus« beim Selektions-Response: Weitere Fortschritte bleiben aus, und die Selektion ergibt keinen Response mehr. Zu diesem Resultat kommt es so regelmäßig, daß die Züchter es mehr oder weniger erwarten. Einige Laborexperimente mit außergewöhnlich großen Populationen ergaben hingegen einen lange anhaltenden Selektions-Response. Dieser Befund zeigt, daß natürliche Populationen von der Erschöpfung genetischer Variation höchstwahrscheinlich nicht betroffen sind. Doch landwirtschaftliche Zuchtbestände sind oft klein, besonders wenn es Nutztiere sind, die schon eine lange Selektion hinter sich haben. Die Viehzucht umfaßt vielleicht Millionen von Ochsen, aber nur wenige Tausend Zuchtstiere, und diese sind es, welche die Größe der Zuchtpopulation begrenzen. Es sind einfachste quantitativ-genetische Überlegungen, die erwarten lassen, daß es bei der Selektion nach verbesserter Getreideernte, nach Viehwachstum oder dem Ertrag an Milchprodukten zu »Plateaus« kommen muß.

Schon vor langer Zeit bemerkten Darwinisten, daß man den Selektions-Response neu beleben kann, indem man in die Population, die auf einem Plateau gleichsam stecken geblieben ist, neue genetische Variation einführt. Tatsächlich bedienen sich Tierzüchter schon seit Jahrhunderten dieser Methode. Es ist unter Züchtern vollkommen selbstverständlich, Herden, die durch Selektion keine Fortschritte mehr machen, dadurch zu verbessern, daß man den Samen eines neuen Bullen verwendet. Ebenso beseitigt man bei Hunden gesundheitliche Probleme, die auf Inzucht zurückgehen, häufig durch Kreuzung mit neuen Vatertieren, was manchmal zur Entstehung einer neuen, robusteren Zucht führt. Diese Praktiken lieferten die Grundlage zu einer interessanten Evolutionstheorie, die der bereits erwähnte Amerikaner Sewall Wright entwickelte.[5] Wright vermutete, daß die Fortschritte, welche die Selektion innerhalb eines einzelnen Stammes erzielen kann, an eine definitive Grenze stoßen. Daraus schloß er, daß solche Stämme dazu tendieren, irgendwann in einer evolutionären Sackgasse stecken zu bleiben. Rettung könnte dann nur von erfolgreicheren Populationen kommen, die Migranten aussenden. Die Einführung neuer genetischer Variation in die Population, die solche Emigranten aufnimmt, würde dann die minderwertigen Stämme auf evolutionärem Weg allmählich an die erfolgreicheren Eigenschaften angleichen. Ebenso wie viele von Darwins Ideen aus der Praxis der Tierzucht stammten (insbesondere der Taubenzucht), errichtete Wright seine Theorie auf eingeführten Praktiken der Viehzucht – der weitere Fall einer »Technologie«, die der Wissenschaft den Weg bahnt.

Unter den Nutzpflanzen zählen die Hybriden zu den wichtigsten. Ihre Bedeutung besteht darin, daß sie häufig die Unzulänglichkeiten beider Elternstämme zum Verschwinden bringen. Ein sehr verbreitetes Verfahren besteht etwa darin, daß man eine zähe, krankheitsresistente Pflanze, die jedoch nur kleine Früchte hervorbringt, mit einer domestizierten Rasse kreuzt, die weniger resistent ist, aber große Früchte trägt. Nicht immer, aber häufig wird die Hybridpflanze die Vorzüge beider Elternstämme in sich vereinen, in diesem Fall große Früchte und Resistenz gegen Krankheiten. Diese Vorzüge bleiben jedoch häufig nur eine oder zwei Generationen erhalten, wenn man die Hybriden kultiviert, und etwas anderes ist auch nicht zu erwarten, denn Kreuzungen von Hybriden untereinander bringen zu einem gewissen Prozentsatz wieder den ursprünglichen, parentalen Typus hervor. Aus diesem Grund muß etwa Hybridgetreide zu jeder Saison regeneriert werden, indem man die ursprünglichen Stämme miteinander kreuzt. Die Produktion von Hybridgetreide ist einer der umfangreichsten und erfolgreichsten Sektoren landwirtschaftlicher Zuchtprogramme.

Zugang zu genetischer Variation ist derjenige Faktor, der letzten Endes den Fortschritt wissenschaftlich geplanter Zucht in der Landwirtschaft begrenzt. Das bedeutet, daß umgekehrt die absolute Zahl verschiedener Rassen und Varietäten innerhalb einer Art der künftigen landwirtschaftlichen Produktivität Grenzen setzt. Viele dieser Varietäten stammen aus der Natur oder aus nichtwestlichen Gesellschaften. Die Kartoffel beispielsweise stammt aus Südamerika, wo man Dutzende von Varietäten findet. Die Landwirtschaft der westlichen Staaten setzt aber nur einen Bruchteil der Varietäten ein, die auf der Welt bisher entdeckt wurden. So droht die Verbreitung wissenschaftlich selektierter westlicher Zuchtstämme die Kultivierung der vielfältigeren südamerikanischen Kartoffeln zu unterminieren.

Die westliche Landwirtschaft und die Verstädterung zerstören darüber hinaus den Lebensraum vieler wilder Varietäten von Getreide und anderen Pflanzen. So verursachen wir etwa das Aussterben etlicher Huftierarten, von denen einige sehr geeignet wären, die domestizierte Kuh zu ersetzen, sollte diese einmal durch irgendeine Krankheit für uns ausfallen. Jedem Darwinisten ist es lieber, in einer Tierart von wirtschaftlicher Bedeutung die Möglichkeit einer größeren genetischen Vielfalt offenzuhalten. Denn die genetische Vielfalt ist es, die weitere Fortschritte durch Selektion erst ermöglicht und die außerdem eine Rückversicherung bedeutet gegenüber krankheitsbedingten katastrophalen Verlusten an Vieh und Getreide. Die Kartoffelpest in Irland kostete einer Million Menschen das Leben – und das zum Teil deshalb, weil die Kartoffel-Varietät, die von den Iren als Grundnahrungsmittel genutzt wurde, eine zu geringe genetische Vielfalt aufwies, um auch nur eine einzige Krankheit zu überstehen. Wir können nur hoffen, daß Malthus nicht doch noch recht behält, nur weil eine engstirnige landwirtschaftliche Ökonomie sich ihrer darwinistischen Grundlagen nicht mehr besinnt.

Doch nicht nur die genetische Basis von Vieh und Saatgut ist es, welche die moderne Landwirtschaft anfällig macht. Da viele unserer landwirtschaftlich genutzten Arten nicht mehr (oder bald nicht mehr) über ausreichende genetische Variation verfügen, um sich wandelnden Umweltbedingungen anzupassen, besteht die Gefahr, daß Hungersnöte unmittelbar aus Umweltschäden entspringen. Dieses Problem wird noch verschärft durch das Ausmaß, in dem landwirtschaftlich gezüchtete Arten von einem perfekten Umfeld abhängig sind, inklusive optimaler Wohnverhältnisse und Versorgung der Pflanzen.

Diese Bedingungen können sich aber durch die globale Erwärmung und durch die Ausdünnung der Ozonschicht wieder verschlechtern, und beides könnte den Streß domestizierter Tiere und Pflanzen erhöhen. Diese Organismen sind auch häufig in einer mitleiderregenden Weise abhängig von Nährstoffen, Antibiotika, Dünger, Pestiziden und so weiter. Dabei geht es nicht nur um die Frage des Überlebens. Möglicherweise überleben die domestizierten Stämme. Doch wenn ihre Selektion auf Höchstleistungen unter idealen Bedingungen ausgerichtet war, dann wird sich ihre genetische Überlegenheit wohl kaum in gänzlich veränderte ökologische Bedingungen hinüberretten lassen. Das Szenario, um das es hier geht, ist der Wegfall jener unnatürlichen Bedingungen, welche für die Domestikation in den Industriestaaten allmählich charakteristisch geworden sind und die in großen Teilen der Welt mittlerweile vorherrschend sind. Gehen diese Bedingungen aufgrund ökologischer Veränderungen oder durch einen um sich greifenden ökonomischen Zusammenbruch wieder verloren, dann werden wohl auch etablierte, höchst leistungsfähige Zuchtbestände eine starke Einbuße an Qualität erleiden. Auch in diesem Fall könnte es zu Hungersnöten kommen.

Man kann es aber auch so sehen: »Das Hauptargument in Malthus' Buch wurde seit jener Zeit durch die Geschehnisse widerlegt. ›Es war nur ein Mensch zu viel auf dieser Erde‹, sagt Proudhon, ›und dieser Mensch war Malthus.‹«[6]

2 Medizin
Tod durch Unwissenheit

Als Darwinist bekommt man es immer wieder mit Ärzten zu tun, deren biologische Ansichten mit grundlegenden Resultaten der Evolutionsforschung nicht zu vereinbaren sind. Die bedeutsamste dieser verbreiteten Vorstellungen besagt, das »Alter« sei gekennzeichnet durch den unvermeidlichen und prinzipiell unabänderlichen Verschleiß von Körperteilen. Oder es wird behauptet, alle Symptome, die in Zusammenhang mit einer Krankheit auftreten, seien pathologisch. Schließlich heißt es, alle markanten Abweichungen von der Norm hätten Krankheitswert. Man könnte noch viele derartige Beispiele anführen.

Die weite Verbreitung solcher unausgegorenen und fehlerhaften Vorstellungen hat kürzlich George C. Williams, Randolph M. Nesse und andere dazu veranlaßt, die Medizin auf darwinistischer Grundlage neu zu reflektieren, ein Unternehmen, das unter der Bezeichnung »darwinistische Medizin« bekannt wurde. Derzeit ist dies noch eher ein theoretisches Paradigma denn eine Alternative zur medizinischen Praxis. Doch es besteht Hoffnung, daß die praktische medizinische Arbeit eines Tages durch den Darwinismus ebenso bereichert wird, wie dies schon in der Praxis der Landwirtschaft geschehen ist. Und das sollte vor allem den Patienten zugute kommen.

Die darwinistische Medizin umfaßt kaum weniger Einzelaspekte als die Medizin selbst. Eine der zentralen Ideen richtet sich auf die Bedeutsamkeit der Evolutionsgeschichte. Eine weitere besteht darin, daß Fruchtbarkeit ein entscheidendes medizinisches Problem ist und nicht nur eine Unannehmlichkeit oder ein Luxus. Das Gebiet, auf dem die Evolutionsbiologie vielleicht den größten Beitrag leisten könnte, ist das der Infektionskrankheiten; denn die Beziehungen zwischen Mensch und Krankheitserreger sind sehr komplex, so daß hier unsere schlecht informierte Intuition nicht der beste Ratgeber ist. Das Altern ist ein Gebiet, auf dem sich die medizinische Wissenschaft als weitgehend hilflos erweisen hat; der bemerkenswerte Erfolg der Evolutionsbiologie des Alterns hingegen läßt hoffen, daß die Lebensdauer des Menschen eines Tages deutlich verlängert werden kann. Die Grenzen der Medizin (Genmanipulation, Klonen) rücken täglich näher. Doch eine evolutionäre Perspektive läßt erkennen, daß die radikale Neuformung des Menschen keineswegs so einfach ist, wie einige sich das vorstellen.

Insekten bekommen keine Herz-Kreislauf-Erkrankungen

Der zentrale Gedanke der darwinistischen Medizin besteht darin, daß die Evolutionsgeschichte eines Organismus dessen medizinische Probleme vorbestimmt. Viele Funktionsstörungen, die den Menschen betreffen, sind daher alles andere als zwangsläufig; oder zumindest gibt es nichts in der grundlegenden Organisation des Lebens, das diesen Krankheiten irgendwie entspricht. Die Wurzeln der Krankheit liegen in der Evolutionsgeschichte; doch die Evolutionsgeschichte hat uns nicht nur vor medizinische Probleme gestellt, sie hat uns auch die Mittel zu deren Lösung in die Hand gegeben. In der Evolution jedes einzelnen Organismus bringen genetische Variation und natürliche Auslese wahre Wunder der Anpassung hervor. Die Kiemen der Fische, die Lungen des Wals, die Flügel der Fledermaus, das Hinterteil des Mandrills – all das sind evolutionäre Errungenschaften. Doch diese Errungenschaften machen auch verletzlich, in doppelter Hinsicht.

Zum einen bergen einige dieser Anpassungen bereits den Keim innerer Auflösung und zunehmenden Versagens. Beispiele hierfür sind Herz-Kreislauf-Erkrankungen und Krebs. Insekten kennen keines von beiden. Ihr Kreislaufsystem ist offen, ihr Blut »schwappt« gleichsam in einem offenen Reservoir umher, so daß die Ablagerung von Plaque in den Arterien kein Problem darstellt. Auch gibt es bei ausgewachsenen Insekten so gut wie keine Zellteilung mehr, abgesehen von den Keimdrüsen. Zwar kommt es manchmal zu Tumoren, doch bei genetisch normalen Insekten verlaufen diese stets gutartig. (Durch Mutationen kann man auch Insekten hervorbringen, die bösartigen Krebs bekommen.) Das bedeutet freilich nicht, daß die Darwinisten an den Säugetieren wegen deren fortdauernder Zellvermehrung und wegen des geschlossenen Kreislaufsystems etwas auszusetzen hätten. Diese Anpassungen haben zahlreiche Vorzüge, darunter die effiziente Atmung und ein selbstregulierendes Immunsystem. Doch zu diesen biologischen Anpassungen gehören ganz bestimmte Pathologien, die in den heutigen Industriestaaten die häufigsten Todesursachen sind, wie eben Herz-Kreislauf-Erkrankungen und Krebs.

Zweitens geben einige der Anpassungen Krankheitserregern Gelegenheit zur Infektion. Zwei wichtige Beispiele sind die Atemwege bei Landwirbeltieren und die Fortpflanzungsorgane bei Lebewesen mit interner Befruchtung. Solche Strukturen öffnen Infektionen Tür und Tor, und zwar aus zwei Gründen. Erstens benötigt sowohl der Austausch von Gas als auch der Transfer von Keimzellen ein hinlänglich feuchtes Milieu. Andernfalls würden die Zelloberflächen keinen Sauerstoff aufnehmen, und die Keimzellen würden austrocknen und absterben. Doch die Feuchtigkeit, die den grundlegenden Funktionen der Lunge und der Vagina zugute kommt, bietet auch ausgezeichnete Voraussetzungen für das Eindringen von Viren und Bakterien. Der zweite Grund, warum Atmungs- und Fortpflanzungsorgane anfällig für Infektionen sind, besteht darin, daß sie aufgrund ihrer Verbindung zur äußeren Umgebung Einfallstraßen für Krankheitserreger sind. Im Fall der internen Befruchtung, die für die Verbreitung von Gonorrhöe, Syphilis, HIV und anderen Krankheiten sorgt, ist dies offensichtlich. Aber auch die Atemwege sind bevorzugte Angriffspunkte für Krankheiten, denn Luft muß aktiv inhaliert werden. Krankheitserreger, die sich in der Nähe der Nase und des Mundes festsetzen, haben beste Aussichten, ins Körperinnere gesogen zu werden. Für das Überleben und die Fortpflanzung von Land-Säugetieren mit interner Befruchtung sind diese Anpassungen vielleicht grundlegend; doch gleichzeitig fördern sie das Auftreten von Störungen, die Leid und Tod mit sich bringen.

Kurz, es sind zwei Mechanismen – die Probleme, die von der inneren Organisation herrühren, und die Anfälligkeit gegenüber Infektionen –, aufgrund derer die Evolution durch natürliche Auslese jeden Organismus zu seinem besonderen Zyklus von Krankheit und Tod verurteilt. Der eine Organismus bekommt diese, ein anderer eine andere Krankheit. Auf die evolutionären Details kommt es an, denn in unseren Anfängen ist unser Ende beschlossen.

Eine natürliche Reaktion auf diese extremen Gegensätze könnte darin bestehen, sie als praktisch irrelevant abzutun. Schließlich besteht ja keinerlei Aussicht, für Patienten mit Herz-Kreislauf-Erkrankungen einen offenen Blutkreislauf zu entwickeln. Warum also sollte diese evolutionäre Kritik für den praktizierenden Arzt von irgendeinem Interesse sein?

Etwas absolut Fundamentales ist der Vorgang des Erstickens. Wir haben es alle schon einmal erlebt: Man ißt ein Brötchen, während man sich unterhält, und plötzlich geht etwas schief. Man kann nicht mehr atmen, Panik kommt auf, und man versucht zu husten. Oder besser: der Körper versucht zu husten, denn das ist keine bewußte Entscheidung. Plötzlich kämpft man um sein Leben – wegen eines Brötchens. Nesse und Williams haben die grundlegende Biologie des Erstickens kühl analysiert. Jährlich erstickt einer von etwa hunderttausend Menschen. Und zwar deshalb, weil unsere Vorfahren einfache Wassertiere waren. Der »Input« dieser Vorfahren bestand ausschließlich aus Wasser, aus dem sie sowohl den Sauerstoff als auch kleine Nahrungspartikel bezogen. Die Kiemen stießen das Wasser aus und drückten es in den Darm hinab. Aufgrund der Evolution änderte sich diese Situation für einige Arten, insbesondere für die Land-Wirbeltiere wie Reptilien, Vögel und Säuger. Wir entwickelten Mund, Nase, Lunge und Magen, mit jeweils einem zugehörigen Kanal. Das Problem ist nun, daß alle diese Kanäle sich in der Rachenhöhle kreuzen, zwischen dem hinteren Teil der Mundhöhle und der Öffnung der Speiseröhre. Zwar gibt es dort Klappen und andere Hilfsmittel, die den Verkehr regeln, doch manchmal versagen sie. Flüssigkeit oder Nahrung gelangt in die Luftröhre und blockiert den Zugang zur Lunge. Der Körper versucht dann, die Luftröhre wieder freizubekommen. Gelingt es, so lebt man. Gelingt es nicht, stirbt man. Tod durch Evolution.

Menschenbabys, die sonst so verletzlich scheinen, können interessanterweise zugleich atmen und schlucken. Das dürfte auf ihre ungewöhnliche evolutionäre Vorgeschichte als Anhängsel von Brüsten zurückzuführen sein, deren zweibeinige Besitzerinnen über lange Zeit stillten. Übrigens beherrschen auch Pferde diesen Trick.

Reproduktion ist der Sinn des Lebens

Die braune, einen Beutel tragende »Maus« der Gattung *Antechinus* ist gar keine Maus. Mit wirklichen Mäusen ist sie entfernter verwandt als diese Mäuse mit uns. Sie lebt in den Wäldern im Osten Australiens, in einer Umgebung, die sich mit den Jahreszeiten verändert. Der Lebenszyklus der Männchen ist innerhalb eines Jahres gewöhnlich schon zuende. Wie bei vielen Organismen gibt es pro Jahr nur eine Paarungszeit. In den Wochen, bevor diese Periode beginnt, werden bei den Männchen Sexualhormone (zum Beispiel Testosteron) in erheblicher Menge ausgeschüttet. Auch andere Hormonwerte steigen an, etwa bei den Corticosteronen, das sind Hormone, die bei Säugetieren Streß auslösen. Während der Paarungszeit selbst verhalten sich die Männchen untereinander extrem aggressiv, und es kommt zu äußerst gewalttätigen Auseinandersetzungen. Auch die Kopulation selbst kann bemerkenswert intensiv sein. Beutelmäuse können den Koitus auf bis zu zwölf Stunden ausdehnen, was an sich schon eine lange Zeit ist, erst recht aber gemessen an der Lebensdauer und der Größe dieser Tiere.[8]

Ab einem Zeitpunkt kurz vor der Paarungszeit und dann noch über eine längere Phase hinweg sind bei den Männchen zahlreiche schwerwiegende Pathologien zu beobachten. Eine der tückischsten besteht darin, daß sie aufhören, ihr Fell zu striegeln, ein Symptom, das sonst bei sterbenden Säugetieren üblich ist. Obwohl sie Nahrung aufnehmen, verlieren sie an Gewicht. Hoden und Milz schrumpfen. Spulwürmer, Protozoen und Bakterien vermehren sich im Körper des Männchens, wodurch das Immunsystem allmählich zusammenbricht. Blutende Geschwüre verursachen Anämie. Der Tod tritt schließlich zwei oder drei Wochen nach der Paarungszeit ein. Bei den Weibchen hingegen treten derartige Veränderungen nicht auf. Ihr Fell bleibt in gutem Zustand, und ihr Hormonspiegel ist normal. In vielen Fällen leben die Weibchen noch ein zweites Jahr, und manche bekommen auch nochmals Junge. Warum aber kommt es bei den Männchen nach der Fortpflanzung zu einem derart spektakulären Zusammenbruch? Warum sind die Weibchen so verschieden? Was besagt dieses Phänomen über die Art und Weise, wie die Evolution Pathologien vorbestimmt?

Man kann diese Fragen auf zwei Ebenen beantworten, physiologisch oder evolutionär. Aus Sicht der Pathophysiologie liefert die Wirkung der Kastration die Erklärung. Werden Männchen vor der Paarungszeit kastriert, kommt es weder zu hohen Hormonwerten, noch zu Gewichtsverlust oder zur Degeneration von Organen. Selbst das Fell bleibt geschmeidig. Kastrierte Männchen sind untereinander weniger aggressiv. In Feldversuchen lebten sie überdurchschnittlich lang, und im Labor können sie sogar das Dreifache ihrer normalen Lebenszeit erreichen. Die offensichtliche Schlußfolgerung lautet: Die Hoden sind es, die den Beutelmäusen den Garaus machen. Sobald sie sie los sind, geht es ihnen gesundheitlich besser. Weibchen haben keine Hoden, und das ist der Grund, warum sie generell in besserer Verfassung sind.

Aus Sicht der Evolutionsbiologie verläuft die Fortpflanzung männlicher Beutelmäuse nach dem »big bang«-Muster. Sie haben sich so entwickelt, daß sie ihre gesamten Ressourcen in einem einzigen anstrengenden Zeugungsakt verausgaben. Bemerkenswerterweise ist dieses Muster jedoch evolutionstheoretisch »gesund«. Ein kastriertes Männchen ist ein evolutionäres Nichts – zumal, wenn es keine Fürsorge für den Nachwuchs zeigt, und an dieser Fürsorge fehlt es fast allen männlichen Säugetieren. Die langlebigen, geschmeidigen, offensichtlich glücklicheren kastrierten Männchen sind demnach aus darwinistischer Sicht ein Desaster: Sie können sich nicht fortpflanzen und daher auch nicht ihre Gene an die nächste Generation weitergeben. Wir stehen demnach vor einem vollkommenen Antagonismus zwischen der medizinischen und der darwinistischen Definition von »Gesundheit«. Da der Beruf des Mediziners fast völlig auf die Aufrechterhaltung von Leben ausgerichtet ist, wird für ihn der kleine

Eingriff der Kastration bei der Beutelmaus bei weitem aufgewogen durch den erheblichen Zuwachs an Überlebenschancen. Da andererseits die Darwinisten jede Funktion in Beziehung zur Nettoreproduktion setzen, ist für sie ein kastriertes Männchen ein völliger Fehlschlag, so lange keinerlei Kompensation im Verhalten gegenüber engen Verwandten zu erkennen ist, wie im Fall der Verwandten-Selektion (siehe Kapitel I.3).

Interessant ist in diesem Zusammenhang die Perspektive, die allgemein von der menschlichen Kultur eingenommen wird. Liest man antike Texte über Gesundheitspflege, so findet man hier die Fruchtbarkeit als herausragendes Thema. Die Zahl der Mythen, in denen es um den Verlust männlicher Zeugungskraft geht, ist Legion. In der *Larousse Encyclopedia of Mythology* gehören »phallische« Gottheiten zu den am häufigsten erwähnten. Die Griechen verehrten den klassischen Priapos, eine Gottheit, deren Name in den Begriff »Priapismus« eingegangen ist, womit man eine schmerzhafte Dauererektion bezeichnet. Die Kosmologie der Indianer kennt zwei Götter der Zeugungskraft, Puchan und Prajapati. Es überrascht nicht, daß man solche phallischen Gottheiten häufig an der Spitze religiöser Pyramiden findet; ein frühes Beispiel dafür ist der ägyptische Gott Amon. Neben seiner ausgeprägt phallischen Funktion repräsentierte Amon die Macht der Fortpflanzung, war also auch ein Gott der Fruchtbarkeit. Auch die Fruchtbarkeit der Frau war Quelle ständiger Besorgnis. Einer Frau zu unterstellen, sie sei unfruchtbar, war eine der schlimmsten Beleidigungen.

Neben den phallischen Göttern gibt es quer durch alle Kulturen noch zahlreiche Götter der (glücklichen) Geburt. Aufgrund des verwässernden Einflußes der christlichen Kultur wurden antike Gottheiten wie Aphrodite vor allem mit blinder Verliebtheit assoziiert. Ursprünglich jedoch galt sie als die Göttin der Liebe und des Sex in all ihren Spielarten, von der romantischen Leidenschaft über die erotische Erniedrigung bis hin zur Fruchtbarkeit. Trotz puritanischer Unterdrückung scheint es in der Populärkultur aller Gesellschaften Ecken und Ritzen zu geben, in denen die Sexualität und die Sorge um die Fruchtbarkeit wie Unkraut wuchern. In ihrem alltäglichen Leben beschäftigen sich die Menschen mit ihrer Gesundheit häufig in einer Weise, als sei Fruchtbarkeit ihre wichtigste Sorge.

Das Risiko, ein Mann zu sein

Es gibt eine ganze Reihe gesundheitlicher Probleme, die speziell bei Männern auftreten, insbesondere das erhöhte Risiko eines frühen Herzversagens. In der Neuzeit ist die geringere Lebenserwartung des Mannes gegenüber der Frau der Normalfall.[9] Es gibt allerdings Ausnahmen, die möglicherweise einigen Aufschluß geben: In Syrien, Pakistan, Bangladesh, Indien und im Iran haben Männer und Frauen bei der Geburt eine Lebenserwartung, die um weniger als ein Jahr voneinander abweicht; in den letztgenannten drei Ländern ist sie bei den Männern sogar ein wenig höher. In Nepal beträgt die Lebenserwartung der Männer 50,9 Jahre, die der Frauen 48,1 Jahre – ein Plus von 2,8 Jahren für die Männer. Es fällt auf, daß die meisten Länder, in denen die Lebenserwartung bei beiden Geschlechtern ungefähr gleich hoch ist, nicht zu den voll modernisierten Ländern gehören; es gibt keine extensive Industrialisierung, es fehlt an öffentlicher Gesundheitsfürsorge und so weiter. In denjenigen Ländern hingegen, wo es all dies gibt und die durchschnittliche Lebenserwartung hoch ist, leben Frauen durchweg länger. Bemerkenswerte Beispiele sind Finnland und Frankreich, wo der Unterschied der Lebenserwartung 8,4 beziehungsweise 8,2 Jahre beträgt. In den Vereinigten Staaten und in Kanada liegen diese Werte bei 6,9 oder gar 7,1 Jahren. Ein Mann zu sein, bedeutet demnach in den »fortgeschrittenen« Ländern eines der bedrohlichsten Lebensrisiken.

Würde sich ein »Gesundheitsjournalist« in irgendeinem Skandalblatt mit diesem Thema beschäftigen, und die Gruppe, um die es geht, wären nicht gerade die Männer, dann wäre die Aufregung groß. Doch wie man an der höchst unterschiedlichen Berichterstattung über Brustkrebs und Prostatakrebs erkennt – Krankheiten mit vergleichbarer Sterberate –, scheinen etliche Leute in den Medien gegenüber den Nöten der Frauen aufgeschlossener zu sein, und daher bleibt dieses massive gesundheitliche Problem weitgehend unbeachtet. Dabei ist dieses Manko in der modernen Welt weit verbreitet, ohne daß die verschiedenen Kulturen und Ernährungsweisen etwa von Japan, Kanada und Finnland irgendeinen Unterschied machten. Männern, die Steaks essen, kann man also nicht vorhalten, daß sie ihr eigenes Geschlecht schädigen. Als Mann kann man Sushi essen und dennoch früher sterben. Die üblichen Mittelchen, über die in den Ernährungs- und Gesundheitsmagazinen berichtet wird, werden die Männer wohl kaum vor männlichen Risiken schützen können.

Die Lösung dieses empirischen Rätsels ist in der Evolutionsbiologie zu suchen. Wer einiges über Zoologie weiß, wird über die unterschiedlichen Überlebensraten der beiden Geschlechter nicht im mindesten überrascht sein. Tatsächlich ist ja das Geschlecht einer der bedeutendsten Faktoren hinsichtlich der biologischen Lebenszeit, und dieses Tatsache ist alles andere als mysteriös. Männliche und weibliche Körper bedeuten für die Gene auch unterschiedliche »Startrampen«. Es gibt Unterschiede bei der Produktion von Keimzellen, bei der elterlichen Fürsorge und beim Konkurrenzkampf um Sexualpartner, und daraus ergeben sich zwischen den Geschlechtern auch unterschiedliche Muster der Reproduktion. Es kommt vor, daß die Männchen zahlreiche Partnerinnen suchen, mit anderen Männchen gewaltsame Auseinandersetzungen austragen und sich kaum um den Nachwuchs kümmern, während die Weibchen sich nur mit einem einzigen Männchen paaren und sich in mütterlicher Fürsorge verausgaben. In anderen Fällen sind diese Rollen genau vertauscht, wie bei bestimmten Schnepfenarten, deren kleine Männchen das Nest hüten. Auch bei einigen Fischarten kümmern sich die Männchen um den Nachwuchs. Bei jeder einzelnen Art ist dies anders, die Geschlechter können in ihrem Fortpflanzungsverhalten sehr ähnlich oder sehr verschieden sein. Doch wie wir bereits am Beispiel der Beutelmaus gesehen haben, können reproduktive Anpassungen verheerende Folgen für die Lebenserwartung haben.

Es gibt also Grund zu der Annahme, daß auch beim Menschen die männlichen Fortpflanzungsstrategien im Vergleich zu den weiblichen die Lebenserwartung mindern, zumindest unter den Bedingungen, die in der modernen Welt vorherrschen. Der naheliegende Test, um diese Hypothese zu überprüfen, wäre die Kastration.[10] Aus verständlichen Gründen ist es freilich schwierig, für derartige Experimente Freiwillige zu gewinnen. In den guten alten Zeiten einer Medizin à la Dickens dachten sich Ärzte jedoch wenig dabei, wenn sie männliche Patienten kastrierten, die sie für geistig zurückgeblieben oder krank hielten. Bei derartigen »Experimenten« fand man heraus, daß die Mortalitätsrate hospitalisierter Eunuchen im Vergleich zu anderen, gleichfalls hospitalisierten Personen herabgesetzt ist, daß ihre Lebenszeit also länger ist. Doch unter solchen Bedingungen einer langfristigen ärztlichen Versorgung starben sowohl die kastrierten als auch die anderen Männer wesentlich früher als Männer außerhalb von Hospitälern. Dies alles ist noch kein Beweis, doch es legt nahe, daß die von den Hoden ausgehende hormonelle Steuerung der »Männlichkeit« teilweise oder sogar ganz verantwortlich ist für die herabgesetzte männliche Lebenserwartung. Zu bedenken ist auch, daß ja hierzu bei anderen Organismen viel umfangreicheres Datenmaterial verfügbar ist, so etwa bei der Beutelmaus und beim pazifischen Lachs, wo ebenfalls nach der Kastration die männliche Lebenserwartung steigt. Es ist nicht sehr wahrscheinlich, daß Bratwürste das Problem sind.

Die Hoden also sind gewissermaßen die Bösewichter, aus medizinischer Sicht. Doch andererseits sind die Hoden die physiologische Essenz der Männlichkeit. Kastriert man ein männliches Säugetier, bevor es geschlechtsreif wird, dann entwickelt sich daraus ein ganz anderes Tier: weniger aggressiv, mit mehr Fett und weniger Muskeln. Die Eunuchen in den Chören des Vatikans oder in den orientalischen Harems unterschieden sich beträchtlich von intakten Männern; sie hatten andere Stimmen und entwickelten sich anders hinsichtlich der Körpergröße. Häufig waren sie relativ groß, weil Testosteron das Wachstum langer Knochen hemmt, etwa das Wachstum des Oberschenkelknochens, der an der Körpergröße überproportionalen Anteil hat. Die Genitalien also sind das biologische Zentrum des Mannes.

Es gibt noch vieles, was an den männlichen Genitalien Rätsel aufgibt; so zum Beispiel der lange Weg, den die Spermien von den Hoden bis zum Penis zurückzulegen haben. Diese Reise findet in zwei Samenleitern statt, einer für jeden Hoden. Die Samenleiter führen innerhalb des Körpers zunächst nach oben, über das Schambein, um die Harnleiter, durch die Prostata und schließlich in die Harnröhre, etwa dort, wo der Penis ansetzt. Aus der Harnröhre schließlich werden die Spermien herausgeschleudert. Der Witz bei diesem ganzen Weg ist, daß die Samenleiter schon gleich zu Beginn nahe am Harnleiter vorbeilaufen, sich dann jedoch ein Stück davon entfernen und erst dann in ihn einmünden. Das gewöhnliche männliche Verfahren, Sperma zur Ejakulation vorzubereiten, ist demnach etwa so effizient wie ein Regierungsbüro, in dem jede Akte so umständlich wie nur möglich bearbeitet wird.

Der Grund für diese ungelenke Anatomie ist in der Evolutionsgeschichte zu suchen, insbesondere in der miteinander verflochtenen Evolution der männlichen Niere und der männlichen Fortpflanzungsorgane. Tatsächlich sandten einst unsere Vorfahren ihr Sperma durch eine primitive Fischniere und weiter über den Nierenkanal in die Außenwelt. Weibliche Säugetiere hatten keine so verwickelte Anatomie, so daß es zwischen Harnleitern und Eileitern keine Überschneidung gab. Bei männlichen Wirbeltieren hingegen gab es diese Wechselbeziehung über lange Epochen, und das ist der Grund, warum bei Männern die beiden »Installationen« – eine für Sperma, eine für Urin – miteinander vernetzt sind.

Ein weiteres Rätsel ist der Ort, an dem sich die Hoden befinden. Die Hoden sind das einzige Organ, das in seinem ganzen Umfang weder im Schädel noch in der Körperhöhle liegt. Natürlich befinden sich auch Muskeln, Blut, Brüste und Wahrnehmungsorgane außerhalb schützender Körpernischen. Doch es ist auch weniger folgenreich, einen Finger oder ein Ohr einzubüßen, als Organe wie das Herz, die Lungen oder das Gehirn. Es ist daher leicht einzusehen, warum der menschliche Körper so gebaut ist, daß eben diese lebenswichtigen Organe geschützt sind. Auch die weiblichen Eierstöcke befinden sich tief im Innern des Körpers, wo sie gegenüber äußeren Bedrohungen weitgehend sicher sind. Beim Mann jedoch baumelt der ganze darwinsche Sinn seiner Existenz in einem kleinen, höchst exponierten Säckchen.

Erklärungen dieses Phänomens drehen sich derzeit vor allem um die Frage der Temperatur. Seit langem ist bekannt, daß enge Unterwäsche, heiße Bäder und Fieber die männliche Fortpflanzungsfähigkeit vermindern können. Die Hoden verfügen über eine Anzahl von Blutgefäßen, die dem Wärmeaustausch dienen, und dies deutet darauf hin, daß ihre

Durchblutung so selektiert wurde, daß die Hoden gegenüber dem übrigen Körper heruntergekühlt werden (die Differenz beträgt 2–3°C). Bekannt ist, daß auch bei Vögeln während der Entwicklung der Spermien die Körpertemperatur sinkt. Hodensäcke gibt es ja keinesfalls nur beim Menschen; sie sind bei Säugetieren die normale anatomische Struktur, welche die Hoden und die zugehörigen Gefäße umgibt.

Vögel und Säugetiere haben eine sehr wesentliche Anpassung gemeinsam, die Homeothermie. Beide Gruppen von Lebewesen halten eine hohe Körpertemperatur, unabhängig von der Temperatur der Umgebung. Eine derartige stabile, erhöhte Temperatur bietet etliche physiologische und ökologische Vorteile. Eidechsen etwa, denen die Fähigkeit der Homeothermie fehlt, haben große Schwierigkeiten, nachts oder am frühen Morgen irgendwie aktiv zu werden. Ihr Stoffwechsel bleibt träge, bis sie durch die Umgebung aufgewärmt wurden. Nagetiere hingegen sind nachts aktiv und können dann beispielsweise die Eier der lethargischen Eidechsen fressen. Homeothermie ermöglicht es sogar Vögeln und Säugetieren, in polaren Regionen zu leben, wo sie aus ihrer Fähigkeit, trotz Kälte ihre Kraft und Schnelligkeit aufrecht zu erhalten, die größten Vorteile ziehen. Doch hohe Temperaturen sind ungünstig für die Replikation der DNA und damit auch für die Produktion von Spermien, die verglichen mit anderen Körperzellen reich an DNA sind. Ein Mann produziert täglich etwa hundert Millionen Spermien, und jedes einzelne ist vollgepackt mit DNA. Erwachsene Frauen hingegen produzieren keine neuen Eier. Die herabhängenden Hoden sind offenbar der Preis des Mannes für seine Homeothermie.

Die Last der Mutation
und die Schwäche der natürlichen Auslese

Eine verbreitete Fehlinterpretation des Darwinismus besteht in der Annahme, er garantiere, daß es allen Lebewesen immer besser geht. Wenn die Fitness ständig zunimmt, wie es der Darwinismus vorhersagt, nähern sich dann nicht sämtliche biologischen Eigenschaften allmählich der Perfektion? Davon kann keine Rede sein.

Einer der grundlegenden Faktoren, der den Perfektionsgrad von Organismen begrenzt, ist das fortwährende Auftreten schädlicher Mutationen. Viele der uns bekannten Geburtsfehler, wenngleich bei weitem nicht alle, gehen auf Mutationen zurück. Auch manche Störungen, die erst im späteren Lebensalter auftreten, werden von Mutationen verursacht, darunter die Huntington-Krankheit, das Werner-Syndrom (mit frühzeitigem Altern) oder auch die behaarte Ohrmuschel. Mutationen versalzen uns die Suppe auf mannigfache Weise – am extremsten diejenigen, die überhaupt verhindern, daß man das Erwachsenenalter erreicht. Es gibt Mutationen, die Tot- und Fehlgeburten auslösen – für die Eltern sind das traumatische Erlebnisse, während jene Wesen selbst nicht viel mitbekommen von der Welt. Andere Mutationen wiederum lassen ein lebensfähiges Kind heranwachsen, das dann später um so schlimmer heimgesucht wird.

Eine der furchtbarsten genetisch bedingten Krankheiten ist die Progerie, die Vergreisung schon im Kindesalter. Man nimmt an, daß ihre Ursache eine dominante Mutation ist. Vererbt wird diese Krankheit nicht, da sie ihren Träger unfruchtbar macht. Das bedeutet, daß jedes Opfer eine neue, eigene Mutation erlitten hat. Im Kleinkindalter zeigen sich kaum äußere Anzeichen der Progerie. Später jedoch, mit fünf oder sechs Jahren, entwickeln sich bei den Opfern unübersehbare Symptome. Sie wachsen immer langsamer, verlieren ihre Haare, ihre Haut sieht alt aus, sie leiden unter Herz-Kreislauf-Erkrankungen und so weiter. Innerhalb weniger Jahre durchleben diese Kinder die ganze Spanne von der Kindheit bis ins (scheinbar) höchste Alter. Tragischerweise bleiben sie dabei geistig völlig intakt. Keine Demenz, kein Gedächtnisverlust verschleiert das Grauenhafte, das mit ihnen geschieht. Nur sehr wenige überleben bis ins jugendliche Alter, keines der Opfer gelangt darüber hinaus. Fortpflanzung ist unmöglich.

Dies ist nur eines von vielen Gebrechen, die Kinder treffen können und die auf neue Mutationen zurückgehen, von denen eine einzige Kopie genügt, um ihre Wirkung zu entfalten. Es gibt umfängliche Handbücher, in denen Hunderte von weiteren Krankheiten dieser Art aufgelistet sind.[11] Das legt die Frage nahe, warum die natürliche Auslese diese Mutationen nicht unterbindet. Zwei Antworten gibt es darauf. Zum einen ist die natürliche Auslese keineswegs ein perfektes Sieb. Eine dominante Mutation, die, wie im Fall der Progerie, die darwinsche Fitness auf Null herabsetzt, wird sich ohnehin nicht in die nächste Generation fortpflanzen. Doch neue Fälle dieser Mutation werden wirksam mit der *doppelten* Mutationsrate, denn jedes Gen, das nicht im Geschlechtschromosom lokalisiert ist, liegt in doppelter Ausführung vor. Bei einer dominanten Mutation genügt eine einzelne Mutation, um die Krankheit hervorzurufen, und diese Mutationen haben jeweils zwei Angriffspunkte. Die natürliche Auslese kann diese Mutationen erst herausfiltern, *nachdem* sie bereits wirksam geworden sind. Diese Krankheiten werden also immer wiederkehren. Bei weniger schädlichen Mutationen benötigt die natürliche Auslese länger, das krankmachende Gen aus der Population zu eliminieren, daher werden diese Krankheiten eher dazu tendieren, sich zu verbreiten. Die Häufigkeit schädlicher Gene, welche die darwinsche Fitness nur um wenige Prozent vermindern und sich scheinbar

»anonym« verbreiten, kann um ein Vielhundertfaches über der Mutationsrate liegen, etwa im Bereich von einer betroffenen Person je 10000. Zahlreiche medizinische Probleme gehen auf solche genetischen Ursachen zurück.

Eine zweite Erklärung für die Unzulänglichkeit der natürlichen Auslese resultiert aus der tiefer greifenden Frage, warum eigentlich die Mutationen durch Selektion nicht schon dort eliminiert werden, wo sie auftreten. Tatsächlich ist es so, daß die Mutationsrate durch Selektion vermindert wird. Organismen verfügen auf der molekularen Ebene über zahlreiche Mittel, die DNA zu reparieren, und dadurch wird die Mutationsrate weit unter das Niveau gesenkt, auf dem sie sich sonst befinden würde. Warum aber, so wird man sich fragen, haben sich dann diese Reparaturmechanismen nicht so weit entwickelt, daß Mutationen vollständig eliminiert werden können? Zugegeben, in der materiellen Welt gibt es überhaupt nichts, das absolut fehlerfrei zu machen wäre. Mutationen werden immer wieder vorkommen. Doch es gibt Gründe für die Annahme, daß unsere Verfassung zu wünschen übrig läßt, und zwar deshalb, weil Mutationen auch im DNA-Code für den DNA-Reparaturmechanismus auftreten. Diese Mutationen verursachen vielleicht nur kleine Unvollkommenheiten des Mechanismus, so daß schädliche Mutationen wirklich nur selten vorkommen. Doch gegenüber solchen kleinen Schwächen ist auch die natürliche Auslese von nur schwacher Wirkung, so lange die gesamte Belastung durch Mutationen nicht zu hoch wird. Um Woody Allen in *Love and Death* (*Die letzte Nacht des Boris Gruschenko*) zu paraphasieren: Es ist nicht so, daß die natürliche Auslese nicht wichtig wäre. Aber sie könnte besser sein.

Das Ödipussyndrom

Eines der grundlegenden Merkmale des Lebens ist die Tatsache, daß der Inzest wirklich etwas abgrundtief Schlechtes ist. Andernfalls hätte Hamlet seine Mutter heiraten und uns damit fünf Akte des großen Shakespeare ersparen können. Freud hätte einiges weniger zu beanstanden gehabt, obwohl er zweifellos noch immer etwas gefunden hätte. Und man denke an den armen Ödipus. Er wäre mit Iokaste glücklich vereint geblieben und hätte zu den Olympischen Spielen gehen können.

Warum eigentlich ist Inzest so schlimm? Inzestuöse Paarungen führen mit wesentlich höherer Wahrscheinlichkeit zu geistig zurückgebliebenem oder sterilem Nachwuchs sowie zu Totgeburten. Kinder aus Ehen leiblicher Vettern und Kusinen haben eine doppelt so hohe Sterberate wie Kinder von nicht miteinander verwandten Eltern. Und dies wiederum ist zurückzuführen auf die erhöhte Homozygotie von seltenen, rezessiven, schädlichen Genen.

Wie entstehen solche Gene? Durch Mutationen wiederum, doch diesmal nicht durch jene dominanten Mutationen, von denen eben die Rede war. Sind Gene zwar schädlich, aber voll rezessiv (vgl. Kapitel I.2), dann zeigen sie ihre schädliche Wirkung nur dann, wenn sie paarweise kombiniert werden. Bleibt ein solches Gen aufgrund der natürlichen Auslese selten, dann werden Kombinationen solcher Gene identischen Typs noch viel seltener sein. Tritt beispielsweise ein schädliches, rezessives Gen nur einmal in einer Million Fällen auf, dann würde unter einer Million Millionen Individuen nur eines dieses Gen in doppelter Ausführung besitzen, vorausgesetzt, die Paarungen erfolgen nach dem Zufallsprinzip. In einer Population, die sich zufällig paart, wird sich demnach auch ein äußerst schädliches, jedoch rezessives Gen kaum auswirken.

Doch Paarungen sind *nicht* immer zufällig. Angenommen, zwei Menschen werben umeinander. Sind beide äußerlich normal, so können sie Träger einer Erbkrankheit sein oder auch nicht. Alles in allem liegt die Wahrscheinlichkeit, daß ihr Nachwuchs von einer solchen Krankheit betroffen sein wird, in der Größenordnung zwischen eins zu zehntausend und eins zu hundert Millionen. Doch in bestimmten Gegenden kommen genetisch bedingte Krankheiten wesentlich häufiger vor, als diese Zahlen suggerieren. Der Grund dafür ist Inzest und andere Paarungen zwischen Blutsverwandten.

Betrachten wir die Verbindung zweier Geschwister, deren Mutter Trägerin einer rezessiven, krankheitsauslösenden Mutation ist.[12] Ist die entsprechende genetische Erkrankung selten, so ist es unwahrscheinlich, daß der Vater dieselbe Krankheit in sich trägt, und wir können diesen Fall ohne großen Schaden vernachlässigen. Jedes Kind hat eine Chance von fünfzig Prozent, das mutierte Allel von der Mutter zu erben. Die Wahrscheinlichkeit, daß ein inzestuös gezeugter Enkel erkrankt, beträgt dann ein Sechzehntel. Denn die Wahrscheinlichkeit, daß beide Geschwister das Krankheitsgen erben, ist ein Viertel, während dann die Wahrscheinlichkeit, daß ihr Kind tatsächlich erkrankt, wiederum ein Viertel beträgt. Die beiden Vorgänge sind unabhängig voneinander, die Wahrscheinlichkeiten sind also zu multiplizieren. Im Vergleich mit den Verbindungen zwischen nicht verwandten Personen, bei denen die Wahrscheinlichkeit eins zu tausend oder noch geringer ist, bedeutet dies einen enormen Zuwachs an genetischem Risiko. Dieses Risiko wird weiter dadurch erhöht, daß Mutter *und* Vater auf jeden Fall Träger von weiteren krankheitsauslösenden Mutationen sind. Man schätzt, daß jedes Individuum ungefähr sechs solcher Mutationen besitzt. Nimmt man an, daß diese Mutationen genetisch alle unabhängig voneinander sind, dann müssen nicht miteinander verwandte Paare hinsichtlich genetisch bedingter Erkrankungen ihres Nachwuchses mit einer Wahrscheinlichkeit von eins zu tausend bis eins zu zehntausend rechnen, während Geschwister, die sich zusammentun, ein Risiko von ungefähr 50 Prozent in Kauf nehmen. Inzest mit den nächsten Verwandten ist also auf der genetischen Ebene fast schon verhängnisvoll.

Krankheiten zum Wohl des Ganzen

Verfechter einer darwinistischen Medizin haben darauf hingewiesen, daß es genetische Erkrankungen gibt, die ziemlich schwerwiegend und dennoch recht verbreitet sind. Der Grund dafür ist, daß ein Gen, das eine Erkrankung auslöst, sobald es homozygot, also doppelt auftritt, durchaus von Vorteil sein kann, wenn es nur in einem Exemplar vorliegt. Tatsächlich können Individuen mit zwei verschiedenen Versionen eines Gens bevorzugt sein gegenüber normalen Individuen, denen das Allel für die genetische Erkrankung völlig fehlt.

Die bereits angeführte Sichelzellenanämie illustriert dieses allgemeine Prinzip sehr gut. Individuen, die das entsprechende Gen doppelt besitzen, haben aufgrund der häufigen Deformation ihrer roten Blutkörperchen ernste gesundheitliche Probleme, darunter innere Blutungen, Kurzatmigkeit und chronische Schmerzen. Doch Sichelzellen schützen auch gegen Malaria. In den Verbreitungsgebieten der Malaria, wie etwa in Afrika, steigt die Häufigkeit des Sichelzellen-Allels erheblich an, bis auf über zehn Prozent. Wir haben hier also eine Situation, in der die natürliche Auslese die Verbreitung einer Erbkrankheit forciert. Warum? Um dieses scheinbar abwegige Ergebnis der natürlichen Auslese zu verstehen, muß man sehen, wie sie eigentlich funktioniert. Die natürliche Auslese arbeitet nicht darauf hin, daß sich der gesundheitliche Zustand jedes einzelnen Organismus verbessert. Stattdessen zielt sie – bestenfalls – darauf ab, daß sich die *durchschnittliche* Fitness aller Mitglieder einer Population erhöht. Das bedeutet zum einen, daß es wahrscheinlich einigen Individuen schlecht ergehen wird. Es bedeutet zum anderen, daß sich alles um die Fitness dreht und nicht etwa um die Gesundheit des *ganzen* Körpers. Man kann etwa berechnen, welche gesundheitlichen Vorteile es hat, körperlich die Adoleszenz noch nicht erreicht zu haben. Zwölfjährige Kinder in modernen Wohlfahrtsstaaten haben eine höhere Überlebensrate als praktisch jedes bekannte Tier. Würden wir alle darauf verzichten, erwachsen zu werden, und für immer als Zwölfjährige leben, dann würden wir ungefähr 1200 Jahre alt werden und schließlich in den meisten Fällen an einer Infektion oder an einem Unfall sterben. Doch bei der natürlichen Selektion geht es um Fortpflanzung, und daher sind wir hormonell so programmiert, daß wir in die Adoleszenz gelangen. Unsere Sterberate steigt dann unmittelbar an. Für die natürliche Auslese freilich ist das in Ordnung so: Sie fordert eben für das Wichtigste, das sie zu geben hat, nämlich die Fortpflanzung unserer Gene, ein gewisses Lebensrisiko. In diesem Sinne sind wir den Beutelmäusen nicht so unähnlich.

Ferien vom Darwinismus

Die Romanfigur Victor Frankenstein bietet medizinische Wissenschaft auf, um sich der Unvermeidlichkeit des Todes entgegenzustellen. Er baut ein Monstrum zusammen und reanimiert dessen Körperteile. Er will den Tod bezwingen – und als ursprünglicher Impuls ist dieser Aspekt einer heroischen Medizin durchaus nachvollziehbar. Was uns aber in unserem Zusammenhang besonders interessiert, ist die Art und Weise, wie die Resultate der natürlichen Auslese durch medizinische Eingriffe verändert werden – etwa, indem genetisch Behinderte am Leben erhalten oder sogar zur Fortpflanzung befähigt werden. Damit wirft die Medizin die Evolution aus der Bahn – nicht dadurch, daß sie die Leiden von Kranken und Sterbenden lindert, sondern vielmehr, indem sie die Netto-Reproduktionsrate bestimmter Genotypen verändert. Medizin kann damit auf dem Feld der menschlichen Evolution zu einem Hauptfaktor werden.

Eines der besten Beispiele hierfür, im Zusammenhang mit schädlichen Mutationen, ist die medizinische Behandlung der Phenylketonurie (PKU). Dabei handelt es sich um eine verbreitete Störung, wobei bei Personen mit zwei PKU-Genen der Stoffwechsel einer bestimmten Aminosäure (Phenylalanin) zum Erliegen kommt. Wird die Krankheit nicht behandelt, dann bleiben Kinder mit PKU geistig zurück. Mittlerweile sind Tests auf diese Krankheit medizinische Routine, in den meisten amerikanischen Bundesstaaten sind sie sogar vorgeschrieben. Das defekte Gen ist ziemlich verbreitet. Ungefähr einer von hundert Amerikanern trägt das Gen in einfacher Ausfertigung, so daß ungefähr eines von 40000 Kindern PKU hat. Man kann heute diese Krankheit ziemlich erfolgreich behandeln, indem man den Kindern eine Diät verabreicht, die frei von Phenylalanin ist. Doch indem wir das tun, setzen wir die Selektion, die gegen dieses Allel gerichtet ist, weitgehend außer Kraft. Daraus resultiert eine zunehmende Häufigkeit des schädlichen Gens und daraus wiederum eine steigende Zahl von Menschen, die ohne entsprechende Behandlung unter dieser Krankheit zu leiden hätten.

Allseits bekannte Widerlinge – und wie sie leben

Vor dem 20. Jahrhundert starben die Menschen vor allem an Grippe, Tuberkulose, Lungenentzündung und anderen Infektionskrankheiten. Herzerkrankungen und Krebs waren auch schon vor 1900 medizinisch gut bekannt, doch als Todesursachen waren sie weniger bedeutsam. Im Jahr 1651 gingen in London 20 Prozent aller Todesfälle auf Tuberkulose zurück. Die großen Seuchen rafften in Europa noch größere Anteile der Bevölkerung dahin, in manchen Städten und Provinzen bis zu zwei Drittel. Die im 14. Jahrhundert grassierende Pest dürfte unter den vorneuzeitlichen Epidemien die verheerendste gewesen sein. Je nach Landstrich verursachte sie eine Sterberate von einem Achtel bis zu zwei Dritteln. Beispielsweise nimmt man an, daß England etwa die Hälfte seiner Bevölkerung verlor. Insgesamt starben wahrscheinlich 25 Prozent der europäischen Bevölkerung an der Pest, zu einer Zeit, da in Europa weniger als 100 Millionen Menschen lebten. Sogar noch 1918 kostete eine weltweite Grippe-Epidemie mehreren Millionen Menschen das Leben – möglicherweise ebenso vielen, wie der Erste Weltkrieg. Gegenwärtig ist HIV die verheerendste Epidemie; auch ihr sind bereits mehrere Millionen Menschen zum Opfer gefallen. Doch dort, wo Unterernährung herrscht und die medizinische Versorgung fehlt, sterben Jahr für Jahr Millionen von Kindern an Diarrhöe oder an Komplikationen infolge von Erkältungen und anderen unbedeutenden Infektionen. Mit Krankheitserregern werden wir *immer* zu tun haben.

Einer der großen Irrtümer der Neuzeit besteht in der Annahme, es seien vor allem Herzkrankheiten und Krebs, die uns töten. Für den größten Teil der Menschheit und für die längste Zeit der Geschichte kann davon keine Rede sein. In Wahrheit sind Herzerkrankungen und Krebs Probleme, die mit dem Alter zu tun haben und die daher im Kontext des Alterungsprozesses betrachtet werden sollten. (Ich werde kurz darauf eingehen.) Läßt man einmal das vorübergehende Abflauen von Infektionskrankheiten außer acht, das der entwickelte Teil der Welt zwischen 1960 und 1980 erlebte, so wurde die Geschichte der Medizin überwiegend von der Auseinandersetzung mit ansteckenden Krankheiten beherrscht. Darum auch gilt Louis Pasteur als einer der bedeutendsten

Wohltäter der Menschheit. Durch sein Werk setzten sich im 19. Jahrhundert wissenschaftliche Methoden bei der Bekämpfung von Krankheiten durch. Und wahrscheinlich sind es seine Forschungen über Krankheitserreger und antiseptische Bedingungen, die dafür sorgten, daß ein Besuch beim Arzt die Lebenserwartung des Patienten *erhöht* – was vor Pasteur sicherlich nicht der Fall war. Diese sehr erfolgreiche Arbeit hatte nicht unmittelbar mit dem Darwinismus zu tun – mit Ausnahme der Tatsache freilich, daß Pasteur eine »spontane« Entstehung von Krankheiten ausschloß. Ihm ging es vor allem darum zu zeigen, daß, sind erst einmal alle Keime eliminiert, eine erneue Infektion nur dann möglich ist, wenn man neuen Krankheitserregern ausgesetzt ist. »Leben entsteht aus Leben«, war der Kern dieser Doktrin, und das war nicht sehr weit entfernt von Darwins scharfer Kritik an einer fortdauernden Neuerschaffung von Lebensformen *aus dem Nichts*. In der Entwicklung der modernen Medizin spielte dies jedoch keine entscheidende Rolle.

Was die Darwinisten an ansteckenden Krankheiten am meisten interessiert, ist ihre Strategie.[13] Man mußte erst einmal darauf kommen, daß Krankheitserreger sich weiterentwickelnde Organismen sind, die der natürlichen Auslese unterworfen sind, um ihre erfolgreiche Verbreitung zu maximieren. Demgemäß gibt es eine ganze Anzahl von Strategien, denen Krankheitserreger folgen können. Sie können sich auf den Menschen spezialisieren, wie Syphilis und Pocken, oder auf bestimmte Säugetiere, wie die Grippe. Infektionen können akut sein, wie beim Grippe- oder Ebolavirus, oder chronisch wie bei der Tuberkulose und bei HIV. Sie können tödlich sein, wie beim Ebola- und HIV-Virus, oder relativ gutartig, wie bei den Viren, die Erkältungen auslösen. Sie können hochgradig ansteckend sein, wie im Fall der Grippeviren, oder der Übergang auf neue Wirtsorganismen erfolgt nur sporadisch, wie bei der Tuberkulose. All diese Spielarten bestimmen die jeweiligen medizinischen Behandlungsmöglichkeiten. Gleichzeitig begrenzen aber diese Strategien auch die »darwinistischen« Möglichkeiten des Krankheitserregers selbst, und in gewissem Sinne auch die unsrigen. Denn es ist ja nicht so, daß wir mit diesen Erregern einfach eine Epidemie nach der anderen durchmachen. Sie sind vielmehr wesentliche Bestandteile unseres evolutionären Umfelds – und umgekehrt.

Jeder einzelne Erregertyp bedeutet einen besonderen, komplexen Schauplatz der Evolution. Dennoch gibt es einige Prinzipien, die all diesen Beziehungen gemeinsam sind. Zunächst einmal verfolgt die Entwicklung der Krankheitserreger nicht den Zweck, Menschen oder Tieren Leid anzutun. Ihr evolutionäres Ziel ist die Fortpflanzung. Erreger, die ihre Wirte töten, bevor die Nachkommen neue Wirte infizieren können, würden durch die Selektion benachteiligt. Daher ist es unwahrscheinlich, daß die Menschheit es jemals mit einem natürlich auftretenden Erreger zu tun bekommt, der innerhalb weniger Stunden tödlich ist, denn wie sollte sich eine solche Krankheit auf einen neuen Organismus übertragen? Die meisten tödlichen Krankheiten wie HIV oder Beulenpest schreiten daher so langsam voran, daß neue Wirte infiziert werden können. Künstlich hergestellte Erreger, die als biologische Kriegswaffen dienen sollen, brauchen dieser Regel natürlich nicht zu folgen.

Ein zweites allgemeines Prinzip besteht darin, daß Krankheitserreger einen Kompromiß finden müssen zwischen der Spezialisierung auf einen einzigen Wirtstypus und der Infizierung verschiedener möglicher Wirte. Wie man am Beispiel des Grippevirus erkennt, hat die letztere Strategie den Vorteil, daß der Erreger, ist er aus einem bestimmten Wirtstyp eliminiert worden, in anderen Wirten noch immer eine »Reserve« aufrecht erhalten kann. Auch diese Strategie hat jedoch ihre Schwierigkeiten – darunter die, von einem Wirtstyp zum anderen zu gelangen. Die Menschen freilich machen das dem Erreger erheblich leichter dadurch, daß sie mit Nutz- und Haustieren nahe zusammenleben. Ein weiteres Problem besteht darin, daß der spezielle biochemische Mechanismus, der am besten dafür geeignet ist, eine bestimmte Art zu infizieren, bei einer anderen Art möglicherweise nicht optimal ist. Völlige Spezialisierung auf eine einzige Art ermöglicht demgegenüber eine sehr präzise evolutionäre Anpassung des Erregers an das Wirtstier, so daß sehr hohe Übertragungsraten von Organismus zu Organismus erzielt werden. Doch es kann passieren, daß ein Wirtstier irgendwann völlig resistent gegen den Erreger wird, und das bedeutet dessen Untergang. Dank medizinischer Hilfsmittel und vor allem Impfstoffen ist es uns gelungen, die Pocken loszuwerden. Und da es für diesen Erreger keinen anderen geeigneten Wirtsorganismus gibt, ist er jetzt ausgerottet. Bemerkenswerterweise gibt es jedoch überzeugende Indizien dafür, daß das Ende der Pocken durch die menschliche Evolution noch beschleunigt wurde. In europäischen Populationen traten um 1500 endemische Pocken auf, doch die meisten Betroffenen überlebten. Als Populationen in Amerika dieser Krankheit ausgesetzt waren, griff sie sofort über und verursachte entsetzlich hohe Todesraten. Das heißt, die Europäer hatten offenbar schon vor dem Einsatz von Impfstoffen eine gewisse Resistenz entwickelt.

Ein drittes wichtiges Prinzip für die gemeinsame evolutionäre Entwicklung von Erreger und Wirtsorganismus ist der spezielle Mechanismus der Übertragung. Bei einigen Tieren kann dieser Mechanismus ausgesprochen bizarre Züge annehmen; es gibt sogar Fälle, in denen der Erreger das Verhalten seines Wirtstieres verändert, um durch dessen Mithilfe weitere Tiere infizieren zu können. Das sinnlos aggressive Verhalten von Tieren mit Tollwut ist hierfür ein Beispiel. Einige Erreger haben sich ganz auf jenes Gebiet verlegt, in dem man sich darauf verlassen kann, daß das menschliche Verhalten selbst für reiche Übertragungsmöglichkeiten sorgen wird: den Sex. Wie schon erwähnt, ist Sex beim Menschen eine wunderbare Sache für Krankheitserreger, da er mit interner Befruchtung einhergeht. Dazu bedarf es eines intimen Akts der Kopulation, bei dem zumindest zwei Körperflüssigkeiten produziert werden, die Samenflüssigkeit und das vaginale Sekret. Wunde Stellen oder andere blutende Verletzungen im Genitalbereich bieten weitere Möglichkeiten der Übertragung. Für Viren, Bakterien und Protozoen bedeutet somit der Koitus ein wahres Fest von Gelegenheiten, von einem Menschen zum anderen zu gelangen. Und das nutzen sie natürlich aus, von der Gonorrhöe, Chlamydien-Infektion und Syphilis bis zu Herpes, HIV und einer Reihe unspezifischer Bakterien und Pilze. Weniger prominente »Widerlinge« unter den Erregern schaffen es auf anderen Übertragungswegen, vor allem von Mund zu Mund und von Hand zu Hand. Tatsächlich ist der Handschlag aus gesundheitlicher Perspektive die barbarischste westliche Angewohnheit, denn nach Koitus und Kuß ist er die drittbeste Gelegenheit, sich anzustecken. Die Verbeugung ist bei weitem vorzuziehen.

Ein viertes Grundprinzip besteht darin, daß sich mikrobische Erreger während einer einzigen Infektion innerhalb des Wirtsorganismus weiterentwickeln können, wodurch sie vor dessen natürlicher Abwehr – und bisweilen sogar vor den medizinischen Behandlungsmöglichkeiten wie etwa Antibiotika – einen Vorsprung behalten. Dies ist eine wesentliche Ursache für die Zähigkeit der HIV-Infektion. Möglicherweise ist der Körper dazu in der Lage, Antikörper gegen die ursprünglichen Erreger zu bilden, doch es entstehen neue Varianten von Erregern, die wiederum andere Antikörper erfordern. Dies ist eine Art von Rüstungswettlauf, den der HIV-Erreger häufig gewinnt.

Der Körper als Festung

Der Kern der menschlichen Resistenz gegenüber Krankheiten ist das allen Wirbeltieren gemeinsame Immunsystem. Wirbeltiere sind in der Lage, fremde Moleküle zu erkennen und einen Gegenangriff gegen sie beziehungsweise gegen die Zellen, in denen sie enthalten sind, zu starten. Diese Fertigkeit grenzt an ein Wunder, denn jeder Krankheitserreger unterscheidet sich von normalen menschlichen Zellen in einzigartiger Weise. Wie erkennt unser Körper also diese Eindringlinge, und wie reagiert er darauf?

Die Antwort darauf lautet, daß dieses Immunsystem nach Darwinschen Gesetzen arbeitet.[14] Es erzeugt nach dem Zufallsprinzip Proteine, die der Erkennung dienen, und setzt dann die Produktion nur derjenigen Proteine fort, die auf die fremden Moleküle passen. Dieses System funktioniert, weil die Zellen des Immunsystems »somatischen« Mutationen unterliegen, das heißt Mutationen, die nicht die DNA der Keimzellen betreffen. Zu diesen somatischen Mutationen gehören sowohl unmittelbare Veränderungen in der DNA-Sequenz als auch veränderte Anordnungen der Module, welche die DNA kodieren, ähnlich wie das Umstecken von Spielkarten. Das menschliche Immunsystem kann bis zu hundert Millionen verschiedener Protein-Kandidaten produzieren, von denen dann nur einige wenige so genau auf das Antigen passen, daß wir sie weiter verwenden können. Die spezifischen Zellstämme, welche fehlerfreie »Antikörper« herstellen, die auf die Antigene zugeschnitten sind, werden dann durch ein internes Kontrollsystem vervielfacht, so daß massenhaft solche Antikörper produziert werden. Der wesentliche Zelltyp, der bei dieser Antikörper-Produktion zunächst von Bedeutung ist, sind die sogenannten B-Zellen.

Die zweite Verteidigungslinie wird von den T-Zellen oder »Killer-Zellen« gebildet. Auch diese Zellen erzeugen Antikörper durch somatische Mutation und durch die gestaffelte Verbreitung von Antigen-erkennenden Zellen. T-Zellen gehen einen Schritt weiter als B-Zellen, denn sie töten jede Zelle, welche das Antigen-Molekül in sich trägt. Dabei handelt es sich um Zellen, die wahrscheinlich auch krankheitserregende Viren oder Bakterien enthalten. Die außerordentliche Bedeutung der T-Zellen zeigt sich in den Leiden von HIV-Patienten mit fortgeschrittenem AIDS (*a*cquired *i*mmune *d*eficiency *s*yndrome = erworbenes Immunschwäche-Syndrom). Diese Patienten haben fast alle ihre T-Zellen eingebüßt und sind daher zahlreichen Infektionen schutzlos ausgeliefert, mit denen unser Immunsystem sonst leicht fertig wird. Kinder mit »Wasserkopf« wiederum haben eine angeborene Immunschwäche, die es erforderlich macht, sie von allen Krankheitserregern strikt abzuschirmen. In beiden Fällen jedoch sind die Überlebenschancen schlecht. Für ein normales menschliches Leben ist das Immunsystem von vitaler Bedeutung.

Eine interessante Eigenschaft des Immunsystems ist sein »Gedächtnis«. Hat ein bestimmter Krankheitserreger einmal eine entsprechende Immunabwehr hervorgerufen, dann wird er bei nachfolgenden Infektionen auf eine noch wesentlich energischere Abwehr treffen. Doch dies gilt nur für jeweils eine ganz bestimmte Art von Erreger, was eine wesentliche Einschränkung bedeutet. Ein Erreger derselben allgemeinen Kategorie, etwa ein anderer Grippevirus, kann sich sehr schnell zu einem »neuen« Erreger entwickeln, jedenfalls aus Sicht unseres Immunsystems. Tatsächlich zeigen sich bei den meisten wichtigen Erregern – darunter HIV, Malaria und Grippe – Anpassungen, die ihnen helfen, das Gedächtnis unseres Immunsystems zu umgehen. Auch dies ist gewissermaßen ein evolutionäres Wettrüsten zwischen unserem Immunsystem und dem genetischen System des Erregers, sehr ähnlich dem Pingpong von »Verschlüsseln« und »Entschlüsseln«, wie es sich zwischen Geheimdiensten abspielt.

Das Immunsystem der Wirbeltiere ist eine der größten Leistungen der Evolution, doch auch sie hat ihren Preis. So gehört beispielsweise die Aufrechterhaltung der vielen Zellen, die das Immunsystem erfordert, auf die »Kostenseite«. Die meisten Insekten wären wahrscheinlich zu klein, um ein so komplexes Anti-Erreger-System zu unterhalten, wenngleich es auch bei ihnen so etwas wie Immunabwehr gibt. Weitere Kosten entstehen dadurch, daß das Immunsystem auch Fehlalarme gibt, wie jene Palette von Problemen deutlich macht, die wir »Allergien« nennen. Allergien können Erkältungs- oder asthmaähnliche Symptome hervorrufen, und zwar in Reaktion auf zahlreiche in der Luft befindliche Substanzen: Pollen, Sporen, Staub und mikroskopisch kleine Bestandteile von Fäkalien. Zu allergischen Reaktionen kommt es auch durch Hautkontakte oder durch bestimmte Nahrungsmittel; Wolle, Krabben oder Nüsse können hierbei die »Allergene« sein. Es gibt sogar allergische Reaktionen, die tödlich sein können, insbesondere, wenn das Gewebe im Rachen oder in der Lunge immer weiter anschwillt und dadurch zum Ersticken führt. Derzeit ist noch nicht geklärt, warum es überhaupt Allergien gibt, weder auf der Ebene der Selektion, noch auf der genetischen und ätiologischen Ebene. Fest steht jedoch, daß es sich um Fehlfunktionen des Immunsystems handelt – und um eine Plage zumindest.

Zu anderen schädlichen Abwehrreaktionen des Immunsystems kommt es bei den Autoimmunerkrankungen. Solche Erkrankungen treten mit einer ganzen Skala von Symptomen auf, von der rheumatischen Arthritis, die letztlich bewegungsunfähig macht, bis zum häufig tödlichen systemischen Lupus erythematodes (SLE). Bei der Myasthenia gravis (chronische Muskelschwäche) beispielsweise produzieren die Patienten Antikörper gegen Muskel-Rezeptoren-Proteine, die bei der normalen Übertragung der Nervenimpulse zu den Muskeln gebraucht werden. Das hat unter anderem zur Folge, daß die Muskeln nicht richtig stimuliert werden, was zum Muskelschwund führt. Zunächst ist davon die »willkürliche« Muskulatur betroffen, doch später auch die Muskeln, die etwa zur Atmung benötigt werden, und das führt in manchen Fällen zum Tod. All diese Krankheiten haben die gemeinsame Ursache, daß das Immunsystem nicht mehr präzis zwischen Eigenem und Fremdem unterscheiden kann.

Dies sind jedoch nur einige der Probleme, die ein Immunsystem mit sich bringt. Gerade das Elend um AIDS und vergleichbare angeborene Krankheiten führt jedoch eindringlich vor Augen, wie unerträglich ein Leben *ohne* Immunsystem wäre. Es ist eben nicht perfekt, wie viele andere Ergebnisse der Evolution auch, ja, es kann sogar zu einer fürchterlichen Heimsuchung werden. Doch für den überwiegenden Teil der Menschheit ist es ein Segen.

Das Immunsystem ist nicht die einzige Abwehr, die der menschliche Körper gegen ansteckende Krankheiten aufbietet. Der Körper unternimmt noch einiges anderes, um eindringende Erreger zu töten, zu behindern oder auszustoßen. Interessanterweise können bestimmte Aspekte der praktischen Medizin diesen Bemühungen, Krankheiten abzuwehren, in die Quere kommen; wobei die einfachsten Fälle diejenigen sind, in denen der Körper versucht, Krankheitserreger hinauszuwerfen. Dazu gibt es sechs grundlegende Tricks: Weinen, Niesen, Husten, Erbrechen, starkes Urinieren und Durchfall. Gewöhnlich besorgen wir uns Medikamente – frei erhältliche oder verschreibungspflichtige –, um diese Körperreaktionen zu unterdrücken, doch es kann durchaus sein, daß das völlig unsinnig ist. So haben etwa Experimente ergeben, daß Infektionen mit Bakterien nach der medikamentösen Unterdrückung von Diarrhöe doppelt so lange akut sind wie gewöhnlich. Und noch viel offensichtlicher ist es im Fall des Erbrechens giftiger Nahrungsmittel – ein grundlegender, aus Anpassung resultierender Mechanismus, der wahrscheinlich schon viele Leben gerettet hat. Nicht alles, was in unserem Körper landet, sollte hier bleiben.

Der wohl am meisten mißverstandene normale Abwehrmechanismus ist das Fieber. Kaum eine medizinische Intervention ist verbreiteter als die Absenkung der Körpertemperatur auf normale Werte. Das kann unter Umständen den Krankheitserregern mehr nützen als uns selbst, zumindest bei leichtem Fieber. Es gibt zahllose Belege dafür, daß bei Wirbeltieren durch Fieber Infektionen gedämpft werden. Julius Wagner-Jauregg bekam den Nobelpreis für den Nachweis, daß Malariafieber die Heilungsquote von Syphilis um das Dreißigfache steigert. Die Unterdrückung von Fieber scheint Krankheiten zu verlängern oder ihre Symptome zu verschlimmern, von der verstopften Nase bis zum septischen Schock. Es wäre der Überlegung wert, bei der Behandlung von Fieber etwas vorsichtiger vorzugehen. Natürlich müssen extreme Körpertemperaturen behandelt werden, und gelegentlich ist der Einsatz von Medikamenten auch deshalb notwendig, weil besondere Umstände eine rasche Erholung verlangen. In allen anderen Fällen aber wäre es sicher ein guter medizinischer Rat, auf ein paar Aspirin zu verzichten.

Altern: Ein Hauch von Ewigkeit

Es gibt einige grundlegende Dinge über das Altern, die man wissen sollte. Zunächst einmal ist es keineswegs so, daß *alle* Lebewesen altern. Bakterien altern wahrscheinlich niemals, und auch einige Gräser und Büsche, wie der Wacholder, scheinen nicht zu altern. Es gibt sogar einige Seeanemonen, die nicht altern, und das sind bereits vielzellige Tiere. Sie wachsen lediglich und teilen sich, solange die Bedingungen gut sind. Mit der Unsterblichkeit griechischer Götter ist das freilich nicht zu vergleichen, denn auch Tiere, die nicht altern, können sterben. Lediglich die im höheren Alter rasch ansteigende Sterberate aufgrund eines allgemeinen physiologischen Zerfalls tritt bei ihnen *nicht* auf.

Der zweite wichtige Punkt folgt aus dem ersten: Weder biochemisch, noch molekular, noch zellular gibt es eine absolute Notwendigkeit zu altern. Andernfalls wäre die potentielle Unsterblichkeit der Seeanemonen nicht möglich. Allein die Tatsache, das wir alle aus Säugetier-Zellen bestehen, die sich seit zigmillionen Jahren fortpflanzen, widerlegt unmittelbar eine ganze Reihe nichtdarwinistischer Theorien des Alterns, die auf irgendeiner biochemischen Laune basieren, wie DNA-Reparatur, Oxydation usw.

Drittens pflanzen sich alle Lebewesen, die ewig leben können, auf irgendeine vegetative Weise fort, insbesondere aber durch Teilungsprozesse, bei denen sich der gesamte Organismus in zwei symmetrische Teile aufspaltet. Dies ist etwa bei Bakterien und Seeanemonen der Fall. Einige potenziell unsterbliche Gräser und Büsche sind in ihrer vegetativen Fortpflanzung weniger eingeschränkt. Lebewesen wie Insekten und Säugetiere hingegen, die scheinbar alle einem Alterungsprozeß unterliegen, kennen keine vegetative Fortpflanzung. Irgend etwas gibt es, wodurch Lebewesen, die sich sexuell fortpflanzen müssen, auch altern. Und dieses Etwas zu finden war über den größten Teil des 20. Jahrhunderts eines der Hauptziele der Evolutionstheorie.

Die Evolution des Alterns versteht man am besten, wenn man zwei sehr unterschiedliche genetisch bedingte Krankheiten betrachtet. Von Progerie war bereits die Rede: eine Krankheit, die Kinder trifft und die Fortpflanzung völlig unterbindet. Innerhalb von nur einer Generation verschwindet das entsprechende Gen aus der Population. Andererseits die Huntington-Krankheit, die ebenfalls tödlich ist und von einem einzigen dominanten Gen verursacht wird.[15] In einigen Landstrichen ist dieses Gen stark verbreitet. Bisher ist es nicht gelungen, es völlig in Schach zu halten, da seine schädlichen Auswirkungen sich erst in einem Lebensalter zeigen, in dem der Träger der Krankheit bereits einige Gelegenheit zur Fortpflanzung hatte. Die Reproduktionsrate der Betroffenen kann sogar beträchtlich sein. Daß dieses Gen derart grassiert, liegt daran, daß die natürliche Auslese, die sich gegen ein tödliches Gen richtet, wesentlich schwächer wirkt, wenn die tödliche Wirkung erst spät zum Tragen kommt. Um es an einem extremen Beispiel zu verdeutlichen: Gäbe es ein menschliches Gen, das seinen Träger tötet, sobald er das neunzigste Lebensjahr erreicht, so gäbe es keinerlei Selektion dagegen, weil nach diesem Alter keine Reproduktion stattfindet.

Es ist daher zu erwarten, daß die natürliche Auslese gut funktioniert, wenn es darum geht, gesunde Zwölfjährige hervorzubringen, daß sie aber versagt, wenn sie uns auch noch als 82jährige gesund erhalten soll. Sorgfältig filtert sie Gene heraus, die schon früh schädliche Wirkungen zeigen, während sie zuläßt, daß sich Mutationen und andere genetische Probleme, deren negative Auswirkungen erst im Alter sichtbar werden, weiter verbreiten. Daher altern wir – denn in letzter Instanz ist die natürliche Auslese die Quelle unserer Gesundheit. Nichts anderes in der Welt sorgt dafür, daß unsere Körper funktionieren. Womit nicht gesagt sein soll, daß wir als Zwölfjährige perfekt sind. Auch da gibt es noch Probleme, wie ansteckende Krankheiten oder zufällige Mutationen. Doch im Durchschnitt sind wir im Alter von 82 ziemlich klapprig, verglichen mit Zwölfjährigen. Die Frage, die sich nun aufdrängt, lautet: Wenn Evolutionsbiologen tatsächlich über eine brauchbare Theorie des Alterns verfügen, was kann die Medizin damit anfangen?

Die Antwort lautet ungefähr folgendermaßen: Wenn die Ursache des Alterns tatsächlich nur darin zu suchen ist, daß im höheren Lebensalter die natürliche Auslese versagt, dann müßte eine Stärkung der natürlichen Auslese in eben diesem

Alter den Alterungsprozeß verlangsamen. Das folgt aus der Evolutionstheorie, und genau das hat man in Experimenten mit der Fruchtfliege *Drosophila* auch beobachtet. Man kann demnach die Wirkung der natürlichen Selektion auf die Überlebensrate verbessern, indem man in einer ganzen Population das frühestmögliche Alter für die Reproduktion heraufsetzt. Wer auf die Fortpflanzung warten muß und erst später dazu Gelegenheit bekommt, der muß für diese Aufgabe in einer entsprechenden gesundheitlichen Verfassung sein. Und vor allem muß er bis zu jenem späteren Alter überleben. Zwingt man also eine Population dazu, sich erst in höherem Alter zu reproduzieren, so zwingt man damit die natürliche Auslese zu erhöhten Anstrengungen in sämtlichen Lebensaltern *vor* dem verspäteten Beginn der Fortpflanzung. Das würde die Evolution auf die genetischen Probleme des Alterns lenken, und letztlich würde sie etwas mehr zu tun bekommen. Hält man dieses Regiment einer verzögerten Reproduktion über ein Dutzend oder mehr Generationen aufrecht, dann wird eine genetisch flexible Population zu einer verlängerten Lebensspanne und zu einer verbesserten Gesundheit im Alter gelangen.

Diese künstliche Evolution eines verzögerten Alterungsprozesses wurde in Laborexperimenten bereits vielfach beobachtet.[16] Die Lebensdauer wurde sogar verdoppelt, sowohl das Maximum wie auch im Durchschnitt. Die Fruchtbarkeit im höheren Alter nahm enorm zu. Fliegen, die für ein längeres Leben gezüchtet werden, sind auch physiologisch durchweg robuster: Sie können über längere Zeit fliegen, und akuten Streß verkraften sie besser. Diese Ergebnisse beweisen, daß wir im Laboratorium eine Evolution des Alterns in Gang setzen und den Alterungsprozeß verzögern können. Keine Tierart hat ein für alle Mal festgelegte Grenzen des Lebensalters. Das Altern ist evolutionär steuerbar, folglich muß es auch genetisch oder biochemisch verlängerbar sein.

Im Prinzip könnte das nächste Ziel einer derartigen Intervention auch der Mensch selbst sein. Doch dieser Schritt wäre problematisch, denn das Altern des Menschen auf selektivem Weg hinauszuzögern, wäre ein nicht nur sehr langsam wirkender, sondern auch ein sehr unmoralischer Eingriff in seine Evolution. Man müßte dafür die Fortpflanzung von Teenagern oder gar von unter 25jährigen gesetzlich verbieten. Da das nicht praktikabel ist, müssen Wege gefunden werden, in den menschlichen Alterungsprozeß, nicht jedoch in seine Evolution einzugreifen. Eine Möglichkeit wäre, die evolutionäre und genetische Forschung so weit voranzutreiben, daß wir genau das tun können, was die Evolution tun *würde* angesichts der Aufgabe, das Altern des Menschen hinauszuzögern. Entscheidend dürfte dabei sein, daß es zunächst gelingt, anderen Organismen mit Hilfe von evolutionären und genetischen Techniken ein längeres Leben zu verschaffen, Organismen, die dann wiederum erkennen lassen, wie der Alterungsprozeß auch beim Menschen zu verlangsamen wäre. Säugetiere sind dazu am besten geeignet, denn bei ihnen ist es am wahrscheinlichsten, daß ihr genetisches Alterungsprogramm dem menschlichen ähnlich ist. Es ist jedoch auch denkbar, daß es Mechanismen des Alterns gibt, die so allgemein verbreitet sind, daß auch Entdeckungen bei einfachen Nicht-Wirbeltieren wie etwa Insekten bedeutsame Einsichten vermitteln. Dieses ganze Forschungsgebiet dürfte die vielversprechendste Anwendung der Evolutionsbiologie auf medizinische Probleme sein.

Von Professor Hyde zu Dr. Jekyll

Die Darwinisten haben die medizinische Praxis lange Zeit vernachlässigt – teilweise wahrscheinlich deshalb, weil die Medizin im Lauf der Geschichte des Darwinismus fast immer einen höheren Status hatte als die Biologie. Gegenwärtig kann man in den Naturwissenschaften allerdings eine Annäherung von Medizin und Biologie beobachten. Dieser Austausch – oder diese Überlagerung – gründet vor allem in molekular- und zellbiologischer Forschung. Vermutlich kam es deshalb dazu, weil die Auffassung weit verbreitet ist, Molekularbiologie und Biochemie lieferten eine notwendige und hinreichende Grundlage für die gesamte Biologie.

Doch der Darwinismus gründet ausdrücklich auf der These, daß die Molekularbiologie und die Biochemie *keine* hinreichende Grundlage für die Biologie und allgemein für die Wissenschaften vom Leben bieten. Daher war es nur eine Frage der Zeit, daß Darwinisten sich zu Wort melden und die Relevanz ihres Arbeitsgebiets für eine Medizin reklamieren, die sich immer tiefer in den Naturwissenschaften verankert. In einigen Fällen hat das Darwinisten die Möglichkeit eröffnet, interessante Analysen zu medizinischen Problemen beizusteuern; so zum Beispiel populationsgenetische Analysen zu genetisch bedingten Krankheiten des Menschen. In anderen Fällen gelang es Darwinisten, Probleme zu lösen, bei denen die Molekular- und Zellbiologie fast völlig versagt hatte; die Frage des Alterns ist hier vielleicht das herausragende Beispiel. Wie immer jedoch diese speziellen Fälle ausgehen: Eine Medizin, die in ihren Grundlagen nicht auch den Darwinismus berücksichtigt, wäre eine Medizin, die sich ganz unnötigerweise Fesseln anlegt.

3 Eugenik
Prometheischer Darwinismus

Der griechischen Mythologie zufolge war Prometheus der Glänzendste aller Titanen, daher übertrug Zeus ihm die Aufgabe, die Menschheit zu erschaffen. Bevor die Titanen von den neuen olympischen Göttern unter Führung des Zeus unterworfen wurden, versuchte Prometheus den Olympier zu demütigen, indem er den Menschen größere Macht verschaffte, als Zeus dies geplant hatte. Als demnach Prometheus die menschliche Spezies mit allem Lebensnotwendigen zu versehen hatte, begab er sich auch in den Himmel, holte Feuer von der Sonne und übergab es der Menschheit als Geschenk. Diese großzügige Gabe weckte jedoch den Zorn des Zeus, er kettete Prometheus an einen Felsen im Kaukasus, und ein Adler fraß von dessen Leber. Jede Nacht wuchs die Leber nach, und am Tag wurde sie wieder gefressen. Doch Prometheus blieb ungebeugt und verlieh seinem Haß und Groll gegen Zeus auch weiterhin leidenschaftlichen Ausdruck. Nach dreißigtausend Jahren tötete Herkules den Adler und befreite mit Zeus' Erlaubnis den auf Abwege geratenen Titanen. Prometheus schloß sich dann dem Pantheon der olympischen Götter an. So kam es, daß die Athener Prometheus als Wohltäter der Menschheit verehrten und als den Urheber aller Künste und Wissenschaften. In Platons Akademie errichteten sie ihm einen Altar.

Natürlich ist nichts von all dem, was die griechische Mythologie erzählt, wirklich geschehen. Wir wurden nicht von griechischen, etruskischen oder sonstigen Göttern erschaffen, sondern entstanden durch eine über lange Zeit wirksame natürliche Auslese, deren Rohstoff die genetische Variation in Hominiden-Populationen war. Die Erkenntnis dieser zentralen, ja fundamentalen Wahrheit über unseren Ursprung war eines der wichtigsten geistigen Ereignisse der Moderne.

Leider haben unsere darwinschen Ursprünge nicht verhindern können, daß späte Nachfolger des Prometheus neuen Allmachtsträumen nachhängen. Wenn die Evolution tatsächlich die entscheidende Naturmacht ist, die uns erschafft, definiert und begrenzt, dann muß freilich auch die prometheische Mission neu definiert werden: als Versuch, die Richtung der Evolution selbst zu bestimmen. Für viele moderne Intellektuelle und Ideologen war es vom Erfassen der darwinschen Botschaft nur ein kleiner Schritt zur Entfesselung einer neuen prometheischen Hybris und zu dem Verlangen, die Kontrolle über die Evolution der Spezies Mensch zu erlangen. Dieses Programm einer bewußt gesteuerten menschlichen Evolution hat einen Namen: Eugenik. (Der Begriff stammt aus dem Griechischen und bedeutet »von gutem Stamm«.) Die Phase der Eugenik ist die traurigste und schlimmste in der Geschichte des Darwinismus, und sie beweist, daß »Darwins Schatten« auch seine dämonische Seite hat.

Viktorianische Rassenhygiene

Ursprünglich verstand man unter Eugenik die Anwendung »guter Zuchtmethoden« zur Verbesserung der menschlichen Spezies. Das war eine Idee aus dem viktorianischen England. In seiner Schrift *Politeia* (*Der Staat*) hatte schon Platon vorgeschlagen, daß man herausragende Menschen bewußt zusammenführen und gleichzeitig die Minderwertigen an der Fortpflanzung hindern solle. Doch bei diesem Plan ging es um die Aufrechterhaltung guter Eigenschaften und nicht um deren Verbesserung. Francis Galton, ein Vetter Darwins und der Totengräber der Pangenese-Theorie, trat im Jahr 1865 als erster mit dem Vorschlag einer kontrollierten menschlichen Fortpflanzung an die Öffentlichkeit, einer bewußten Zucht also, mit der er hoffte, die Spezies zu verbessern. Den Begriff Eugenik verwendete Galton erstmals 1883. Damals, als Mendel noch nicht wiederentdeckt worden war, war es jedoch schwierig, konkrete Zuchtpraktiken zu benennen, die den menschlichen Stamm tatsächlich verbessern würden. Die Grundidee scheint gewesen zu sein, auf irgendeine nicht näher definierte Weise die Fortpflanzung unter Talentierten und Tugendhaften zu fördern, bei gleichzeitiger Inhaftierung oder Sterilisierung aller rückfälligen Kriminellen und sonstwie Asozialen.

Diese Idee gewann zunehmend an Dynamik. Einer der Faktoren war das allgemeine Fixiertsein auf »Rasse«, »Klasse« und den gesellschaftlichen »Rang« im Europa des 19. Jahrhunderts. Auch Galtons Propagandafeldzug zeigte Wirkung, seine populären Artikel wie auch sein Buch *Hereditary Genius* von 1869.[17] Dabei handelte es sich bei seinen Argumenten im Grunde um Zirkelschlüsse: Zunächst behauptete er die Existenz »natürlicher Fähigkeiten«, dann versuchte er, diese mit Hilfe von biographischen und sonstigen Nachschlagewerken zu definieren, um dann zu schlußfolgern, »natürliche Fähigkeiten« seien eben ein genuines Phänomen. Bedeutsam war vor allem, daß die Kinder aus Familien von gutem Ruf oder hohem sozialem Ansehen sich mit erhöhter Wahrscheinlichkeit selbst in dieser Richtung hervortaten, und Galtons Überlegungen zufolge beruhte das auf Vererbung. So schrieb er beispielsweise 1865: »Unter jeweils hundert Söhnen von Männern, die sich in öffentlichen Ämtern hervortaten, finden sich nicht weniger als acht, die es ihren Vätern gleichtaten.« Es ist atemberaubend, wie Galton hier das familiäre

Umfeld, die materiellen Mittel und die individuelle Förderung vollständig vernachläßigt. Freilich war zu jener Zeit das genetische Modell der Vererbung noch nicht allgemein bekannt, was vielleicht ein mildernder Umstand ist. Tatsächlich sprach ja die Biologie der viktorianischen Zeit noch immer vom Einfluß der Umgebung auf die Vererbung – selbst Darwin, wie wir sahen. Daher ist es wohl eher ein Ausdruck der Zeit und weniger eines Ressentiments, wenn Galton inmitten des argumentativen Minenfelds von Vererbung und umweltabhängigen menschlichen Leistungen derart naiv agiert. Seine Schlußfolgerung jedenfalls lautete, daß »natürliche Fähigkeiten« und »Genie« vererbbar sind. Das Studium der Vererbung wurde schließlich zu Galtons lebenslanger Obsession, denn ein besseres Mittel, um Schicksal, Charakter und Fähigkeiten der ganzen Menschheit zu verbessern, konnte er sich schlechterdings nicht vorstellen.

Beinahe rührend mutet es an, daß die viktorianischen Eugeniker nicht die geringste Ahnung hatten, wie sie ihre hochfliegenden Pläne eigentlich verwirklichen sollten. Sie waren wie kleine Kinder, die auf der Mattscheibe eines ausgeschalteten Fernsehgeräts ihr eigenes Spiegelbild entdecken und glauben, dies sei ein Fernsehprogramm. So waren für sie zum Beispiel die »führenden Familien« von größter Wichtigkeit, und das waren im allgemeinen gut ausgebildete, verdienstvolle und leistungsorientierte Leute – wie die Eugeniker selbst. Ironischerweise war einer der wichtigen Stammbäume, die sie für ihre Theorie heranzogen, derjenige des Familienverbands Wedgwood-Darwin-Galton, in dem es zwei Ehen zwischen leiblichen Kusinen und Vettern gab – aus genetischer Sicht eine Katastrophe. Doch die Eugeniker waren entschlossen, das Problem der Inzucht in diesem Fall zu ignorieren. Ihre Vorurteile über Klassen und »Zucht« – beides in einem sehr englischen Sinne des Wortes – projizierten sie auf den Darwinismus, und sie freuten sich über die Aussicht, eine künftige Eugenik werde sie und ihre Werte in einer langen evolutionären Zukunft verankern.

In jenen Anfängen war die Eugenik überwiegend »positiv«, das heißt, sie konzentrierte sich darauf, die »Besseren« zu intensiverer Fortpflanzung zu ermutigen. So regten etwa Galton und andere erfolgreich an, man solle Zuchtwettbewerbe durchführen, bei denen Familien nach ihrer Fitness beurteilt würden (allen Ernstes); die Gewinner bekamen dann Preise, um sie zu weiterer Zucht zu bewegen. Noch heute findet man Bilder von Familien, die bei diesen Wettbewerben erste Preise gewannen. Dachten sie gar nicht daran, daß es zwischen ihnen und irgendwelchen prämierten Bullen und Säuen moralisch keinen Unterschied mehr gab? Es waren andere Zeiten – viel mehr kann man dazu nicht sagen. Und anders waren diese Zeiten noch in einer weiteren Hinsicht: In der Beiläufigkeit nämlich, mit der immer wieder »negative« Formen der Eugenik ins Spiel gebracht wurden: Vorschläge, die darauf abzielten, die Untauglichen, Gebrechlichen und Kriminellen einzusperren, zu sterilisieren oder gar zu töten, um zu verhindern, daß sie die Spezies weiter erblich belasteten. Dies sollte der am konsequentesten durchgeführte Teil des eugenischen Programms werden, wenngleich in einer Form, an welche die Viktorianer nicht im entferntesten gedacht hatten.

Mendelsche Eugenik

Nach der Wiederentdeckung Mendels war es möglich, die Eugenik sowohl im darwinistischen als auch im genetischen Denken fest zu verankern. Nun konnte man die Evolutionsbiologie mit mathematischen und statistischen Methoden ebenso schlagkräftig machen wie jede andere Naturwissenschaft. An die Stelle des Herumhantierens mit Problemen der Vererbung, wie es Darwin und Galton praktizierten, trat nun die technisch exakte Arbeit der frühen Genetiker, insbesondere der Botaniker. Dann erhielt Thomas Hunt Morgan den Nobelpreis für seine genetischen Laborversuche mit Fruchtfliegen, durch die er bereits in den Chromosomen einzelne Gene lokalisieren konnte. All diese Fortschritte trugen dazu bei, die Idee einer machtvollen Eugenik plausibler zu machen, einer Eugenik, welche die Selbstschöpfung des Menschen steuern würde – in einer Zukunft unter der wohltätigen Führung einer Gruppe auserwählter Genetiker und Evolutionstheoretiker, den neuen prometheischen Menschen.

Unglücklicherweise jedoch führte das Aufkommen der Genetik zunächst einmal dazu, daß man die Aussichten auf einen Erfolg eugenischer Methoden sehr viel genauer berechnen konnte. Im Jahr 1917 untersuchte R. C. Punnett, Professor für Genetik an der Universität von Cambridge, die voraussichtlichen Schwierigkeiten bei der Eliminierung der Debilität; dabei bediente er sich eines unrealistischen Modells (was wiederum der Eugenik zugute kam), welches voraussetzte, daß Debilität durch ein einziges Gen determiniert ist.[18] Er begann mit der Grundannahme, daß es unter jeweils 1000 Personen drei Fälle von erblicher Debilität gibt, eine damals weithin akzeptierte Schätzung. Nimmt man nun an, daß alle diese Individuen das Debilitäts-Gen in zwei Exemplaren besitzen, dann müßte das Gen bei etwa 10 Prozent der Bevölkerung in nur einem Exemplar vorliegen. Würde man das »negative« eugenische Verfahren praktizieren und sämtliche debilen Individuen töten oder sterilisieren – wie lange würde es dann dauern, ehe die Häufigkeit von Debilität in der gesamten Bevölkerung zurückginge? Wie sich herausstellte, ist die Antwort auf diese Frage ziemlich ernüchternd: Ungefähr 8000 Jahre würde es dauern, um die Häufigkeit der Debilität auf 1:100000 herabzumindern, und weitere 20000 Jahre, ehe man bei einem Fall je einer Million Individuen angelangt wäre – immer vorausgesetzt, Punnetts

Hypothese über die genetische Grundlage der Krankheit wäre richtig. Heute freilich würde eine nüchterne Untersuchung von dieser Analyse nicht viel übrig lassen. Es gibt zahlreiche Loci, welche die geistigen Fähigkeiten beeinflussen, und ihre Vererbbarkeit ist uneinheitlich. Doch viele dieser genetischen Komplikationen würden es eugenischen Methoden nur noch schwerer machen, irgendeine Verbesserung zu erzielen. Punnetts Berechnungen sind daher ein frühes Beispiel theoretischer Populationsgenetik, die es mehr als wahrscheinlich macht, daß das Programm der Eugenik zur Verbesserung der Menschheit auf ziemlich schwachen Fundamenten ruht. Selbst wenn die eugenischen Methoden im Prinzip funktionieren würden: Die Zeit, die man für einen Erfolg veranschlagen müßte, wäre enorm und im Grunde untragbar. Dennoch dauerte es einige Zeit, ehe die Eugenik vom Tisch war – wie andere Ideologien des 19. Jahrhunderts auch.

Amerikanische Eugenik

In der ersten Hälfte des 20. Jahrhunderts waren es die USA, wo die Eugenik unter Wissenschaftlern und Regierungsbeamten den größten Einfluß erlangte – soweit es den englischsprachigen Raum betrifft.[19] Ein paar Gesetze und bürokratische Erlasse verrieten eugenische Tendenzen, einige folgten sogar explizit einer eugenischen Logik. Die für diese Entwicklung maßgebliche Figur war Charles Davenport, Direktor eines der ersten Institute für Studien zur Genetik und Evolution in Cold Spring Harbor, Long Island. Davenport war weniger ein brillanter Denker als vielmehr ein Fleißarbeiter in seinem eigenen, eng umgrenzten Bereich. Mit den charismatischen Figuren der eugenischen Bewegung in England – Galton, Pearson, Fisher – ist er nicht zu vergleichen. Anstatt die Leute zu überzeugen, studierte er sie, und haufenweise legte er Stammbäume an.

Davenport pflegte etliche Vorurteile, die typisch waren für die amerikanische Wissenschaft seiner Zeit. Seine Werte waren ganz und gar die der Mittelklasse, mit unnachsichtiger Härte gegenüber Kleinkriminalität und sexueller Unmoral. Außerdem war er Rassist mit einer Attitüde der Herablassung. Amerikaner afrikanischen Ursprungs hielt man allgemein für minderwertig, doch das galt auch für zahllose andere ethnische Gruppen wie etwa Südeuropäer. Wie es damals auch innerhalb der europäischen Kultur üblich war, vermengte Davenport die Begriffe des Genotyps, der Rasse und der ethnischen Herkunft – als gäbe es so etwas wie »den Italiener« als biologischen Typus. Davenports praktisches Credo bestand also darin, daß man den gutbürgerlichen Nordeuropäer dazu ermuntern müsse, sich fortzupflanzen. Insofern favorisierte er eine »positive« Eugenik. Seine große Obsession war es jedoch, diese Zuchtstämme vor der Verunreinigung durch »degenerierte Elemente« – etwa Kriminelle und sogenannte Debile – zu schützen. Für sie sah er Verwahrung und Zwangssterilisation vor: »negative« Eugenik.

Es ist wiederum eine Ironie der Geschichte, daß genau zu der Zeit, als die wissenschaftlichen Grundlagen der Eugenik immer mehr an Glaubwürdigkeit verloren, das Werk von Davenport und anderen seiner Art für eine enorme Popularität der Eugenik sorgte. Amerikanische Familien begannen, auf Ausstellungen um eugenische Urkunden zu wetteifern, als seien sie preisgekrönte Kühe – das war die »positive« Seite. Zur »negativen« Seite gehörte hingegen, daß die amerikanische Legislative und die Gerichte die Vorstellungen Davenports und seiner Anhänger aufgriffen, was zu Sterilisationen und Deportationen führte. Glücklicherweise kam es jedoch zu keiner systematischen Euthanasie an Kindern. Dagegen war die Sterilisation von »Debilen« verbreitet; allein 1961 kam es zu mehr als 60000 Operationen. Und Gesetze, die diese Operationen erlaubten, blieben in manchen Bundesstaaten noch bis in die neunziger Jahre in Kraft. Das Hauptaugenmerk der amerikanischen Eugenik richtete sich freilich auf die Einwanderung, insbesondere auf die von »niederen Rassen«. »Amerika muß amerikanisch bleiben«, verkündete beispielsweise Calvin Coolidge, »denn biologische Gesetze zeigen, daß der nordische Mensch entartet, wenn er sich mit anderen Rassen vermischt.« Wieder wurde es zu einer populären Vorstellung, das Blut müsse »rein« erhalten werden, eine Idee, die diesmal sanktioniert war durch die Fürsprache der Wissenschaft – der Pseudowissenschaft der Eugeniker. Im Jahr 1924 verabschiedete der Kongreß mit überwältigender Mehrheit ein Einwanderungsgesetz, das die Immigration zahlreicher ethnischer Gruppen, die von den protestantischen, »nordischen«, amerikanischen Eugenikern für unerwünscht erklärt wurden, tatsächlich unterband, und Präsident Coolidge beeilte sich, dieses Gesetz zu unterzeichnen. Es war eine komplizierte politische Situation, die zu diesem Ereignis führte, auch die Industriegewerkschaften waren Befürworter von einigem Gewicht, doch die Patina der wissenschaftlichen Rechtfertigung lieferte die eugenische Bewegung.

Rasse und Rassismus

Der Begriff der Rasse, eine der zentralen Vorstellungen der eugenischen Bewegung, ist seither von der Evolutionsforschung mehr und mehr demontiert worden. Bevor die modernen Begriffe der Evolution und der Genetik sich durchgesetzt hatten, in der Zeit zwischen Linné und Darwin, war es noch üblich, Arten in Unterarten oder »Rassen« zu unterteilen, und in einem gewissen Umfang geschieht das auch heute noch. Tauchen etwa Vögel auf, deren Wangenfleck eine etwas abweichende Farbe zeigt, dann sprechen Taxonomen gern von einer neuen Unterart. Auch bei anderen »charismatischen« Tierarten, wie den Tigern, grenzt man Unterarten voneinander ab. Die Evolutionsbiologen hingegen betrachten dieses Verfahren mit Mißtrauen, und das hat Gründe.

Auf der Ebene der Tierarten gibt es ein einfaches Kriterium der Abgrenzung: die Art und Weise nämlich, wie genetisches Material ausgetauscht wird. Wie schon erwähnt, ist es vor allem das Vorhandensein genetischer Barrieren – vor oder nach der Befruchtung –, die uns die Klassifikation von Organismen in verschiedene Arten ermöglicht. Doch der Begriff der Rasse hat keine solche wissenschaftliche Grundlage in der Biologie. Vor dem Aufkommen des Darwinismus war es freilich nicht weiter schlimm, wenn Taxonomen bei der Beschreibung von Rassen etwas zuviel des Guten taten. Auch Darwin selbst nahm es bei der Unterscheidung zwischen Arten einerseits und Rassen innerhalb von Arten andererseits nicht immer genau. Doch unter praktizierenden Evolutionsbiologen gilt diese Situation längst als unbefriedigend. Sieht man sich etwa Futuyamas *Evolutionary Biology* an, vielleicht das Standardlehrbuch auf diesem Gebiet, so wird man finden, daß hier die Begriffe der Rasse und der Unterart völlig abgelehnt werden.[20] Denn wie sich gezeigt hat, sind sie eher ein Ärgernis und von äußerst begrenztem Nutzen.

Es ist nicht irgendeine dezidierte Ideologie, welche die Evolutionsbiologen dazu veranlaßt, den Begriff der Rasse abzulehnen. Es hat sich einfach herausgestellt, daß es bei den meisten Organismen äußerst schwierig ist, Rassen zu definieren. Das Problem besteht darin, daß innerhalb von Arten lokale Populationen gewöhnlich einen hohen Grad von Variation aufweisen und daß es keineswegs gut definierte Typen gibt, die jeweils in ihren eigenen Gebieten leben. Außerdem ist Polymorphie bei den meisten Arten, die sich sexuell fortpflanzen, stark verbreitet, so daß sich lokale Populationen auf außerordentlich komplexe Weise voneinander unterscheiden. Die eine Gruppe von Populationen hat vielleicht eine besondere Färbung, dafür hat sie mit anderen Populationen wiederum die Häufigkeit bestimmter Enzyme gemeinsam. Aufgrund dieser Komplexität gibt es fast niemals ein einziges konsistentes Verfahren, diese Populationen einer bestimmten Spezies in verschiedene Unterarten und Rassen zu unterteilen. Letztlich gelangten daher die Evolutionsbiologen zu der Überzeugung, daß der Begriff der Rasse unbrauchbar ist. Unglücklicherweise hat jedoch die Biologie diesen Begriff nicht gänzlich aus ihrem Forschungsfeld verbannt, so daß aus historischer oder akademischer Trägheit noch immer einige taxonomische Rassen überdauern. Viel schlimmer aber ist, daß Eugeniker und andere Ideologen sich des Rassebegriffs bemächtigt und ihn in den Dienst ihrer eigenen Sache gestellt haben.

Der gefühlsmäßige Einwand von Laien könnte nun lauten, daß man doch leicht erkennen kann, ob eine Person in Nigeria oder in Norwegen geboren wurde. Die einen sind dunkel-, die anderen hellhäutig, und es gibt noch weitere Unterschiede. Doch das sind gar nicht die Gegensätze, auf die es bei der Rassenfrage ankommt. Manche »Kaukasier« aus Sri Lanka sind sehr dunkelhäutig, und einem Busfahrer aus Iowa werden sie wie Äthiopier vorkommen. In seinen Augen wird vielleicht auch ein Malaie aus Borneo einem Latino aus Costa Rica ähneln, oder er wird annehmen, daß Tutsis und Buschmänner verschiedene Rassen sind, da sie doch in Körperbau und -größe so unterschiedlich sind. Das Problem ist, daß sich menschliche Populationen in vielfacher und komplexer Weise voneinander unterscheiden, nicht immer konsequent und bisweilen auf eine nur oberflächliche und biologisch gar nicht relevante Weise. Auf das Urteil nach dem bloßen Äußeren, ohne weitere Informationen, ist wenig Verlaß, wenn es um Art und Grad biologischer Unterschiede geht. Vor allem die Hautfarbe, die ja für etliche triviale Rassentheorien das entscheidende Kriterium ist, kann völlig in die Irre führen. Ein vernünftiger Ansatz wäre vielleicht die Differenzierung von Populationen, würde man das mit Phantasie weiter verfolgen – im Gegensatz zur Klassifikation menschlicher Rassen. Überhaupt hat sich die Unterteilung in Rassen in der gesamten Biologie als weitgehend kontraproduktiv erwiesen.

Es ist die These meines Buchs, daß der Darwinismus ein wichtiger Baustein der modernen Welt ist. Damit soll jedoch keineswegs gesagt sein, daß der Einfluß des Darwinismus immer – oder auch nur in der Summe – wohltätig gewesen ist. Nirgendwo wird dies deutlicher als in der Geschichte des Rassismus. Zwei Gründe gibt es für den tendenziell unheilvollen Einfluß des Darwinismus auf Diskussionen über Politik und Biologie. Zum einen legt er großes Gewicht auf die gemeinsame Abstammung, durch die wiederum biologische »Familien« definiert sind. Fische sind Fische, weil ihre Vorfahren Fische waren, Frösche sind Frösche, weil ... und so weiter. Emotional und rhetorisch läßt sich das sehr leicht in eine völlig abwegige Logik überführen: Juden sind Juden, weil ihre Vorfahren Juden waren, diese Vorfahren töteten Jesus, folglich waren die Juden böse, sind böse, werden immer böse sein. Ganz ähnlich hielt das englische und amerikanische Establishment des 19. Jahrhunderts die Iren für ein halsstarriges Volk mit einer ererbten Disposition zum Trinken, zum Verbrechen und zu labilen Verhältnissen in der Familie; diese Disposition, so glaubte man, sei ein rassisches Charakteristikum der Iren und infolgedessen auch deren unausweichliches Schicksal. Die Idee einer Evolution durch allmähliche Modifikationen verleitete demnach viele kulturell und politisch einflußreiche Personen dazu, diskriminierte Gruppen durch ihre angebliche rassische Herkunft zu brandmarken.

Das zweite Problem, das der Darwinismus aufwarf, war ungleich verhängnisvoller. Die Auffassung, daß es menschliche Rassen gibt, jede mit gemeinsamer Abstammung und eigenen Vorfahren, brachte zahlreiche Biologen (und mehr oder weniger auch alle anderen) zu der Überzeugung, daß die menschliche Evolution mit einem Konkurrenzkampf der Rassen verbunden ist. Man nahm also nicht nur an, daß die (fiktive) jüdische oder irische Rasse im Verlauf der Geschichte ihrem jeweils eigenen Schicksal folgt, sondern es trat die Vorstellung eines Kampfs hinzu, in dessen Verlauf die überlegenen Rassen alle anderen besiegen und möglicherweise sogar auslöschen würden. Mehr noch, dieses Bild der Geschichte wurde schöngeredet, indem man den Triumph der überlegenen Rasse(n) guthieß: als ein durchaus wünschenswertes Resultat der Geschichte, ja als göttliche Fügung.

In welchem Grad der Darwinismus mitverantwortlich ist für die Entwicklung rassistischer Ideologien in der Moderne – die meisten Evolutionsbiologen wollen über diese Frage nicht einmal nachdenken. Sie ignorieren die historische Tatsache, daß Darwin und Galton den Begriff der überlegenen und unterlegenen Rasse akzeptierten und daß insbesondere Galton die Minderwertigkeit der »Neger« und der australischen Ureinwohner sogar zu beweisen suchte. Ernst Haeckel, um die Jahrhundertwende einer der führenden deutschen Evolutionsbiologen, bereitete den Boden für jenes elaborierte rassistische System, das sich in Deutschland entwickeln sollte. Haeckel war sogar ein Verfechter der arischen Überlegenheit und ein ausgesprochener Antisemit. Eine Zeitlang gingen Evolutionsbiologie und rassistische Ideologie Hand in Hand.

Die Ironie des Rassismus, und insbesondere seiner fürchterlichen Blütezeit in der jüngsten Vergangenheit, besteht freilich darin, daß wir heute den Anfang vom Ende jeder möglichen rassistischen Ideologie erleben. Die sogenannten menschlichen Rassen sind eine offenkundig absurde Vorstellung. Auf molekularer Ebene gibt es keinerlei Rechtfertigung dafür, die menschliche Spezies zu unterteilen. Wir stammen alle von gemeinsamen Vorfahren ab, die vor nicht allzu langer Zeit in Afrika lebten. Was die Menschen der Gegenwart biologisch unterscheidet, ist weitgehend belanglos, und sie sind ebenso gut durchmischt wie Federn in einer Decke.

Doch der Rassismus steht noch vor einer weiteren Schwierigkeit. Unsere fundamentale Einheit als Spezies bringt sich ja selbst in klarster Weise zum Ausdruck, indem Menschen sich sexuell verbinden. Wir sind dabei, die Barrieren niederzureißen, die über Zehntausende von Jahren die Populationen in Australien, der Neuen und Alten Welt voneinander trennten. Populationsgenetiker glauben, daß es lediglich *eines* erfolgreichen Migranten bedarf, damit zwei Populationen schließlich zu einer großen genetischen Einheit verschmelzen. Doch Migrationen gibt es auf ganz anderem quantitativem Niveau, und die beiden Amerikas stehen in vorderster Linie bei der Wiedervereinigung der menschlichen Spezies. In der westlichen Hemisphäre gibt es Repräsentanten sämtlicher nennenswerter Populationen. Während die Regierung der Vereinigten Staaten und einige ideologische Wirrköpfe die Vorstellung biologischer Rassen noch immer aufrecht erhalten, wird sie genetisch längst ad absurdum geführt. Es gibt in den USA kaum noch »Schwarze«, deren Vorfahren ausschließlich aus Afrika stammen. Ehen zwischen Menschen aus Europa und aus Asien sind längst üblich, ebenso zwischen »Latinos« und Europäern. Die Gruppe der Lateinamerikaner ist überhaupt ein typisches Beispiel, denn bereits seit Jahrhunderten gibt es zahlreiche Heiratsverbindungen zwischen Europäern und Ureinwohnern Süd- und Mittelamerikas. Zu welcher Rasse gehört man denn, wenn der Vater ein hellhäutiger »Schwarzer« ist und die Mutter irisch-mexikanischer Abstammung? Man gehört zur Rasse der menschlichen Spezies, und das ist das Entscheidende, was auf uns alle zutrifft. Nahezu alles übrige ist Oberfläche.

Nazismus – der Höhepunkt der Eugenik und des Rassismus

Welche gesetzgeberischen Triumphe die Eugeniker in den Vereinigten Staaten auch immer feiern durften – es waren die Deutschen, die der Eugenik mit dem größten Enthusiasmus verfielen. Eugenikern wie Wilhelm Schallmeyer und Alfred Ploetz gelang es, aus der deutschen Eugenik in kürzester Frist eine fanatische Bewegung zu machen, insbesondere weil sie, wie viele andere, Begriffe wie »Rassenreinheit« und »Rassenhygiene« mit ins Spiel brachten. Evolutionsbiologen hatten in Deutschland erheblichen Einfluß auf die öffentliche Meinung. Im Hinblick auf die Idee der Rasse wurde sogar schon die Ansicht vertreten, Haeckels Theorien seien gleichsam die Schablonen für Hitlers wesentlich bekanntere Attakken gewesen. Das Handbuch der Hitlerjugend für das Jahr 1937 strotzte vor Genetik und darwinistischer Theorie, und diese Art von »Wissenschaft« diente dann als Freibrief für die Vernichtung der Juden. Damit soll nicht gesagt sein, daß es in der deutschen Kultur keine langfristig wirksamen rassistischen Elemente gegeben hätte. Und nicht der Darwinismus war es, der sie ins Leben rief. Doch er war der Brennstoff eines wahren Höllenfeuers. Auch waren längst nicht alle Nazis bewußte Evolutionsbiologen. Viele von ihnen waren schlicht und einfach Totschläger. Doch wie auch im Fall der amerikanischen eugenischen Gesetzgebung, die häufig nur den engstirnigen Interessen von Politikern und deren käuflichem Anhang diente, benutzten die Naziideologen die eugenische Bewegung, um an wissenschaftlicher Glaubwürdigkeit zu gewinnen.

Und das gelang ihnen auch. Die Eugenik war eine der wesentlichen Säulen der Nazidoktrin. Hitler sprach sich dafür aus, sämtliche Neugeborenen mit körperlichen Behinderungen zu töten. Interessanterweise stellte gerade die Ärzteschaft die größte Berufsgruppe in der NSDAP. Die Nazis schufen ein System von Gesundheitskommissionen, denen die Ärzte genetische Störungen zu melden hatten.[21] Nachdem dieses System einer »medizinischen Eugenik« erst einmal funktionierte, gingen die Nazis einen Schritt weiter und begannen, alle zu sterilisieren oder zu töten, die sie für minderwertig hielten. Unter ihren Opfern waren Mißgebildete, Schizophrene, geistig Behinderte, Epileptiker und sämtliche in Anstalten untergebrachten Geisteskranken. Kinder, die man für schwachsinnig hielt, wurden ebenfalls getötet – durch Entzug der Pflege, durch eine Überdosis Morphium oder durch Giftgas. Gewöhnlich erfuhren die Eltern davon nichts; ihnen sagte man, ihr Kind sei bei irgendeinem medizinischen Eingriff gestorben.

Doch diese Morde waren nur ein Nebenschauplatz des Nazi-Programms, das ja das eugenische Aussieben *aller* irgendwie minderwertigen Individuen aus der gesamten europäischen Bevölkerung umfaßte. Das große Töten fand anderswo statt, und es betraf die rassistische Seite dieses Programms. Die Zigeuner wurden zur Vernichtung in Lager gebracht, dann schließlich die Juden, die eine so bedeutende Rolle in der deutschen Kultur gespielt hatten und die lebenswichtig waren für die deutsche Wirtschaft. Vor dem Hintergrund der antisemitischen Theorien und Mythen, die weit hinter die Zeit des Nazismus zurückreichten, waren Juden die geeignetsten Opfer eines »reinigenden« Rassismus. Da die eugenische und rassistische Doktrin Sterilisierung, Internierung und Tötung aufgrund biologischer Minderwertigkeit verfocht, mündeten die in der deutschen Kultur weitverbreiteten antisemitischen Tendenzen auf »natürliche« Weise in ein Programm der Massenvernichtung, das dann von Hitler und seinen willigen Helfern auch durchgeführt wurde.

Diese Katastrophe hatte die breite eugenische Bewegung weder geplant noch gewollt, jedenfalls nicht explizit. Doch das Programm der Eugeniker beruhte auf der Unterscheidung des Vollwertigen vom Minderwertigen, und nur den Vollwertigen sollte es zukommen, die nächste Generation heranzuziehen. Dazu eben lieferten die Nazis die erforderliche Gründlichkeit, die schließlich in ein apokalyptisches Schlachten mündete, von dem auch zahlreiche neugeborene, hilflose »gute Deutsche« mit irgendwelchen Geburtsfehlern betroffen waren. Die Nazis brachten die dunkelsten Seiten der Eugenik ans Licht, ihre denkbar – oder undenkbar – schrecklichsten Züge. Doch sie haben die Eugenik nicht erfunden. Die Eugenik war da, die Nazis haben sie praktiziert.

»Eugenische« Praktiken nach dem Krieg

Dank der Nazis gibt es kaum eine andere geistige Bewegung des 19. Jahrhunderts, die in derart schlechtem Ruf steht wie die Eugenik. Praktisch alle ernstzunehmenden Diskussionen über medizinische Praxis drehen sich um die Linderung von Leiden und um die Steigerung der Lebensqualität genetisch beeinträchtigter Menschen. Die Behandlung genetischer Erkrankungen ist heute das Gegenteil dessen, worauf die Eugenik abzielte. In dieser Hinsicht paradigmatisch ist beispielsweise die Behandlung von Kindern mit Phenylketonurie (PKU). Kein seriöser Arzt würde mehr vorschlagen, Säuglinge mit PKU nach der Geburt zu töten. Stattdessen verabreicht man ihnen, wie schon erwähnt, eine besondere Diät, die ihnen die geistige Retardation erspart. Man muß es geradezu als einen Triumph der amerikanischen Gesetzgebung im Gesundheitswesen betrachten, daß der PKU-Test heute für Neugeborene obligatorisch ist, so daß sie die medizinische Versorgung, die sie benötigen, auch tatsächlich erhalten.

Das letzte verbliebene *killing field* der Eugenik ist die aus therapeutischen Gründen vorgenommene Abtreibung nach genetischer Beratung – Fälle also, bei denen beide Eltern Träger von identifizierbaren Erbkrankheiten sind. Ob man das nun als Ungeheuerlichkeit betrachtet oder als etwas, das Hoffnung gibt, hängt sehr stark von religiösen und anderen ethischen Bindungen ab. Aus dem Darwinismus jedenfalls läßt sich in keiner Weise eine Verurteilung oder eine Verteidigung der therapeutischen Abtreibung herleiten, und in dieser Hinsicht – wie in jeder anderen – definiert die Populationsgenetik der Erbkrankheiten keinerlei moralische Vorschriften, wie wir zu reagieren haben. Punnetts grundlegende Berechnungen bleiben auch weiterhin gültig. Das heißt, was immer wir auch unternehmen: Es ist äußerst schwierig, durch menschliche Eingriffe die populationsgenetischen Grundlagen dieser Probleme zu verändern. Die meisten Gene, die für jene Krankheiten verantwortlich sind, treten sehr selten auf, und häufig in einfacher Ausfertigung bei Individuen, die von der Krankheit nicht betroffen sind. Wir sind noch weit von einem Wissensstand und von einer klinischen Technologie entfernt, die es uns ermöglichen würde, Menschen auf die gesamte Bandbreite genetischer Krankheiten zu untersuchen, deren Träger sie sein könnten. Was ererbte pathologische Veränderungen betrifft, so wird sich daran vorläufig nicht viel ändern.

Ein Nachruf auf die Eugenik

Im Jahr 1925 erschien in New York Herbert Spencer Jennings schmales Buch *Prometheus, or Biology and the Advancement of Man* (*Prometheus oder die Biologie und der menschliche Fortschritt*). Das Projekt der Eugenik, schrieb Jennings, sei völlig aussichtslos, und eine bewußt differenzierende Zucht des Menschen sei zum Scheitern verurteilt – weil die Menschen zu verschieden sind, weil häufig ihre Umwelt wichtiger ist als ihre genetische Ausstattung und weil die sexuelle Fortpflanzung die Gene in solchem Maß immer wieder neu kombiniert, daß den Eugeniker die Produktion ihres prometheischen Menschen nie und nimmer gelingen wird. Jennings Einwände hinterließen damals jedoch kaum erkennbare Wirkung, denn es war die Blütezeit der Eugenik. Heute jedoch, da die Eugenik so gut wie gestorben ist, erweist sich Jennings kleine Schrift als durchaus angemessener Nachruf.

Die prometheischen Ambitionen zahlreicher Darwinisten, die Evolution des Menschen selbst in die Hand zu nehmen, sind heute praktisch ad acta gelegt. Das 20. Jahrhundert, die Epoche der großen Ideologien für alles und jedes, ist Vergangenheit. Von messianischen oder szientistischen Programmen für die Zukunft ihrer Spezies haben die Menschen genug – und die Eugenik war beides zugleich. Vielleicht ist es gut, daß der Flirt zwischen Evolutionsbiologie und Eugenik zu einer Zeit stattfand, da die Gentechnik noch viel zu primitiv war, um dauerhaften Einfluß auf die Spezies zu gewinnen. Es ist zu hoffen, daß uns weitere Heimsuchungen durch den Dämon des prometheischen Darwinismus künftig erspart bleiben.

Teil III

Den Menschen verstehen

Einführung in Teil III

In diesem Teil meines Buchs sollen zwei wesentliche evolutionäre Theorien des menschlichen Verhaltens einander gegenübergestellt werden. Die eine dieser Theorien gründet auf der Vorstellung, daß sich das Verhalten des Menschen im Kontext sehr spezifischer, selektiver Situationen entwickelt und daß die daraus resultierenden Handlungen sehr wohl mit evolutionsbiologischen Kategorien beschrieben werden können. Diesem Modell zufolge sind wir einfach Tiere, die komplexere Verhaltensmuster entwickelt haben als andere Tiere. Nach wie vor sind es *tierische* Verhaltensweisen, die bei Mensch und Tier denselben darwinistischen Imperativen gehorchen. Man nennt diese theoretische Richtung »Evolutionspsychologie« – eine Theorie, die sich wesentlich auf eine evolutionsbiologische Kontinuität zwischen Tier und Mensch gründet.

Eine zweite Theorie besagt, daß die Evolution ein offenes, prinzipiell nicht festgelegtes menschliches Verhalten hervorgebracht hat, in dem sich der darwinistische Ursprung nur noch in Umrissen zeigt – und häufig nicht einmal das. Dieser Theorie zufolge kann es zwar vorkommen, daß menschliches Verhalten den darwinistischen Voraussagen entspricht, doch diese Übereinstimmung hat dann andere Gründe als bei anderen Tieren. Insbesondere prophezeit diese Theorie das Absterben jedes genetisch festgelegten menschlichen Verhaltens zugunsten eines grundlegenden, vernunftmäßigen, auf darwinistische Fitness ausgerichteten Neubeginns. Diese zweite Theorie möchte ich als »immanenten Darwinismus« bezeichnen. Der immanente Darwinismus beruht auf Theorien der menschlichen Evolution, die von einer wesentlichen Diskontinuität zwischen menschlichem und tierischem Verhalten ausgehen.

Im Hinblick auf zahlreiche ökonomische, soziale und politische Fragen haben diese beiden Theorien höchst unterschiedliche Implikationen. Wäre die Entwicklung der menschlichen Natur tatsächlich unvorhersagbar – im Gegensatz zu den Annahmen der Evolutionspsychologie –, dann wäre insbesondere damit zu rechnen, daß die politischen und andere soziale Institutionen einer gravierenden Instabilität unterliegen. Der immanente Darwinismus nährt den Zweifel am Wert sowohl jeder deterministischen Ideologie als auch jeglicher sozialwissenschaftlichen Theorie, sobald die verfügbaren Technologien einmal auf avanciertem Standard angelangt sind.

Im letzten Kapitel werde ich auch das Problem der Religion ansprechen – der wichtigste Berührungspunkt zwischen dem Darwinismus und den Gedanken und Interessen der meisten Menschen. Dazu gäbe es eine Menge zu sagen – und vieles *ist* gesagt worden, wenngleich ich auf das meiste nicht näher eingehen möchte, nicht zuletzt aus Platzgründen. Besonders hervorheben möchte ich aber die Unterscheidung zwischen Religion als Metaphysik und Religion als menschliche Erfahrung: diese beiden Themen möchte ich unabhängig voneinander behandeln.

1 Ursprünge
Vom Pavian zum Erzbischof

Wir wollen eine wahrheitsgetreue, wissenschaftlich fundierte *Story* über Ursprung und Natur des Menschen – was ist da natürlicher, als daß wir uns der Evolutionsbiologie zuwenden? Doch unglücklicherweise stellt sich heraus, daß die Anfänge des Menschen evolutionstheoretisch viel undurchsichtiger sind als in den Mythen, die von mütterlichen Erdgöttinnen und von Gottvater im Himmel erzählen. Dieses Problem ist teilweise technischer Natur: Die Evolutionsgeschichte einer einzelnen Art aus geologischen Ablagerungen buchstäblich auszugraben, ist nicht leicht. Und hinderlich sind auch die massiven Vorurteile und Erwartungen des Menschen gegenüber seinen eigenen Ursprüngen. Eine berühmt gewordene »Ente« aus dem Jahr 1908, die Entdeckung des »Piltdown Man« in England, illustriert beide Probleme. Denn jene Fossilien, die tatsächlich Fälschungen waren, verkörperten die damals herrschenden Vorstellung, ein vergrößertes Gehirn sei es gewesen, das die Evolution des Menschen gesteuert habe – als sei diese Evolution einem Drang »nach oben« gefolgt, in Richtung eines intelligenten, edlen Wesens. Diese Fälschung war einerseits deshalb so erfolgreich, weil sie Vorurteilen entgegen kam, andererseits deshalb, weil die Techniken, mit denen man sie hätte entlarven können, vor den fünfziger Jahren noch gar nicht voll entwickelt waren. In vielen Fällen wird die Erforschung menschlicher Fossilien noch immer von Emotionen und Aufgeregtheiten behindert, die geradezu peinlich sind für Evolutionsbiologen, die auf anderen Gebieten arbeiten. Wo es um unsere eigenen Ursprünge geht, hat der Mensch der Moderne den Übergang von theologischen zu evolutionsgeschichtlichen Erzählungen noch immer nicht wirklich verarbeitet.

Geschichten aus der Savanne

Zahlreiche Darstellungen der menschlichen Evolution beginnen mit einer genauen Schilderung der Lebensverhältnisse in den Savannen Afrikas, vor zwei Millionen Jahren oder mehr.[1] Diese Geschichten beruhen allerdings überwiegend auf den Lebensumständen, die man in heutigen Gesellschaften von Jägern und Sammlern antrifft. Die Männer sind zuständig für die Jagd, während die Frauen in der unmittelbaren Umgebung des Lagers nach Nüssen oder Knollen suchen. Häufig wird angenommen, daß diese geschlechtsspezifische Nahrungsbeschaffung zu einer Selektion in Richtung Monogamie führte, wobei die Männchen – entgegen dem normalen Verhaltensmuster bei Säugetieren – ihren Nachwuchs tatkräftig versorgten. Diese Art der Versorgung, so stellt man sich vor, führte dann zur Evolution der Fortbewegung auf zwei Beinen, weil auf diese Weise größere Mengen an Vorräten zu den Wohnstätten geschafft werden konnten. Das sind gewiß faszinierende Szenarien, mit phantasievollen Deutungen der ökologischen und selektiven Zwänge, denen die Hominiden ausgesetzt waren. Und für viele ist das schließlich auch der springende Punkt bei der Evolution des Menschen.

Doch das Problem ist, daß wir nicht wirklich wissen können, wie sich vor ein, zwei oder drei Millionen Jahren das Leben in der afrikanischen Savanne abspielte – abgesehen von einigen elementaren Tatsachen, die sich aus fossilen Funden ableiten lassen. Vieles von dem, was über das Verhalten früher Hominiden vorgebracht wird, beruht lediglich auf Überresten von Skeletten sowie auf Steinwerkzeugen und deren Verteilung in Relation zu anderer Materialien, beispielsweise Anhäufungen von Tierknochen. Das Verhalten selbst hat sich jedoch leider nicht in die fossile Überlieferung eingeschrieben.

Die fossile Überlieferung der Hominiden

Einen unmittelbaren Beweis dafür, daß es innerhalb der Abstammungslinie der Hominiden zu Veränderungen des Denkvermögens gekommen ist, besitzen wir also nicht. Dennoch ist es unstrittig, daß sich das Gehirn der Hominiden im Verlauf der Evolution deutlich modifiziert hat. Die Größe des Gehirns und in gewissem Maß auch dessen Struktur lassen sich aufgrund von Schädelfunden abschätzen[2], und dabei zeigt sich, daß die Größe des Gehirns im Lauf der Hominiden-Evolution drastisch zugenommen hat, von etwa 400 cm^3 vor drei oder vier Millionen Jahren auf etwa 1450 cm^3 beim Menschen der Gegenwart. Teilweise geht diese Veränderung auf die generell zunehmende Körpergröße der Hominiden zurück. Doch selbst wenn man die Körpergröße in Rechnung stellt, so ist das Gehirn eines neuzeitlichen Menschen noch immer fast dreimal so groß wie dasjenige, das bei einem durchschnittlichen Primaten von vergleichbarer Körpergröße zu erwarten wäre.

Es steht also ganz außer Zweifel, daß das Gehirn der Hominiden in den vergangenen vier Millionen Jahren einem substanziellen Wandel unterworfen war. Schwieriger hingegen ist die Frage zu beantworten, welchem Muster dieser Wandel folgte. Dazu haben sich zwei grundlegende Modelle herauskristallisiert: entweder kontinuierliches Wachstum oder aber Phasen der Stagnation, die durch rasches Wachstum unterbrochen werden (die Hypothese des »interpunktierten Gleichgewichts«). Wie es aussieht, genügt das vorliegende

Beweismaterial bisher nicht, um zwischen beiden Modellen zu entscheiden.

Einige schlichte Fakten hinsichtlich des Verhaltens der Hominiden lassen sich aus der fossilen Überlieferung immerhin herauslesen. Seit etwa vier Millionen Jahren gehen unsere Vorfahren aufrecht. Ihre Zähne deuten darauf hin, daß sie sich sowohl von Fleisch als auch von Pflanzen ernährten. Mit ziemlicher Sicherheit benutzten sie einfache Werkzeuge, die sie aus Ästen und anderen Materialien fertigten, wahrscheinlich seit noch längerer Zeit. Denn schließlich benutzen auch unsere heutigen Schimpansen solche Werkzeuge, obwohl sie weder aufrecht gehen noch intelligenter als unsere Vorfahren sind. Seit etwa zwei Millionen Jahren verfügten unsere afrikanischen Ahnen auch über Steinwerkzeuge, die allerdings kaum mehr waren als handgroße Brocken, von denen einige Splitter abgeschlagen waren. Nach einer weiteren halben Million Jahren zeigten diese Steinwerkzeuge eine etwas kunstvollere Bearbeitung und hatten sich über Afrika, Europa und Asien verbreitet. So weit die grundlegenden Tatsachen, die heute nicht mehr bezweifelt werden.

Doch diese Fakten lassen über das Verhalten jener frühen Menschen kaum gesicherte Aussagen zu. Von Schnittspuren in Tierknochen wissen wir, daß die Steinwerkzeuge dazu benutzt wurden, das Fleisch von den Knochen zu lösen. Und von versteinerten Anhäufungen von Tierknochen wissen wir, daß die Hominiden solche Knochen zu Stätten transportierten, zu denen sie auch ihre Werkzeuge gebracht hatten. Doch obwohl klar ist, daß sie damit das Fleisch von den Knochen lösten, ist nach wie vor nicht bekannt, wann sie die Werkzeuge erstmals zur Jagd einsetzten. Bisweilen wird behauptet, die frühen Hominiden seien Jäger gewesen; doch es gibt auch Spuren von Steinwerkzeugen, die tierische Beißspuren überlagern, und das deutet darauf hin, daß jene Hominiden zumindest zeitweilig auch Aasfresser waren. Über die Pflanzen, von denen sie sich ernährten, ist kaum etwas bekannt. Die Archäologie kann uns über das Leben vor einer Million Jahren nur ein äußerst lückenhaftes Bild liefern.

Das Gehirn ist teuer erkauft

Der *Homo sapiens* zeigt schon einen deutlich differenzierteren Gebrauch von Werkzeugen. Diese Spezies war offenbar schon von ihren eigenen Produkten umgeben. Mit diesem extensiven Einsatz von Werkzeugen ging eine Formbarkeit des Verhaltens einher, deren Ausmaß evolutionär beispiellos war. In gewissem Sinn ist jede menschliche Tätigkeit vergleichbar mit dem gesamten Verhaltenrepertoire anderer Wirbeltiere, ganz zu schweigen von den noch eingeschränkteren Verhaltensoptionen der Nicht-Wirbeltiere. Dieses Aufblühen der verschiedensten Verhaltensmuster basiert keineswegs auf genetisch vorgegebenen Reaktionen. Wir sind keine »Ständegesellschaft«, und eine biologische Vererbung von Tätigkeiten, die jeweils von den Eltern an die Kinder weitergegeben werden, existiert nicht. Stattdessen verfügen wir über die Fähigkeit, zu lernen, wie man ein weites Spektrum von Aufgaben bewältigt, und wir sind in der Lage, unser Repertoire innerhalb unserer Lebensspanne zu verändern. Es gibt keinen weiteren Organismus auf diesem Planeten, der dazu fähig ist.

In den Mittelpunkt jeder evolutionären Analyse des menschlichen Verhaltens gehört daher eine gut fundierte Theorie, die erklärt, wie unsere Spezies all diese Fertigkeiten entwickeln konnte. Es ist sonst, als würden wir die verschiedenen Formen von Autos untersuchen, ohne jeden Bezug darauf, warum sie so und nicht anders gebaut wurden. Wie das Design von Autos die Tatsache widerspiegelt, daß es Personenfahrzeuge sind, so müssen auch unsere Verhaltensmerkmale deutlich zu erkennen geben, in welcher Weise sie im

Zuge der menschlichen Evolution entstanden sind. Und einige Hypothesen über unsere Evolution wiederum haben sehr weitreichende Konsequenzen für die Art und Weise, wie wir unser eigenes Verhalten einschätzen – darauf werde ich im nächsten Kapitel zurückkommen.

Das Nächstliegende für einen Nicht-Darwinisten ist die Annahme, daß zwar das Gehirn sich auf irgendeine Weise entwickelt hat, daß jedoch dieses evolutionäre Moment von keinem besonderen Interesse mehr ist. »Die Evolution hat uns von der Biologie befreit«, lautet ein Allgemeinplatz. Betrachtet man jedoch die evolutionären Mechanismen, die am Ursprung unserer Art wirksam waren, so erkennt man, daß diese Annahme unmöglich zutreffen kann.

Wieviele der Eigenschaften lebender Organismen vorrangig durch Selektion entstehen, ist nach wie vor eine offene Frage. Beispielsweise besteht kaum ein Zweifel daran, daß bei Wirbeltieren der größere Teil der DNA keiner rigiden Selektion unterliegt. Dieser größere Teil hat hinsichtlich der Kodierung der Proteine und der Regulierung der Gene keinerlei Funktion, und unter diesen Bedingungen wird die Evolution zu einem Ausflug ins Blaue: Verschiedene DNA-Sequenzen werden festgelegt durch die zufällige Vorherrschaft bestimmter Sequenzen im Prozeß der Vererbung. Jede Analyse der Evolution, die nicht zumindest die Möglichkeit derartiger »neutraler« evolutionärer Vorgänge einräumt, ist antiquiert.[3] Daher ist auch nicht völlig auszuschließen – bevor man weitergehende Überlegungen anstellt –, daß das menschliche Gehirn samt aller Verhaltensoptionen, die es hervorbringt, im Zuge von evolutionären Vorgängen entstanden ist, die mit Selektion gar nichts zu tun haben. Dies wiederum würde voraussetzen, daß all diese Verhaltensmuster keinerlei Nebenwirkungen auf die Fitness haben, weder positive noch negative. Das ist die Voraussetzung, unter der dann ein Biologe oder Psychologe tatsächlich behaupten könnte, unsere Verhaltensoptionen hätten uns von der Biologie »befreit«.

Doch ein vergrößertes Gehirn *hat* Auswirkungen auf die Fitness, und jene Annahme wird dadurch glatt widerlegt. Einmal abgesehen von den (hypothetischen) Vorzügen eines erhöhten Denkvermögens: Schon die bloße Zunahme des Gehirngewebes beeinflußte die funktionelle Seite der menschlichen Evolution gravierend, wobei die wesentlichen Faktoren offen zutage liegen.[4] Der große Kopf des Neugeborenen ist eine der Hauptursachen, wenn Kinder oder deren Mütter bei der Geburt ums Leben kommen. Und das Neugeborene bedarf des Schutzes und extensiver Pflege, um zu überleben. Das Becken der Frau wurde – verglichen mit dem des Mannes – im Verlauf der menschlichen Evolution grundlegend umgestaltet. Die Beweglichkeit der Frau wurde dadurch beeinträchtigt, doch die neue Form des Beckens bot mehr Platz für den großen Kopf des Kindes. Der Aufwand an Energie, den die Schwangerschaft und das Stillen den Menschen kostet, ist beträchtlich. Auch hinsichtlich des Grundumsatzes an Energie ist das Hirngewebe das »teuerste«: Beim Menschen dienen bis zu 40 Prozent des Grundumsatzes allein dazu, das Gehirn zu versorgen. All diese Fakten belegen, daß die evolutionären Mechanismen alles andere als »neutral« sind. Die Evolution des menschlichen Gehirns hatte einen hohen Preis – ausgeschlossen daher, daß es sich hier um eine neutrale Eigenschaft handelt.

Warum wir zur Vernunft kamen

Wenn das menschliche Gehirn keine kostenlose Zugabe der Evolution war, dann muß es durch Selektion entstanden sein. Dies ist ein ganz entscheidender Punkt. Denn wenn sich tatsächlich unser Gehirn unter starkem Selektionsdruck entwickelt hat, dann ist die Art dieses Drucks ein Schlüssel zum

Verständnis unserer gegenwärtigen Verfaßtheit. Aus voneinander abweichenden Hypothesen über die Art der Selektion, die zu unserer Evolution führte, ergeben sich daher auch radikal unterschiedliche Theorien, um unser gegenwärtiges Verhalten plausibel zu machen. Auf diese alternativen Hypothesen wollen wir nun einen Blick werfen.

Wie schon gesagt: All jene Geschichten aus der Savanne, welche die menschliche Evolution schildern, enthalten einerseits unwiderlegbare Elemente, andererseits aber auch Elemente, die von spezifischen historischen Ereignissen abhängen. Mit anderen Worten: Diese Szenarien sind einerseits allzu spekulativ, andererseits aber auch allzu grobmaschig und damit doppelt unzulänglich. Dieses Verfahren, zu einem Verständnis der Evolution der Hominiden zu gelangen, ist daher für unsere gegenwärtigen Zwecke unbrauchbar. Wir müssen über andere Möglichkeiten nachdenken, die nicht in dieser Weise unzulänglich sind – was immer ihre sonstigen Mängel sein mögen.

Zunächst stellt sich die Frage nach dem Ziel der Selektion. Es gibt zahlreiche Anpassungen, bei denen dies nicht leicht zu erkennen ist. In Bezug auf die Evolution des Menschen scheint man sich glücklicherweise über zwei wesentliche Ziele der Selektion weitgehend einig zu sein: »technische Intelligenz« und »soziale Intelligenz«. Jeder dieser Faktoren bringt möglicherweise auch eine Selektion mit sich, die auf extensiveren Werkzeuggebrauch, verbesserte sprachliche Kommunikation und so weiter abzielt. In beiden Fällen ist das Spektrum der Möglichkeiten immens. Was uns hier aber zunächst interessiert, ist die Frage, wie diese beiden Selektionsformen sinnvoll voneinander zu unterscheiden sind.

Unter technischer Intelligenz verstehe ich Fähigkeiten in Zusammenhang mit der Beschaffung von Nahrung, der Abwehr von Feinden und ähnlichem. Man denke an die Situation des Robinson Crusoe, *bevor* er seinen Gefährten Freitag traf: der einsame Werkzeugbenutzer, vielleicht mit ein paar engen Familienangehörigen, der sich im Kampf um seine Existenz bewährt. Die Anpassung, um die es hier geht, ermöglicht dem Individuum, durch erlernte Verhaltensweisen *seine Umgebung* besser zu nutzen oder zumindest zu überleben.

Unter sozialer Intelligenz verstehe ich Fähigkeiten, die sich eindeutig auf die Interaktion mit Mitgliedern derselben Spezies beziehen, wobei diese Interaktion gewaltsam, kooperativ oder irgendwo dazwischen sein kann. Das ist die Domäne der Spieler, der Manipulatoren und Betrüger. In diesem Fall ermöglicht die Anpassung dem Individuum, durch erlernte Verhaltensweisen *die Handlungen von Mitgliedern derselben Spezies* besser zu nutzen oder zumindest zu überleben.

Diese Dichotomie mag zunächst künstlich erscheinen, doch durch sie läßt sich die überwiegende Mehrzahl aller Hypothesen einordnen, die zur Erklärung der menschlichen Evolution jemals vorgebracht worden sind. Einige dieser Hypothesen sollen im folgenden skizziert werden.

Selektion nach »technischer Intelligenz«: Der Triumph der Strohköpfe

Zahlreiche Tierarten nutzen Werkzeuge: Schimpansen verwenden Zweige, um Termiten aus der Erde zu holen, und ägyptische Geier benutzen Steine, um Eier aufzuschlagen. In der weit überwiegenden Zahl aller Fälle werden jedoch nur einige wenige Techniken beherrscht, Werkzeuge einzusetzen, und diese Techniken sind überdies genetisch programmiert, wie etwa der Bau von Behausungen sozialer Insekten. Von solchen Bautechniken einmal abgesehen ist der Werkzeuggebrauch bei fast allen Tieren nicht besonders hoch entwickelt. Und auch bei den raffiniertesten Ingenieuren des Tierreichs, den sozialen Insekten, beruht die Technologie auf einem genetischen Programm. Der einzige bekannte evolutionäre Stamm, bei dem der Gebrauch von Werkzeugen nicht nur sehr differenziert, sondern auch überwiegend erlernt und keineswegs genetisch vorgegeben ist, ist der Stamm der Hominiden. Andere Primaten, darunter vor allem die Schimpansen, erlernen den Gebrauch von Werkzeugen bis zu einem gewissen Grad. Doch für die Ökologie dieser Affenart sind solche Techniken zweitrangig.

Angesichts der offenkundigen Unterschiede zwischen der materiellen Kultur des Menschen und seiner nächsten Verwandten unter den Primaten überrascht es nicht, daß man den Menschen schon seit langem als »Werkzeugmacher« definiert. Selbst vor jener Zeit, da Darwins Theorie der Evolution durch natürliche Auslese endlich anerkannt wurde, hatten einige Autoren, darunter Benjamin Franklin und Thomas Carlyle, auf die besondere Affinität des Menschen zu Werkzeugen hingewiesen. Zu diesem frühen Zeitpunkt, da man erst begann, über dieses Thema nachzudenken, wurde von der Nutzung von Werkzeugen natürlich nicht auf einen Mechanismus der Evolution geschlossen – einen solchen Mechanismus suchte man noch nicht –, sondern er diente lediglich dazu, den Menschen von allen übrigen Tieren abzugrenzen.

Einer der ersten, der sich über die Rolle von Werkzeugen in der menschlichen Evolution Gedanken machte, war Friedrich Engels, der 1876 darüber einen Aufsatz verfaßte: *Der Anteil der Arbeit an der Menschwerdung des Affen.* Die Befreiung der Hände durch die Gewöhnung an aufrechtes Gehen, argumentiert Engels, führte zur Beherrschung der Natur durch Handarbeit. Die Entstehung der Arbeit wiederum »trug notwendig dazu bei, die Gesellschaftsglieder näher aneinanderzuschließen, indem sie die Fälle gegenseitiger Unterstützung, gemeinsamen Zusammenwirkens vermehrte und das Bewußtsein von der Nützlichkeit dieses Zusammenwirkens für jeden einzelnen klärte. Kurz, die werdenden Menschen kamen dahin, daß sie einander *etwas zu sagen hatten.*«[5] Wodurch notwendigerweise die Sprache entstand.

Als Mitte des 20. Jahrhunderts das Bild unserer Vorfahren allmählich etwas plastischer wurde, tauchten neue Spekulationen auf über die Bedeutung von Werkzeugen für die Evolution der Intelligenz. Freilich dauerte es noch geraume Zeit, ehe die Theorie über das, was schon hundert Jahre zuvor zu diesem Thema gesagt worden war, entscheidend hinausgelangte. Kenneth Oakley, der 1959 eine Beschreibung prähistorischer Werkzeuge lieferte, zog die Schlußfolgerung, daß diese Werkzeuge den Menschen zum »anpassungsfähigsten aller Lebewesen« machten.[6] Wie Engels war auch Oakley der Ansicht, daß die Anpassungsleistung der zweibeinigen Fortbewegung die Hände freimachte zur Herstellung und Benutzung von Werkzeugen. Zwar liege die entscheidende Differenz zwischen Affe und Mensch in deren geistigen Fähigkeiten, doch sei es durchaus denkbar, daß es Werkzeuge waren, durch die das menschliche Bewußtseinspotential sich vergrößerte.

Einen theoretischen Beitrag zu der Frage, *auf welche Weise* Werkzeuge zu jener Steigerung der geistigen Fähigkeiten des Menschen beigetragen haben könnten, lieferte Oakley freilich nicht. Erst Sherry Washburn, der sich auf eine Welle von paläontologischen Neuentdeckungen berufen konnte, war bereit, hier einen Schritt weiter zu gehen.[7] In einem Aufsatz aus dem Jahr 1960 zur Rolle von Werkzeugen in der menschlichen Evolution vertrat er die Auffassung, daß erst ein positives Feedback auf den Gebrauch von Werkzeugen zu einem beständig aufrechten Gang führte. Daraus habe sich eine völlig neue Lebensform entwickelt, und davon ausgehend wiederum eine Selektion, die auch andere Körperteile einbezog, wie Zähne, Hände, Becken und Gehirn. Die mit dem Gebrauch von Werkzeugen einhergehende Zunahme der Gehirngröße erzwang wiederum neue Anpassungen, denn Säuglinge mußten nun in einem früheren Stadium ihrer Entwicklung entbunden werden; die Verantwortung der Mutter stieg damit, während ihre Mobilität abnahm.

Washburns These, die Bedeutung der Werkzeuge habe darin bestanden, daß sie die Fähigkeiten zur Beschaffung und Zubereitung von Nahrung beträchtlich erweiterten, ist heute Gemeinplatz. »Man muß sich einmal klarmachen«, schreibt er, »welchen immensen Vorteil ein Steinwerkzeug seinem Benutzer verschafft. Man kann damit hämmern, graben und scharren. Mit einem Steinsplitter kann man Fleisch und Knochen zerschneiden, und was mit der bloßen Faust ein schwacher Hieb gewesen wäre, wird mit dem Stein in der Hand zu einem tödlichen Schlag.« Außerdem können Werkzeuge dazu dienen, andere, speziellere Werkzeuge zu formen; man kann damit Artefakte schaffen wie etwa Behälter, in denen Lebensmittel transportiert und Überschüsse gelagert werden können.

Die Selektion »sozialer Intelligenz«: Der geistige Rüstungswettlauf

Evolutionärer Wandel kommt nicht allein dadurch zustande, daß ein paar Individuen über Eigenschaften verfügen, mit denen sie eine bestimmte ökologische Nische besser nutzen können. Er rührt ebenso daher, daß Individuen in der Konkurrenz mit anderen Mitgliedern ihrer eigenen Spezies Überlegenheit erlangen (davon war bereits in Kapitel I.3 die Rede). Das bedeutet, daß Evolution nicht allein Anpassung an materielle Gegebenheiten ist. Sie umfaßt ebenso eine Selektion von Eigenschaften, die in der Auseinandersetzung mit Artgenossen zum Erfolg verhelfen. Es gibt Theorien über die Evolution der Hominiden, die sich nachdrücklicher auf *diesen* Selektionsdruck beziehen. Wenn wir die entsprechenden Hypothesen betrachten, dann interessiert uns vor allem, wie die Interaktion zwischen den einzelnen Hominiden jenen Selektionsdruck erzeugt haben soll, der verantwortlich ist für die Veränderungen des Gehirns innerhalb der vergangenen vier Millionen Jahre. Bemerkenswerterweise sind darunter auch Hypothesen, die besagen, daß die Evolution der technischen Intelligenz bereits in gewissem Maß erfolgt sein muß, ehe die Selektion »sozialer Intelligenz« einsetzte.[8]

Konkurrenz, so nimmt man an, ist der Rahmen, innerhalb dessen eine verbesserte soziale Intelligenz ein Plus an Fitness einbringt. Und es gibt eine ganze Anzahl von Feldern, auf denen sich Konkurrenz abspielen kann. Zunächst die intersexuellen Beziehungen, wobei Weibchen und Männchen darüber verhandeln, ob Gelegenheit zur Paarung geboten wird oder nicht. Zweitens die Konkurrenz zwischen Männchen um den Zugang zu Weibchen. Ein dritter Kontext schließlich, innerhalb dessen soziale Intelligenz sich als vorteilhaft erweisen kann, ist die Konkurrenz um Ressourcen: Nahrung, Territorium und so weiter. Es ist offensichtlich, daß diese drei Felder für praktisch alle Tierarten von allgemeiner Relevanz sind.

Bei der Evolution der Hominiden jedoch – so wurde behauptet – gab es ganz bestimmte Faktoren wie Nahrungsüberschüsse, Kooperation und den Gebrauch von Werkzeugen, durch die sich die Regeln der Konkurrenz veränderten. Ein durch Jagd- oder Sammelerfolg zustande gekommener Überschuß an Nahrung könnte es einigen Männchen ermöglicht haben, von Weibchen Paarungsgelegenheiten im Austausch gegen Nahrung zu erhalten. Betrüger beiderlei Geschlechts könnten sich einen derartigen Tauschhandel leicht zunutze machen. Ähnlich ist es im Fall der Kooperation: Wird sie zu einem wichtigen Bestandteil der Jagd, der Nahrungssuche und anderer Aktivitäten der Hominiden, dann ist auch hier die Täuschung eine mögliche Strategie – etwa dann, wenn ein erfolgreicher Jäger nicht mit dem teilt, der ihn bei der Jagd unterstützt hat. Auch das Auftauchen von Werkzeugen, insbesondere für die Jagd, muß für Kämpfe innerhalb der Spezies gravierende Folgen gehabt haben. Man nimmt an, daß derartige Kämpfe als evolutionärer Ursprung des großen menschlichen Gehirns durchaus in Frage kommen, denn der Selektionsdruck, den sie produzierten, muß enorm gewesen sein. Für den Einzelkämpfer und für den Soldaten innerhalb einer protomilitärischen Einheit war die Fähigkeit zu kreativem Denken und Planen ein eindeutiger Vorteil, sobald es zu Konflikten kam. Ein besonderer Vorzug dieser Hypothese besteht darin, daß unterschiedlicher Erfolg bei bewaffneten Auseinandersetzungen zu einer großen Bandbreite an Fitness und damit zu einer höchst wirksamen Selektion führt – aufgrund von Todesfällen, Kastrationen und anderen Mißerfolgen im Kampf. Die Tatsache, daß gewalttätige Auseinandersetzungen für den Selektionsdruck sorgen, aus dem soziale Intelligenz erwächst, bedeutet jedoch nicht, daß alle soziale Intelligenz auf gewaltsame Konfrontation aus ist. Ein soziales Spiel ist unter Umständen leichter zu gewinnen, wenn man einen Verbündeten hat. Das wechselseitige Sozialverhalten zweier Primaten verändert sich schon durch die Gegenwart eines Dritten. Um so komplexer werden soziale Spiele mit mehreren Teilnehmern ablaufen, denn die Vielzahl an Informationen, die hier verarbeitet werden muß, ist beträchtlich größer, und entsprechend größer ist auch das Spektrum an Handlungsmöglichkeiten. Außerdem müssen die einzelnen Teilnehmer nicht mehr nur die Beziehungen der anderen zu ihnen im Auge behalten, sondern auch die Beziehungen der anderen Gruppenmitglieder *untereinander*.[9]

Doch das ist erst der Anfang. Denken wir noch einmal zurück an das Problem der zwei Hirsche, die um ein Weibchen kämpfen. Derartige evolutionäre Situationen analysiert man heutzutage mit Hilfe alternativer Spielstrategien: Falke,

Taube, Bürger und so weiter. Jede dieser Strategien *könnte* unschlagbar sein. Welche das jeweils ist, ergibt sich aus der speziellen evolutionären Situation, mit der die Mitglieder einer Population konfrontiert sind. Zu den Determinanten einer unschlagbaren Strategie für Hirsche wird also gehören, wie viele Hirschkühe zur Paarung zur Verfügung stehen, wie spitz die Geweihe der anderen Hirsche sind, die Zerbrechlichkeit von Geweihen und ähnliches. Die meisten dieser Faktoren werden durch allgemeine morphologische, ökologische und physiologische Aspekte des jeweiligen Organismus festgelegt sein, Aspekte also, die von rivalisierenden Hirschen nicht verändert werden können. Mit anderen Worten: »Mogeln« kann man bei evolutionären Spielen gewöhnlich nicht, weil die Spielregeln durch grundlegende biologische Eigenschaften der jeweiligen Art festgelegt sind. Nur deswegen funktioniert die evolutionäre Spieltheorie überhaupt. Evolutionäre Spiele verlaufen gewöhnlich statisch, und Verhaltensweisen entstehen innerhalb eines Kontextes fester Regeln – etwa so, wie sich die Kunst des Schachspiels innerhalb der letzten paar Jahrhunderte entwickelt hat, während die Regeln nahezu unverändert blieben.

So sieht die Situation für die meisten Tierarten aus – doch nicht für Hominiden, die fähig sind, geschickten Gebrauch von Werkzeugen zu machen. Wenn sich eine Spezies innerhalb einer biologischen Nische mit erlerntem Werkzeuggebrauch entwickelt, dann sind die – möglicherweise tödlichen – Folgen gewaltsamer Auseinandersetzungen eben nicht nur durch die biologischen Zwänge bestimmt, denen sie sich gegenüber sieht. Wenn beispielsweise eine Art, die Werkzeuge flexibel handhabt, Jagdwaffen entwickelt, die scharf und tödlich sind, dann wird der Einsatz solcher Waffen das Ergebnis evolutionärer Spielsituationen mitbestimmen. Doch anders als Geweihe, Hörner, Klauen und Giftzähne sind derartige Waffen nicht angeboren, sie sind genetisch nicht programmiert. Und das bedeutet, daß sie auch kein stabiles evolutionäres Spiel definieren.

Das soll nun keineswegs heißen, daß die Evolution unter solchen Bedingungen nur noch von der Konstruktion immer besserer Werkzeuge abhängt; das ist bestenfalls *eine* Seite der Geschichte. Entscheidend ist vielmehr, *daß potentiell tödliche Waffen, die nicht genetisch festgelegt sind, die Zwangsläufigkeit aufheben, mit der bestimmte evolutionäre Spielstrategien zu unschlagbaren Strategien werden.* Gelangen solche Waffen zu größerer Bedeutung – etwa deshalb, weil ihre Verwendung vielseitiger wird –, dann wird dadurch der Selektionsmechanismus, der gewöhnlich unschlagbare Strategien hervorbringt, ausgehebelt. Damit ist es aber auch vorbei mit der Stichhaltigkeit der evolutionären Spieltheorie, denn die Stabilität der evolutionären Spielregeln, derer sie bedarf, ist nicht mehr gegeben. Die Evolution des Sozialverhaltens wird nicht mehr alten Mustern folgen, und die Bahn ist frei für eine völlig neue Art von Selektion.

Wird man fortwährend mit neuen Spielen konfrontiert, deren Ausgang die eigene darwinsche Fitness bestimmt, dann fragt man sich, welche Spielstrategie noch Erfolg verspricht. Die erfolgreichste Spielstrategie kann nur eine sein, die in jeder Spielsituation auf unmittelbaren taktischen Überlegungen beruht, einschließlich des Experiments. Das heißt, die erfolgreichste Strategie kann nicht genetisch präzis vorgegeben sein.

Das steht im Gegensatz zur Entwicklung des Sozialverhaltens fast aller Tierarten, das ja offenkundig einfachen genetischen Regeln der Vergeltung, des Revierverhaltens und so weiter folgt. Diese Organismen handeln nach Strategien, die wahrscheinlich *fast* unschlagbar sind, und der beste Weg zu darwinscher Fitness ist es ja, eine Strategie konsequent beizubehalten. Daß diese Strategien unabhängig sind vom allgemeinen Komplexitätsgrad des Nervensystems, zeigen die bemerkenswerten Parallelen im Wettstreit um Weibchen – vom Schmetterling bis zum Affen.

Der entscheidende Punkt ist, daß der erlernte Gebrauch von Werkzeugen letztlich zur Selektion der Fähigkeit führt, soziale Strategien unmittelbar abzuwägen. Faßt man den Begriff der sozialen Intelligenz sehr weit, so könnte man zu dem Schluß gelangen, daß sämtliche Tierarten so etwas wie soziale Intelligenz entwickeln müßten. Auch könnte man meinen, daß es doch stets besser ist, dem eigenen Verhalten mehr Informationen und mehr logische Überlegung zugrunde zu legen. Die evolutionäre Spieltheorie besagt jedoch, daß die beste Strategie häufig eine recht simple Strategie ist, und die Tatsache, daß bei vielen Tierarten Vergeltung und ähnlich einfache Strategien empirisch nachweisbar sind, belegt die Stichhaltigkeit jener Theorie. Und dies wiederum läßt daran zweifeln, ob es wirklich sinnvoll ist, von einer allgemeinen Selektion sozialer Intelligenz zu sprechen.

Die Hominiden freilich sind ein ganz anderer Fall. Für unsere Vorfahren konnten »doofe« Strategien keine unschlagbaren Strategien sein – aus dem einfachen Grund, weil es überhaupt unwahrscheinlich war, mit einer festgelegten Strategie durchzukommen. Daher brachte die natürliche Auslese die Fähigkeit zum »strategischen Kalkül« hervor und arbeitete gleichzeitig gegen jede Übernahme starrer, genetisch programmierter Strategien. Denn wenn solche genetisch vorgegebenen Strategien nicht optimal sind und andere Mitspieler über strategisches Kalkül verfügen, dann werden diese häufig dazu in der Lage sein, die genetisch programmierten Strategien auszunutzen oder zu übertrumpfen. Daher wird die Selektion soziale Flexibilität begünstigen und jedes stereotype Sozialverhalten untergraben.

Um zum Evolutionsprozeß zurückzukehren: Man kann das durch Selektion entstehende strategische Kalkül der Hominiden durchaus als geistigen Rüstungswettlauf interpretieren.[10] Der entscheidende Faktor ist dabei die jedem Spieler eigene *relative* Fähigkeit zum strategischen Kalkül. Im Vorteil sind diejenigen, die weiter vorausdenken können, die fähig sind, mehr Einzelheiten und mehr alternative Möglichkeiten mit einzubeziehen. Auf den einzelnen Wettkampf bezogen, gleicht das einem menschlichen Spiel wie etwa dem Schach, mit denselben allgemeinen taktischen Charakteristika. Doch das Problem des strategischen Kalküls als solchem hängt auch von der Häufigkeit der Auseinandersetzungen ab, es kennt auch das Moment des »Spielerischen«. Spieltheoretisch gesehen ist die Selektion in Richtung strategischer Kalkulation ein Vorgang, der vergleichbar ist mit dem »Reizen« beim Kartenspiel oder mit einer Kunstauktion. Der höchste Einsatz gewinnt, der niedrigere verliert. Ein wesentlicher Unterschied zur Versteigerung besteht freilich darin, daß bei evolutionären Spielen *wirkliche* Ressourcen eingesetzt werden: Das kann der Aufwand an Energie sein, den männliche Vögel zu ausgedehntem Rufen benötigen, oder das Risiko, erbeutet zu werden, dem sich männliche Kröten durch ihre Signale aussetzen, oder schließlich der allgemeine Aufwand, den ein größeres Geweih verlangt – wobei freilich diejenigen, die weniger »bieten«, keineswegs um die ganze Differenz besser daran sind. Auch die Selektion des strategischen Kalküls verlangt gewisse Investitionen: unter anderem das Wachstum des Gehirns, das Programmieren der Gehirnfunktionen und nicht zuletzt die Zeit, die der Denkprozeß selbst beansprucht. All das sind wertvolle Ressourcen, die sonst vielleicht anderen »darwinistischen« Funktionen zur Verfügung gestanden hätten, wie etwa der Verbesserung des Verdauungstraktes oder dem Wachstum an Muskelgewebe.

Diese Situation ist auch schon mit Hilfe mathematischer Methoden analysiert worden, mit überraschenden Ergebnissen. Unter den Bedingungen eines geistigen Rüstungswettlaufs tendiert die Selektion keineswegs zu evolutionären Mustern, wie sie beim Menschen aufgetreten sind, das heißt zu einer – gegenüber den Vorfahren vor drei Millionen Jahren – deutlichen Vergrößerung des Gehirns bei *allen* Mitgliedern der Spezies. Selbst wenn wir mögliche genetische Komplikationen großzügig in Rechnung stellen, dann lautet die mathematische Vorhersage nach wie vor, daß die Größe des menschlichen Gehirns sich von der jener frühen Hominiden nicht allzu sehr unterscheiden sollte und daß innerhalb der gegenwärtigen menschlichen Population die gesamte Bandbreite zu finden sein müßte, von den 400 cm^3, die vor drei Millionen Jahren üblich waren, bis zu den jetzigen 1450 cm^3. Da jedoch die heute Verteilung der Gehirngrößen weit entfernt von dieser Vorhersage ist, ist ein Modell der menschliche Evolution, das ausschließlich auf einem selektiven, geistigen, aus dem Gebrauch von Werkzeugen hervorgehenden Rüstungswettlauf beruht, nicht sonderlich plausibel – dazu hat sich die Größe des menschlichen Gehirns viel zu stark verändert. Außerdem hat dieses Resultat gar nichts zu tun mit den Feinheiten dieses oder jenes Begriffs von »sozialer Intelligenz«. All diese Modelle verlangen nach einer »Investition« ins Gehirn, und alle folgen dem Muster des Rüstungswettlaufs. Daher würde auch kein einziges dieser Modelle funktionieren, wenn es sich ganz und gar auf den Begriff der sozialen Intelligenz beschränkte.

Die Ausdehnung des geistigen Rüstungswettlaufs

In der bisherigen Analyse des geistigen Rüstungswettlaufs gingen wir davon aus, daß die Aneignung umfassender Denkfähigkeiten ihren Preis hat, einen Preis, auf den es keinen Nachlaß gibt. Diese Unterstellung ist jedoch mit ziemlicher Sicherheit falsch, da ein extensives strategisches Kalkül auch in anderen biologischen Zusammenhängen von Nutzen ist. Einer dieser Zusammenhänge ist ganz offenkundig, weil er funktionell der Situation der bewaffneten Auseinandersetzung entspricht: die Jagd. Für einen Hominiden, der aus einem selektiven geistigen Rüstungswettlauf hervorgegangen ist, wird es unendlich viel leichter sein, seine Beute zu überlisten. In irgendeiner Weise muß es also möglich sein, die »Kosten« des geistigen Rüstungswettlaufs mit ökologischen Vorteilen wieder wettzumachen.

Diese Evolutionstheorie – so kann man es interpretieren – beschreibt nichts anderes als den Wechsel in eine ökologische Nische für »erlernten Werkzeuggebrauch«, wobei die ersten Bewohner dieser Nische noch wenig leistungsfähig waren. Ihre Nachkommen entwickelten dann eine wesentlich effizientere Nutzung der Nische – und damit auch der Werkzeuge –, und gelangten so zu einem größeren Vorsprung an Fitness. Das ist die Vorstellung vom »positiven Feedback« bei der Evolution des Werkzeuggebrauchs. Doch ab einem bestimmten Niveau wird schließlich der Aufwand des vergrößerten Gehirns, der verlängerten Lernphase der Kinder und so weiter größer sein als jeglicher Gewinn, der durch effizienteren Werkzeuggebrauch zu erlangen ist. Jenseits dieses Niveaus wird daher durch Selektion kein weiterer Zuwachs an technischer Intelligenz mehr zu erzielen sein.

Nimmt man jedoch an, daß ein geistiger Rüstungswettlauf bereits einsetzt, *bevor* dieser Grad von technischer Intelligenz erreicht ist, und nimmt man weiter an, daß die Selektion sich auf eine ganz allgemeine Denkfähigkeit bezieht, *die sowohl in technischen als auch in sozialen Zusammenhängen einsetzbar ist*, dann würde eine solche »erweiterte« Selektion die Denkfähigkeit eine Zeitlang sehr rasch vergrößern. Sobald diese Fähigkeit außerhalb der sozialen Konkurrenz zu teuer ist, wird unvermeidlich ein normaler Rüstungswettlauf einsetzen. Diesem Szenario zufolge gibt es in der Evolution drei Phasen:

1. die Selektion technischer Intelligenz;
2. die Selektion sowohl technischer als auch sozialer Intelligenz;
3. die Selektion ausschließlich sozialer Intelligenz.

In der zweiten Phase wird durch die Selektion technischer Intelligenz der geistige Rüstungswettlauf *ausgedehnt*, weil sie die Kosten des Rüstungswettlaufs *mindert*. Insbesondere in dieser Phase werden sich das Wachstum des Gehirns und andere Anpassungen besonders rasch vollziehen.

Angenommen, ein geistiger Rüstungswettlauf setzt ein zu einem Zeitpunkt, da die Selektion technischer Intelligenz bereits zu einem hinreichend effizienten Gebrauch von Werkzeugen geführt hat. Das wäre zugleich der Zeitpunkt, zu dem der tödliche Gebrauch von Werkzeugen das evolutionäre »Spiel« der Hominiden destabilisiert. Nehmen wir also an, daß von nun an ein selektiver geistiger Rüstungswettlauf stattfindet. Zunächst wird dieser Wettlauf noch dadurch erweitert, daß gleichzeitig eine Selektion stattfindet, die den Gebrauch von Werkzeugen in einem bestimmten ökologischen Kontext fördert. Irgendwann aber wird der geistige Rüstungswettlauf seinen Preis fordern, und weitere Investitionen in das strategische Kalkül werden teuer. Da jedoch der geistige Rüstungswettlauf auch die Steigerung einer *allgemeinen* Intelligenz mit sich bringt, führt er möglicherweise bis an eine Grenze, jenseits derer die ökologischen Vorteile wiederum größer sind als die Kosten. Ist dieser Punkt einmal erreicht, dann wird der weitere Rüstungswettlauf durch ökologische Vorteile bestritten. Dieser Prozeß kann sich fortsetzen, wobei es immer wieder Phasen eines ausschließlich geistigen Rüstungswettlaufs geben wird, zwischen den »Spitzenzeiten« ökologischer Vorteile, während derer der Rüstungswettlauf sich ausdehnt. Die Zunahme an allgemeiner Denkfähigkeit wird erst dann ein Ende finden, wenn der geistige Rüstungswettlauf keine Spitzenwerte hinsichtlich der Vorteile »technischer Intelligenz« mehr erzielt – mit anderen Worten, diesem Prozeß geht dann die Luft aus, wenn eine neuerliche Ausdehnung des geistigen Rüstungswettlaufs nicht mehr möglich ist.

Warum wir nicht wie die anderen Tiere sind

In dieser Theorie gibt es etliche Punkte, die erklärungsbedürftig sind. Zunächst einmal funktioniert sie nur in Bezug auf die Selektion von Gehirnfunktionen, die *hinreichend allgemein* sind, um sowohl in technischen als auch in sozialen Zusammenhängen eine erfolgreiche Selektion zu durchlaufen. Dies ist eine wichtige Voraussetzung des Modells, und wir werden im nächsten Kapitel darauf zurückkommen. Nur Denkmechanismen, die allgemein genug sind, profitieren von jenem Mechanismus, der den geistigen Rüstungswettlauf erweitert. Letztlich geht es also um verallgemeinerte Mechanismen der Intelligenz, weniger um eine auf soziale oder technische Zusammenhänge *spezialisierte* Intelligenz. Die Anpassungsleistungen des Gehirns, die diese Theorie vorhersagt, bestehen demnach aus Denkfähigkeiten, die sich praktisch jedem fitnessrelevanten Ziel unterordnen können.

Der zweite Punkt ist, daß diese kombinierten Selektionsmechanismen geeignet sein müssen, die rasche Evolution eines vergrößerten Gehirns herbeizuführen, denn das Gehirn übernimmt ja immer mehr übergreifende Funktionen. Der Rüstungswettlauf um verbesserte Gehirnfunktionen muß ja nicht einfach nur »bezahlt« werden, er wird überdies auch ausgeweitet durch die Selektion auf ökologischem Gebiet. Die meisten anderen Organismen zahlen für die Verhaltensformen und Strukturen, die zur erfolgreichen Konkurrenz notwendig sind, einen hohen Preis an Fitness: von der intensiven Färbung und dem auffälligen Paarungsverhalten der

Männchen bis hin zu den Verhaltenweisen in deren Kämpfen untereinander. Der Hominidenzweig hingegen, aus dem der *Homo* hervorging, hat vermutlich immer wieder Situationen erlebt, in denen die Evolution einer verbesserten Fähigkeit, sich gegen Rivalen zu behaupten, *nicht* mit zusätzlichen Kosten verbunden war.

Dazu kommt, daß jene kombinierten Selektionsmechanismen die Evolution übergreifender Gehirnfunktionen über einen weitaus längeren Zeitraum aufrecht erhalten können, als jeder einzelne der Mechanismen dies könnte. Die außerordentliche Differenziertheit des menschlichen Gehirns findet wahrscheinlich in dieser verlängerten Evolution eine wesentliche Erklärung. Dieser Punkt ist deshalb von Bedeutung, weil die Ausdehnung des menschlichen Gehirns im Laufe der vergangenen zwei Millionen Jahre eine der schnellsten und am längsten aufrecht erhaltenen morphologischen Entwicklungen ist, die uns aus der fossilen Überlieferung bekannt sind. Dieser evolutionäre »Rekord« bedurfte eines ungewöhnlich wirksamen Selektionsmechanismus – und die Ausdehnung des geistigen Rüstungswettlaufs *ist* ein solcher Mechanismus.

Ein weiteres wesentliches Detail ist, daß der spezifische Verlauf von Fitnessvorteilen, die durch technische Intelligenz erzielt werden, normalerweise von der jeweiligen Umgebung abhängt. Doch die Überlagerung durch den geistigen Rüstungswettlauf verwischt diese Abhängigkeit von der Umgebung, so daß sie im Ergebnis der Evolution kaum mehr erkennbar ist. Das hat mehrere Gründe. Solange kein geistiger Rüstungswettlauf stattfindet und demnach nur eine Evolution technischer Intelligenz sich vollzieht, solange werden die evolutionären Gleichgewichtszustände, die sich innerhalb von Populationen in verschiedenen Lebensräumen ergeben, ebenfalls recht verschieden sein – das hängt davon ab, bei welcher Gehirngröße der Preis an Fitness jeweils signifikant wird.

Doch der geistige Rüstungswettlauf treibt die evolutionäre Entwicklung von Höhepunkt zu Höhepunkt, und das »verwischt« die Zustände des Gleichgewichts. Im Endeffekt läßt der Mechanismus, der für die Ausdehnung des geistigen Rüstungswettlaufs sorgt, jede sichtbare Beziehung zwischen spezifischer Umgebung und umfassender Denkfähigkeit verschwinden. Damit folgt aus dieser Theorie aber auch, daß es zwischen menschlichen Populationen, die seit langem schon auf verschiedenen Kontinenten leben – zwischen sogenannten »Rassen« also –, keinerlei eindeutige, charakteristische Unterschiede des Fitnesskalküls gibt.

Alternativen zur Genesis

Letztlich haben wir eine ganze Palette alternativer Geschichten vor uns, welche die Entstehung des Menschen erklären sollen. Man kann sie in zwei große Gruppen unterteilen. Die erste Gruppe besteht aus Geschichten, in denen es um Selektionsdruck der verschiedensten Art geht, Selektionsdruck in allen möglichen Kombinationen, von denen man annimmt, daß sie im Lauf der Evolution die dem Menschen eigenen Fähigkeiten und Neigungen hervorbrachten. Die meisten Evolutionsgeschichten, von denen man aus populären Sachbüchern oder aus dem Fernsehen erfährt, gehören zu dieser ersten Kategorie. Es sind Geschichten, die nicht zuletzt auch ein ganz bestimmtes Wesen des Menschen zugrunde legen, ein Wesen, das man als Ausdifferenzierung von Eigenschaften interpretieren kann, die sich bei sämtlichen Säugetieren finden.

Die zweite Gruppe von Evolutionsgeschichten über den Ursprung des Menschen gründet auf allgemeinen Selektionsmechanismen, wie etwa die Selektion technischer oder sozialer Intelligenz. Solche Geschichten zielen auf ein ganz anderes Wesen des Menschen ab, eines, in dem tierische Verhaltensmuster im Lauf der Evolution teilweise oder gänzlich untergingen. Wir werden uns im nächsten Kapitel vor allem mit dem Gegensatz zwischen diesen beiden allgemeinen Vorstellungen beschäftigen.

2 Psyche
Darwinismus und »film noir«

Welche Bedeutung hat der Darwinismus für unser Verständnis des menschlichen Verhaltens? Und vorausgesetzt, eine Evolution im Sinne Darwins hat tatsächlich stattgefunden: Was können wir daraus schließen über das Wesen des menschlichen Geistes und über die Verhaltensweisen, die er hervorbringt? Angesichts der Schwierigkeit, aus den grundlegenden Tatsachen der Neurobiologie auf unser komplexes Verhalten zu schließen, könnte der Darwinismus eine andere Grundlage für unser Verständnis der menschlichen Natur liefern – oder eben nicht.

Die weit überwiegende Mehrzahl der Evolutionsgenetiker ist diesem Problem jahrzehntelang ausgewichen, trotz des außerordentlichen Interesses des großen Publikums. Doch während die Evolutionsgenetiker ihre Zweifel anmeldeten, waren es in jüngster Zeit die Zoologen und Anthropologen, die das menschliche Verhalten auf darwinistische Weise zu erklären suchten. Ein Riesenkrach zwischen akademischen Lagern war damit vorprogrammiert.

Soziobiologie

Der erste Fanfarenstoß erklang im Jahr 1975. Edward O. Wilson, ein an der Harvard University lehrender Entomologe und Populationsbiologe, veröffentlichte das Buch *Sociobiology: The New Synthesis* (*Soziobiologie: Die neue Synthese).*

In diesem Werk schlug er vor, sowohl das tierische als auch das menschliche Verhalten in Begriffen der modernen Evolutionsbiologie neu zu beschreiben. Um die Idee plausibel zu machen, lieferte er einen synoptischen Überblick über die Verhaltensweisen einer Reihe von Tierarten, um sie dann auf darwinistische Weise zu interpretieren. Das hatte den Anspruch der Neuheit, doch Wilsons Forschungsprogramm war alles andere als neu. Darwin selbst hatte um 1840 schon dieselben Ideen, und etliches davon veröffentlichte er in *The Descent of Man* (*Die Abstammung des Menschen*) und in *The Expression of the Emotions in Man and Animals* (*Der Ausdruck der Gefühle bei Mensch und Tier*). Auch nach Darwin war das Verhalten häufig ein Gegenstand der Evolutionsbiologie, und immer wieder wurde die Frage der Evolution von Verhaltensforschern diskutiert.

In *Sociobiology* und dann auch in seinem Buch *On Human Nature* (*Von der Natur des Menschen*) setzte sich Wilson für eine Deutung des menschlichen Verhaltens in Kategorien einer vereinheitlichten Verhaltenswissenschaft ein, der »Soziobiologie«. So schlug er beispielsweise vor, die evolutionäre Theorie der »Verwandten-Selektion« auf das menschliche Verhalten zu übertragen, um auf diese Weise eine Struktur wie den Nepotismus zu erklären. Wilson hatte bessere akademische Referenzen als alle, die sich vor ihm an einer darwinistischen Erklärung des menschlichen Verhaltens versucht hatten – das war das wirklich Neue an der Soziobiologie. Selbst ein deutscher Nobelpreisträger, der Verhaltenszoologe Konrad Lorenz, war trotz seines Buchs *Das sogenannte Böse. Zur Naturgeschichte der Aggression*, in dem er ausdrücklich auch die menschliche Gewalt und den Krieg thematisierte, keine derartige Bedrohung für den Darwinismus. Lorenz äußerte hier seine privaten Ansichten, die sich vor allem auf seine Beobachtungen tierischen Verhaltens gründeten. Wilsons Soziobiologie hingegen war ein von Grund auf wissenschaftliches Forschungsprogramm. Menschliches Verhalten sollte von nun an nicht anders betrachtet werden als das Verhalten von Fruchtfliegen und Gänsen – das heißt, mit dem beständigen Bemühen, die darin verborgenen darwinistischen Motive zu entdecken und zu entschlüsseln. Wilson wollte eine umfassende Erklärung, und er begnügte sich keineswegs damit – wie Desmond Morris in *The Naked Ape* (*Der nackte Affe*) –, um des akademischen Kitzels willen ein paar Kuriositäten und Peinlichkeiten herauszupicken. Wilsons Soziobiologie sollte Schluß machen mit einem Darwinismus, der auf der Stelle trat und der harmlos genug war, um im Schonraum der modernen Forschungsuniversität mit den traditionellen Sozialwissenschaften friedlich zu koexistieren. Wilsons Ansatz war eine Bedrohung für die *Pax academica* zwischen Biologie und Humanwissenschaften.

Die Soziobiologie unter Beschuß

Ein Tumult brach los – gemessen jedenfalls an den sonstigen Gewohnheiten akademischer Kreise.[11] Von den Kathedern der Universitäten herab wurde Wilson angefeindet, anmaßende Kritiker stellten ihn an den Pranger. Unter dem Einfluß von Richard Lewontin, dem damals führenden Populationsgenetiker, eröffnete die *New York Review of Books* einen Angriff von beispielloser Härte.[12]

Bis auf den heutigen Tag vernimmt man in dieser Zeitschrift den Nachhall dieser Attacke. Auch in weniger bedeutenden Organen wurden zahllose Kritiken veröffentlicht – so viele, daß sie in dickleibigen Kompendien zusammengefaßt wurden. Von Studenten und Ideologen wurde Wilson mit Sprechchören niedergemacht, und einmal wurde er sogar mit Wasser übergossen. Er sei ein Rassist, wurde ihm unterstellt, ein Liberaler, ein Lakai des Kapitalismus – und so weiter. Seit Darwin selbst hatte kein Darwinist mehr derart hartnäckige moralische und politische Beschuldigungen über sich ergehen lassen müssen.

Ein verbreiteter Einwand gegen Wilson lautete, er habe sich des »biologischen Determinismus« schuldig gemacht, das heißt jener Lehre, der zufolge das gesamte menschliche Verhalten biologisch und insbesondere genetisch vorbestimmt ist. Diese Doktrin wird allgemein mit dem Rassenwahn der Nazis, des Ku-Klux-Klan und so weiter in Zusammenhang gebracht, und sie gilt daher – ganz unabhängig von ihrem Wahrheitsgehalt – als verwerflich. Sie geht zurück auf die schlechten alten Zeiten der Eugenik, und das war bis dato das letzte Mal gewesen, daß die Darwinisten – zu ihrem großen Bedauern – in »soziale« Fragen verwickelt worden waren. Doch es spricht wenig dafür, daß Wilson tatsächlich einen solchen absoluten Determinismus vertrat. Und tatsächlich ging es ja bei den wesentlichen Angriffen auf Wilson darum, daß er *überhaupt* das Moment der Vererbung mit dem menschlichen Verhalten in Zusammenhang brachte und daß er damit dem biologischen Determinismus eine Hintertür zur Verhaltensforschung öffnete. Damit, so wurde argumentiert, habe er rassistischen und anderen biologischen Determinismen den Weg geebnet.

Die Schwierigkeit, der sich diese Art der Kritik gegenübersieht, besteht darin, daß *sie* es ist, welche die Evolution des menschlichen Verhaltens überhaupt erst zum Problem macht. Wenn das Verhalten des Menschen keinerlei genetische Komponente enthält, warum unterscheidet sich dann unser Verhalten von dem der Schimpansen? Keine vernünftige wissenschaftliche Theorie kommt völlig ohne irgendeine genetische Grundlage des menschlichen Verhaltens aus. Die Hysterie, die sich an der Tatsache entzündet, daß dieses Problem überhaupt in die Diskussion des menschlichen Verhaltens eingeführt wurde, unterminiert daher geradezu die Abwehr gegen einen extremen biologischen Determinismus –

und zwar deshalb, weil sie ihn vermengt mit sämtlichen anderen evolutionären oder genetischen Hypothesen über das Verhalten des Menschen. Ohne sich dessen bewußt zu sein, tut die Kritik genau das, wogegen sie ankämpft. Indem sie jeden Rückgriff auf Genetik oder biologische Evolution stigmatisiert und mit Rassismus und ähnlichem in Zusammenhang bringt, stärkt sie gerade die Glaubwürdigkeit solcher widerwärtiger Ideologien. Die Vorstellung eines Verhaltens, das »genfrei« und »evolutionsfrei« wäre, ist von Grund auf absurd. Jedes Verhalten erwächst zwangsläufig aus einem biologischen Substrat, wie genetisch unspezifisch auch immer das Verhalten im einzelnen ist. Die Kritiker, die den Darwinismus in diesem Punkt angreifen, haben keinen eigentlichen Standort, auf den sie sich zurückziehen können, es sei denn, sie sind durch und durch fundamentalistisch und können sich daher auf Gott berufen. Die marxistischen (und somit materialistischen) Kritiker von Wilsons Forschungsprogramm jedenfalls haben mit ihrer Beschwörung eines biologischen Determinismus eher seine Position gestärkt und ihre eigene geschwächt.

Das größere Problem: Ist alles Anpassung?

Stichhaltiger ist die von Gould und Lewontin vorgetragene Kritik an der Soziobiologie. Sie veröffentlichten einen Aufsatz, in dem sie Biologen à la Wilson mit dem Typus des Dr. Pangloss in Voltaires *Candide* verglichen.[13] Dr. Pangloss war jener Stubengelehrte, der von der Syphilis bis zum Erdbeben alles so erklären konnte, daß es zusammenstimmte mit seiner These, alles stehe zum besten in dieser besten aller möglichen Welten. Doch diese Erklärungen, die Voltaire in seinem Roman wiedergibt, sind furchtbar löchrig. Die Nase beispielsweise sollte dazu dienen, die Brille darauf zu setzen. Voltaires Ziel war es, die Züge jener fatalistischen Philosophie zu zeichnen, die im 18. Jahrhundert gang und gäbe war. Gould und Lewontin wiederum wollten zeigen, daß die »Adaptationisten« ebenso daherredeten wie Dr. Pangloss – indem sie nämlich behaupteten, alle Eigenschaften seien die bestmöglichen in unserer besten aller möglichen Welten. Worauf sie vor allem hinauswollten, war das Fehlen einer intellektuellen Hemmung: Entkräftete man nämlich eine jener »Geschichten« der Soziobiologie durch sorgfältige empirische Untersuchungen, dann erfanden die Soziobiologen einfach eine neue Geschichte, um eine bestimmte Eigenschaft auch weiterhin als Anpassung deuten zu können. (Ein Problem, auf das wir schon im Kapitel I.3 stießen.) Das war schon im Hinblick auf das Verhalten der Tiere nicht eben sinnvoll; erst recht konnte daraus völliger Unsinn hervorgehen, wenn es um die Erklärung des menschlichen Verhaltens ging.

Ein schlagendes Argument. Und das ist es in gewissem Sinn noch heute. Doch seit Gould und Lewontin ihren Aufsatz veröffentlichten, hat sich in der Evolutionsbiologie die Erkenntnis weitgehend durchgesetzt, wie schwierig es ist, Anpassung wirklich zu verstehen. Die Tatsache, daß ein wissenschaftliches Ziel schwer zu erreichen ist, sollte freilich noch kein Grund dafür sein, es aufzugeben. Man kann alle Einwände von Gould und Lewontin akzeptieren, ohne doch in Verzweiflung und intellektuellen Nihilismus zu verfallen. Vergleichbare oder noch größere Schwierigkeiten bereitet ja auch das Verständnis der Artentstehung, der Evolution der Sexualität und des Ursprungs des Lebens. Zugegeben, solche Probleme wie das Anpassungsverhalten der Hominiden sollte man nur angehen, wenn man sich der Schwierigkeiten der theoretischen Fundierung und der experimentellen Überprüfung voll und ganz bewußt ist. Doch dies vorausgesetzt, gibt es kein grundsätzliches wissenschaftliches Argument dagegen, daß das Verhalten des Menschen auch von Evolutionsbiologen erörtert wird. Es mag einzelne geben, die eine starke religiöse oder ideologische Verpflichtung fühlen, sich *nicht* auf eine darwinistische Analyse des menschlichen Verhaltens einzulassen, und diese Art von Selbstbeschränkung ist es dann, worum es ihnen vorrangig geht. Doch auch die stärkste Bindung dieser Art ist keine Rechtfertigung dafür, einen Wissenschaftler zu zensieren oder gar physisch zu demütigen, nur weil dieser – und sei es auch auf naive Weise – seinen Gegenstand mit darwinistischen Methoden angeht.

Doch auch wenn die in den siebziger Jahren betriebene Hexenjagd gegen die Soziobiologie ungerechtfertigt und völlig überzogen war, so ist das noch kein Beleg dafür, daß Wilsons soziobiologisches Programm plausibler wäre als in früheren Zeiten die Suche nach dem Phlogiston oder nach dem kosmischen Äther. Eine wissenschaftliche Theorie, die *denkbar* ist, muß deswegen noch nicht *stichhaltig* sein. Die gegebenen Möglichkeiten, mit darwinistischen Methoden das Verhalten des Menschen zu untersuchen, werden jedenfalls, wie noch zu zeigen ist, von der Soziobiologie keineswegs ausgeschöpft.

Der Mensch wirft eigene Probleme auf

Untersucht man das Verhalten des Menschen unter evolutionsbiologischer Perspektive, so wirft das gravierende allgemeine und empirische Probleme auf, die zunächst einmal zu lösen sind. Insbesondere errichten Menschen gesellschaftliche, das Verhalten regelnde Normensysteme, die manchmal, aber nicht immer konform gehen mit dem, was einige Wissenschaftler aus der Evolutionstheorie folgern. Zu beiden Fällen je ein Beispiel.

Eines der sehr wenigen Phänomene, bei denen eine unmittelbar soziobiologische Analyse erfolgreich war, ist die Vermeidung des Inzests.[14] Es ist ein grundlegendes genetisches

Phänomen, daß bei Arten, die sich sexuell fortpflanzen, die aus Inzest hervorgegangenen Nachkommen Defekte aufweisen (wie in Kapitel II.2 schon ausgeführt). Man nennt dies »Inzuchtdepression«. Da insbesondere bei Paarungen zwischen Geschwistern oder zwischen Eltern und Kindern ein hohes Maß an Inzuchtdepression zu erwarten ist, muß die natürliche Auslese diesem Verhalten entgegenwirken. Und tatsächlich vermeiden viele Säugetierarten den Inzest generell. Auch in zahlreichen menschlichen Gesellschaften gibt es ein Inzesttabu, wenngleich es bisweilen vorkommt, daß der Inzest zwischen hochrangigen Individuen sogar gefördert wird, wie etwa bei den Pharaonen im alten Ägypten. Die Vermeidung des Inzests scheint eher genetisch bestimmt als erlernt zu sein. Nicht miteinander verwandte Kinder, die gemeinsam in Kibbuzim aufwachsen, heiraten einander selten, obwohl sie durchaus dazu ermuntert werden. Ähnlich in Taiwan: Dort werden immer wieder Mädchen von der Familie ihres künftigen Bräutigams adoptiert, zu einem Zeitpunkt, da beide noch Kinder sind; doch die Ehen, die daraus hervorgehen, sind selten erfolgreich. Die Partner derartiger arrangierter Ehen empfinden häufig eine nur geringe sexuelle Anziehung und bisweilen sogar offenen Abscheu. Es scheint hier eine Art von Prägung stattzufinden, durch die sich Kinder, die zusammen aufwachsen, wechselseitig als Geschwister empfinden und sich daher als Geschlechtspartner nicht in Betracht ziehen, unabhängig von der tatsächlichen biologischen Situation und unabhängig auch von Einflüssen aus dem sozialen Umfeld. Dieser Sachverhalt paßt exakt zum Ansatz der Soziobiologie, demzufolge bestimmte Merkmale des menschlichen Verhaltens auf evolutionärem Weg entstanden sind, mit dem Ziel, die darwinsche Fitness zu maximieren. Dies, so könnte man meinen, wäre ein ausgezeichneter Ausgangspunkt für Wilsons Forschungsprogramm. Doch tatsächlich ist es damit auch schon am Ende. Denn keine andere psychische Eigenschaft des Menschen kommt einer evolutionsgenetischen Erklärung so entgegen wie das Inzesttabu.

Die typischen Probleme, die hier auftreten, veranschaulichen etwa die Versuche, das Verhalten innerhalb von Familien oder Stämmen durch »Verwandten-Selektion« zu erklären.[15] Aufgrund der Theorie der Verwandten-Selektion müßte man erwarten, daß Menschen bei wirtschaftlichen oder politischen Transaktionen ihre biologische Verwandtschaft systematisch bevorzugen. Und verheißungsvoll für diese Hypothese ist ja allein schon die Tatsache, daß es für dieses Verhalten in vielen Sprachen einen eigenen Begriff gibt: »Vetternwirtschaft« lautet er im Deutschen, »nepotism« im Englischen. Doch der Anthropologe Marshall Sahlins konnte nachweisen, daß Vetternwirtschaft mit biologischer Verwandtschaft längst nicht so eng verknüpft ist, wie die Theorie der Verwandten-Selektion behauptet. In vielen menschlichen Populationen stimmen die verwandtschaftlichen Zuordnungen mit tatsächlicher genetischer Verwandtschaft keineswegs überein. Häufig werden nichtverwandte Individuen als Verwandte aufgenommen, selbst dann, wenn es daneben biologisch Verwandte gibt. Adoptionen und Erbfolge der späten römischen Kaiser illustrieren dieses scheinbar »nicht angepaßte« Verhalten. Die Römer neigten noch keineswegs zu dem später in Europa praktizierten Verfahren, Ämter biologisch zu vererben. Doch innerhalb schlichter soziobiologischer Denkschemata erscheint ihr Verhalten nicht besonders sinnvoll. Schaut man genauer hin, so passen Nepotismus und Verwandten-Selektion keineswegs so perfekt ineinander, wie die Soziobiologen annehmen.

Im Fall der Inzestvermeidung scheint das soziobiologische Denken zum Ziel zu führen. Doch dies ist ein Phänomen, bei dem die Folgen eines bestimmten biologischen Verhaltens für die Fitness sehr genau vorhersagbar sind. Betrachtet man dagegen den Nepotismus, so werden hier die soziobiologischen Voraussagen schon unzuverlässig, und es ist offenkundig, daß es gravierende Abweichungen gibt. Jenseits der »Vetternwirtschaft« jedoch gibt es ein breites Spektrum von Verhaltensformen, das praktisch das gesamte Sozialverhalten des Menschen umfaßt und innerhalb dessen völlig unklar bleibt, wie das Modell der Soziobiologie mit den Tatsachen in Einklang zu bringen ist. Dieses Resultat zeigt, daß die Evolutionsbiologie zum Verständnis des menschlichen Verhaltens vielleicht einiges beizutragen hat, daß es jedoch unwahrscheinlich ist, daß Theorien, die bei Ameisen, Bienen und Termiten funktionieren, auf derart schlichte Weise auf den Menschen übertragen werden können. Die Soziobiologie war eine interessante Idee, doch man kann nicht sagen, daß sie uns wirklich voranbringt.

Auch Wilson selbst mußte erkennen, daß seine ursprüngliche »Synthese« allzu vieles ausgeklammert hatte. Seine Lösung dieses Problems bestand darin, nun auch die »Kultur« mit einzubeziehen, im Sinne einer Übertragung erlernter Information von einem Individuum zum anderen. Gemeinsam mit Charles Lumsden entwickelte er die ausgefeilte Theorie einer Koevolution von Kultur und genetisch sich entwickelnden Prädispositionen. Innerhalb wissenschaftlicher Kreise blieb diese Theorie umstritten, in der breiteren Öffentlichkeit wurde sie kaum beachtet. Charakteristisch war beispielsweise, daß sich diese Theorie auf dem Gebiet der Kultur auf gänzlich triviale Merkmale konzentrierte wie etwa die Länge von Röcken, während sie die zentralen darwinistischen Themen der Fortpflanzung und der Lebenserhaltung, die der Soziobiologie anfangs zu einer gewissen Plausibilität verholfen hatten, links liegen ließ. Auch andere Naturwissenschaftler richteten ihr Augenmerk auf die miteinander verknüpften Prozesse der kulturellen und genetischen Evolution und beschäftigten sich zumindest theoretisch damit. Inwieweit jedoch diese stark von mathematischen Methoden geprägten Untersuchungen zu unserem Verständnis menschlicher Verhaltensformen beigetragen haben, bleibt unklar. Verglichen mit den ursprünglichen, ziemlich schlichten Vorstellungen der Soziobiologie ist die Theorie der genetisch-kulturellen Koevolution zumindest beim Menschen außerordentlich schwer überprüfbar.

Evolutionspsychologie

»Die Soziobiologie ist tot, lang lebe die Evolutionspsychologie!« War die Soziobiologie der naive Versuch Wilsons, die biologischen mit den Sozialwissenschaften zu verschmelzen, so hat nun die Evolutionspsychologie dieses Erbe angetreten. Gefördert vor allem von Anthropologen wie Jerome Barkow und dem Team um John Tooby und Leda Cosmides, gelangte die Evolutionspsychologie allerdings zu einem weitaus höheren Grad von Differenziertheit als die Soziobiologie.[16] Vor allem: Diese Leute kennen sich aus in den Sozialwissenschaften. Und sie verstehen etwas vom Menschen, sowohl in den Industriegesellschaften wie in den sogenannten »primitiven« Gesellschaften. Denn dort leisteten sie zahllose Stunden anthropologischer Feldforschung.

Die Evolutionspsychologie greift die schlichten darwinistischen Vorstellungen der Soziobiologie auf, um sie relativ neuen anthropologischen Ansätzen dienstbar zu machen. Ihr Verhältnis zu den Sozialwissenschaften ist daher bei weitem nicht so provozierend, und sie sind ungleich subtiler im Umgang mit ideologischen Fragen. Die Evolutionspsychologie ist eine Schlange, die wesentlich schwerer zu fassen ist und die auch bei weitem nicht so aufreizend wirkt auf jene akademische Mordlust, der die Soziobiologie zum Opfer fiel. Wie gesagt: Aus streng wissenschaftlicher Sicht besagt das noch gar nichts darüber, inwieweit die Evolutionspsychologie wahr oder nützlich ist. Doch als akademische Konkurrenz wird sie dadurch gefährlicher.

Die Evolutionspsychologie kann durchaus einige Erfolge für sich verbuchen. Vergleicht man sie etwa mit Theorien wie der Freudschen Psychoanalyse – was heute viel üblicher ist als zu Zeiten der Soziobiologie –, dann erweist sich die Evolutionspsychologie als weitaus befriedigender. Es war ja einer der ersten Schachzüge der Evolutionspsychologie, die Erfolge der Soziobiologie auszuschlachten und sie dann in der Auseinandersetzung mit anderen wissenschaftlichen Bewegungen für sich zu nutzen. Es ist durchaus glaubhaft, daß die Menschen den Inzest deshalb meiden, weil die natürliche Auslese dem Koitus mit nahen Verwandten aufgrund der schädlichen Folgen einer extensiven Homozygotie entgegenarbeitet. Die Alternative zu dieser Erklärung ist das Kauderwelsch von Ödipuskomplex, Verdrängung und Verleugnung, dieser buntgemixte Wiener Unsinn. Ganz ähnlich läßt sich die verbreitete männliche Vorliebe für gesunde junge Frauen mit einer zum Gebären besonders geeigneten Anatomie des Beckens und der Brust viel plausibler mit der grundlegenden darwinschen Selektion der Fortpflanzungsfähigkeit erklären als mit irgendeinem ästhetischen Faible. Und diese sexuelle Selektion wurde dann auch zu einer Hauptwaffe der Evolutionspsychologie.[17] Weitere Themen waren bestimmte Muster von Mordtaten und deren Abhängigkeit von genetischer Verwandtschaft.[18] Evolutionspsychologen haben keine Scheu, ihren stärksten Trumpf – nämlich den, Darwinisten zu sein – auch voll auszuspielen: insbesondere gegenüber Sozialwissenschaftlern, die die biologische Evolution jahrzehntelang links liegen ließen – manchmal zu ihrem eigenen Bedauern.

Immanenter Darwinismus

Die wirksamste Kritik an der Evolutionspsychologie kann nur von einem darwinistischen Standpunkt aus erfolgen. Die wesentliche Quelle der Plausibilität der Evolutionspsychologie ist ja gerade das Bemühen, von darwinistischen Grundlagen aus zu operieren. Diese modernen Soziobiologen ausgerechnet deswegen zu attackieren, weil sie sich auf den Darwinismus berufen, ist kontraproduktiv. Denn welche andere Theorie gäbe es, die dem Verständnis der Organisation und Funktion menschlichen Verhaltens eine nachweislich bessere Grundlage bietet? Wenn man überhaupt nach einer Alternative zur Evolutionspsychologie sucht, so bedarf es einer darwinistischen Analyse, die zeigt, *warum* die von den Evolutionspsychologen bevorzugten Methoden nicht funktionieren.

Eines dieser Gegenargumente ergibt sich natürlich aus der Theorie über die Erweiterung des geistigen Rüstungswettlaufs, die ich im vorigen Kapitel skizziert habe. Es ist ja eines der wesentlichen Merkmale der Evolutionspsychologie, daß sie die Evolution des menschlichen Verhaltens als genetisch gesteuerte Evolution äußerst spezifischer Verhaltensformen betrachtet. Das ist ein sehr guter Einstieg im Hinblick auf das Verhalten von Tieren, das ja häufig sehr spezifische, genetisch festgelegte und vermutlich durch natürliche Auslese entstandene Merkmale zeigt.[19] So ist beispielsweise die Theorie der optimierten Nahrungssuche typisch für diesen wissenschaftlichen Zugang. Diese Theorie charakterisiert alle Objekte, die als Nahrung relevant sind, durch ihren Nährwert und durch ihre Verteilung in Raum und Zeit. Auch die Futtersuche selbst oder das Warten auf Nahrung werden quantifiziert, und es werden die jeweils gegebenen Optionen definiert. So ist beispielsweise für einen Vogel, der sich von Nektar ernährt, die Futtersituation definiert durch die Verteilung der Blumen in seinem Lebensraum, den Kalorienwert des Nektars, die »Kosten« des Flugs von einer Blüte zur anderen und so weiter. Aus diesen Informationen kann man nun dasjenige Flugverhalten berechnen, das für den Vogel zu Verbesserung seiner Fitness optimal wäre. Die darwinistische Vorhersage lautet, daß solche Vögel sich durch genetische Evolution, die aus natürlicher Auslese erwächst, diesem optimalen Flugverhalten annähern werden. Man kann dagegen einwenden, daß es Fälle gibt, in denen sich diese Vorhersagen nicht bestätigen. Dennoch ist diese Art von Verhaltensanalyse durchaus ertragreich, und das wissenschaftliche Verfahren birgt einiges an Überzeugungskraft. Und genau diese Verhaltensanalyse versuchen die Evolutionspsychologen nun auch auf den Menschen anzuwenden.

Doch wenn man über den speziellen Fall des Menschen ernsthaft nachdenkt, tauchen sofort Probleme auf. Folgen Menschen in einem Supermarkt der optimalen Strategie der Nahrungssuche, wie nektarsammelnde Vögel im tropischen Regenwald? Und wenn ja, tun sie das deshalb, weil sie innerhalb der fünfzig Jahre, in denen Supermärkte sich verbreiteten, die adäquaten Futterstrategien entwickelten? Schließlich sind das nur zwei Generationen. Schon das geringste Wissen über Populationen und über quantitative Genetik sagt einem, daß dies unmöglich ist: Der Zeitraum ist einfach zu kurz. Doch wenn Menschen in derartige, im Verlauf ihrer Evolution noch nie dagewesenen Situationen versetzt werden, dann handeln sie nach ganz neuen Mustern, und zwar in einer quasifunktionellen, pseudodarwinistischen Manier. Das heißt, wir verhalten uns häufig so, als *hätten* wir auf evolutionärem Weg eine Verhaltensweise entwickelt, die für unsere darwinsche Fitness optimal ist. Und das auch dann, wenn eine solche Evolution gar nicht möglich war.

Eine Erklärung für diese Situation geht davon aus, daß der Mensch nur über sehr wenige genetisch programmierte darwinistische Taktiken verfügt, die zu bestimmten Verhaltensanforderungen passen. Stattdessen könnten wir nun aber ein funktionelles, jedoch nicht festgelegtes Verhalten entwickelt haben, und zwar aufgrund der Erweiterung des geistigen Rüstungswettlaufs. Diesem Modell zufolge wird das Verhalten durch einen immanenten, im Gehirn ablaufenden Denkprozeß bestimmt und nicht durch genetische Evolution aufgrund von natürlicher Auslese. Bei sozialen Insekten beispielsweise, dem wichtigsten Forschungsobjekt Wilsons, geht in die Festlegung des Verhaltens eine ungeheure Menge an Informationen ein. Doch ein großer Teil *dieser* Informationen wird durch natürliche Auslese geliefert, die sich genetischer Variation bedient. Bei der großen Mehrzahl der Tiere, die ja überwiegend einfache Nicht-Wirbeltiere sind, ist das Verhalten fast gänzlich genetisch festgelegt. Das heißt, für diese Tierarten ist die Ausprägung des Verhaltens *kein* immanenter Vorgang. Bei einer Art jedoch, die über ein uneingeschränktes neuronales Kalkül verfügt, wird die Programmierung des Verhaltens nicht genetisch, sondern weitgehend immanent erfolgen.

Eine zweite wesentliche Eigenschaft eines solchen hochentwickelten Organismus besteht darin, daß er nicht einfach aus einer Vielzahl hochspezialisierter Verhaltensroutinen »orchestriert« ist. Das heißt, der geistige Prozeß liefert ein vereinheitlichendes Moment. Man kann dies so ausdrücken, daß man sagt: Individuen dieser Art haben »Bewußtsein«. Die Denkprozesse, die das Verhalten formen, durchlaufen eine Art von zentralisierter Abklärung; es sind nicht einfach einzelne Mechanismen, die auf genetisch festgelegte Weise von bestimmten Reizen ausgelöst werden. Interne Denkprozesse sind organisierter, und sie sind selbstreflexiv: Wir gelangen so zu dem charakteristischen Merkmal des »Selbstbewußtseins«.

Ein drittes Merkmal menschlichen Verhaltens ist diesem Modell zufolge seine Ausrichtung auf Fitness. Auch wenn an die Stelle spezifischer genetischer Programme ein übergreifender geistiger Prozeß tritt, so wird sich dieser Prozeß noch immer daran orientieren, welche Ergebnisse in bezug auf die Fitness zu erwarten sind. Das heißt: Obwohl dieser hypothetische Organismus von der genetischen Festlegung des Verhaltens weitgehend entbunden wäre, stünde er noch immer unter einem umfassenden darwinistischen Imperativ. Sein Verhalten würde daher einem »immanenten Darwinismus« folgen.

Viertens ist das Verhalten eines Organismus, der aus der Selektion eines geistigen Rüstungswettlaufs hervorgeht, in vielen Fällen nur sehr schwer durchschaubar. Die Selektion »sozialer Intelligenz« fördert massiv die Fähigkeit des Verbergens und Täuschens. Obwohl daher das Verhalten noch immer auf einen Zuwachs an Fitness abgestimmt ist, wird es bei weitem nicht so zielgerichtet erscheinen wie beispielsweise dasjenige zweier Hirschkäfer, die um ein Weibchen kämpfen.

Zusammenfassend läßt sich also sagen, daß eine Art, die im Verlauf eines selektiven, erweiterten geistigen Rüstungswettlaufs entstanden ist, sich von anderen Arten radikal unterscheiden wird. Dennoch werden die Individuen einer solchen Spezies in ihrem Verhalten nicht abiologisch sein; das heißt, sie bleiben darwinsche Organismen. Dieses Modell ermöglicht es, nahezu alle jene scheinbar darwinistischen Verhaltensmuster zu erklären, auf welche die Evolutionsbiologen sich berufen – von sexuellen Vorlieben bis zu typischen Gewalttaten –, ohne doch ihrem Versuch zu folgen, die Analyse des menschlichen Verhaltens in das enge Korsett einer Theorie der Anpassung zu zwängen, mit der man bei der Analyse sozialer Insekten und anderer Tiere operiert. Gleichzeitig läßt sich auf diese Weise die unglaubliche Flexibilität des menschlichen Verhaltens erklären, insbesondere die Leichtigkeit, mit der Millionen von Menschen ihr Verhalten innerhalb von nur zwei oder drei Jahren verändern. Den Darwinismus als Grundlage des menschlichen Verhaltens zu akzeptieren, bedeutet daher nicht, sich auf den Reduktionismus der Evolutionspsychologie einlassen zu müssen. Es gibt eine Alternative, und die heißt immanenter Darwinismus.

Das Fehlen eines subjektiven Darwinismus

Ein wesentliches Problem, dem sich diese Theorie eines übergreifenden, offenen, jedoch darwinistischen Denkens gegenüber sieht, besteht darin, daß wir selbst keineswegs den Eindruck haben, als verfolgten unsere geistigen Prozesse irgendwelche darwinistischen Ziele. Die Sache wäre eindeutig, wenn die Menschen auf rationale Weise die möglichen Fitnesserträge ihrer Handlungen gegeneinander abwägen und sich dann für dasjenige Verhalten entscheiden würden, das ihre darwinsche Fitness erhöht. Oberflächlich betrachtet folgt menschliches Verhalten manchmal tatsächlich diesem Muster, vor allem im wirtschaftlichen Bereich, wo häufig eine Art von rationaler Selbstvergrößerung am Werk scheint. Andererseits jedoch erscheint menschliches Verhalten in vielen Fällen nicht nur irrational und selbstzerstörerisch, es scheint sich auch um Fitness überhaupt nicht zu kümmern. Sterilisationen sind nur ein Beispiel menschlichen Verhaltens, das auf der Grundlage eines rationalen Darwinismus kaum zu erklären ist. Und daneben gibt es auch noch Phänomene wie Rauchen und Drogenmißbrauch.

Letztlich stehen wir vor dem grundsätzlichen Problem, daß, wenn die Menschen tatsächlich einer darwinistischen Planung ihres Verhaltens folgen, jedenfalls die meisten von ihnen introspektiv nichts davon wissen. Darwinsche Nettofitness kommt in der großen Poesie nicht vor, nicht einmal in den Abhandlungen der politischen Philosophie. Diese ganze Vorstellung, daß wir unser Leben mit der geschäftigen Planung von Fitnessgewinnen verbringen, scheint die gesamte, jahrtausendelange Überlieferung menschlicher Kultur in ein falsches Licht zu rücken. Wenn das wirklich etwas sein sollte, was wir alle tun, jedoch öffentlich nicht eingestehen, dann beherrschen wir die Kunst der Geheimniskrämerei weitaus besser, als Jahrhunderte intimer Briefwechsel dies vermuten lassen. Kurz, es wäre erstaunlich, wenn sich eine Theorie der menschlichen Natur, die von einer universellen, selbstbewußten, darwinistischen Motivation ausgeht, als richtig erweisen sollte.

Jede Lösung dieses Problems, die nicht, wie die Evolutionspsychologie, auf ein genetisch bedingtes Handeln zurückgreifen will, muß die Existenz eines dynamischen Unbewußten voraussetzen. In gewissem Sinn wäre dieses dynamische Unbewußte ein Analogon zu Freuds Über-Ich. Doch es würde von einem darwinistischen Kalkül gesteuert, nicht von einem hydraulischen oder energetischen Imperativ wie bei Freud. Das heißt: Wenn wir annehmen, daß es im Fall des Menschen ein grundsätzlich offenes Denken gibt, dann müssen wir voraussetzen, daß es bestimmte Regionen des Gehirns gibt, die wir subjektiv nicht erfahren, die jedoch die Funktionen des Organismus auf darwinistische Ziele hin bündeln. Solche Gehirnfunktionen würden dann die spezifischen Denkprozesse und Funktionen des übrigen Nervensystems steuern, und zwar nach Maßgabe eines darwinistischen Kalküls. Nach diesem Modell wären unsere subjektiven Erfahrungen und Denkakte wie Hunde an einer Leine – und diese Leine wäre in der Hand eines darwinistischen Herrn und Meisters, von dem wir gewöhnlich gar nichts wissen.

Das ist natürlich eine Theorie, die den Zweifel geradezu provoziert – unter anderem deshalb, weil sie ein empirisches Problem durch die wohlfeile Hypothese einer verborgenen Ursache löst. Das ist jedem wissenschaftlichen Methodologen zuwider. Dazu kommt, daß diese verborgene Ursache angeblich so beschaffen ist, daß sie kaum jemals direkt zu beobachten ist, eine unbewußte Gehirnfunktion, oder mehrere davon, die andere Gehirnfunktionen überwachen, um darwinistische Ziele zu verfolgen. Das ist eine ziemlich extravagante Hypothese, die auf den ersten Blick die Evolutionspsychologie vergleichsweise attraktiv macht. Doch wie wir gleich sehen werden, gibt es tatsächlich bedeutende klinische Belege für die Existenz eines solchen geheimnisvollen darwinistischen Koordinators.

Zunächst noch ein anderer wichtiger Punkt. Es ist offensichtlich möglich, Modelle einer Evolution des menschlichen Verhaltens zu entwickeln, die nicht einfach bestimmte Ergebnisse der Untersuchung tierischen Verhaltens auf den Menschen übertragen. Daher gibt es keinen Grund, die Evolutionspsychologie zu akzeptieren oder gar zum Behaviorismus oder anderen widerlegten sozialwissenschaftlichen Theorien zurückzukehren. Die Theorie des immanenten Darwinismus, um die es hier geht, wird vielleicht eine intensivere wissenschaftliche Überprüfung nicht überstehen. Doch sie macht deutlich, daß darwinistisch orientierte Theorien, die dem Sonderfall der menschlichen Spezies Rechung tragen, durchaus möglich sind.

Um diese theoretische Diskussion weiter voranzutreiben, sollten wir nun ein konkretes menschliches Sozialverhalten ins Spiel bringen: die Soziopathie.

Soziopathie

Die entscheidende Gruppe, anhand derer die Theorie des unbewußten Darwinismus überprüft werden kann, sind die sogenannten »Soziopathen«. In psychologischen Tests zeigt diese Gruppe ein ausgeprägtes Profil, mit hohen Werten auf den Skalen für »psychopathische Devianz«, »Schizophrenie« und »Hypomanie«. Man schätzt, daß etwa die Hälfte aller

Verbrechen von solchen Individuen begangen werden, obwohl sie nur ein bis zwei Prozent der Bevölkerung ausmachen.[20] Doch diese Gruppe ist nicht nur in der Kriminologie, sondern auch in der Psychiatrie wohlbekannt, wo man sie unter dem Begriff einer Persönlichkeitsstörung klassifiziert, die als »Soziopathie«, »Psychopathie« oder auch als »antisoziale Persönlichkeitsstörung« bezeichnet wird.

Das beste Portrait des Soziopathen zeichnete Hervey Cleckley in *The Mask of Sanity.*[21] Cleckleys Beschreibung ist von allergrößtem Wert, vor allem deshalb, weil sie sich nicht an Fragen der Kriminologie orientiert, wie etwa der Kriminalitätsrate, der Häufigkeit der Inhaftierung und so weiter. Stattdessen schildert Cleckley, wie diese Leute auf uns wirken. Was das Auftreten von Soziopathen so verheerend macht, ist ja vor allem, daß sie bei flüchtiger Bekanntschaft durchaus normal, intelligent, ja sogar charmant wirken können. Von all den Ticks, nach denen wir bei potentiell gefährlichen Leuten Ausschau halten, ist bei Soziopathen nichts zu sehen. Es kann keine Rede davon sein, daß sie stets schweigsam wären, einen kalten Blick und schlechten Körpergeruch hätten. Eher sind sie mitteilsam und ungekünstelt, scheinbare Muster einer aufrichtigen Generosität. Daher sind sie den Rechtsorganen auch als höchst erfolgreiche Hochstapler bekannt. Selbst aus psychiatrischer Sicht scheint diese Gruppe, die in der modernen Gesellschaft für einen Großteil der Verbrechen und der moralischen Verwüstungen verantwortlich ist, im Grunde »normal«. Denn Soziopathen sind keine Schizophrenen, sie haben keine psychotischen Schübe, sie sind weder manisch, noch depressiv, noch suizidal, noch neurotisch – es sei denn, sie simulieren. Keine der gängigen Psychopathologien gehört zu ihrem Wesen. Im Gegenteil, viele Psychiater, darunter auch Cleckley, sind immer wieder verblüfft darüber, wie »gut angepaßt« Soziopathen sind, wie frei von all den schlechten Angewohnheiten, welche die Selbstdarstellung der meisten Menschen ansonsten beeinträchtigt. Soziopathen sind umtriebig, überströmend von Freundlichkeit und scheinbarem Enthusiasmus; darüber hinaus aber wirken dieser Enthusiasmus und das Interesse, das sie zeigen, überzeugend und völlig authentisch. Aus diesem Grund auch spricht Cleckley beim Soziopathen von einer »Maske der Normalität«.

Doch das Leben von Soziopathen ist von Grund auf zerrüttet, ob sie nun letztlich im Gefängnis landen oder nicht. Langfristige Karrieren gelingen ihnen nicht. Ihren Ehepartnern sind sie untreu. Sie halten keine Versprechen, gleich welcher Art. Sie sind unfähig, entfernte Ziele anzusteuern. Stattdessen verfolgen sie impulsiv gefaßte Pläne, wobei sie häufig erklären, sie hätten all ihre früheren Absichten deshalb aufgegeben, weil diese mit ihrem neuen Selbstbild nicht mehr im Einklang stünden. Ständig machen sie ihren Partnern und Familien gegenüber Versprechungen, sich zu bessern, bei völliger Unfähigkeit, den versprochenen Weg der Rehabilitation auch einzuschlagen. Soziopathen zermahlen allmählich die Hoffnung all derer, die sich um sie kümmern.

Ihre Existenz verläuft sprunghaft, und es sind so gut wie keine Anzeichen dafür zu erkennen, daß die Bedürfnisse und Ziele anderer Menschen sie an irgend etwas hindern könnten. Sie kennen keine Empathie, kein Mitgefühl, keine Gnade, außer auf der Ebene verbaler Beteuerungen. Das heißt nicht, daß sie sich nicht gelegentlich auch großzügig oder freundlich verhalten könnten. Soziopathen sind nicht auf die Rolle des Schurken festgelegt. Sie stehen nicht in aktivem Gegensatz zur Alltagsmoral – sie scheinen sie einfach zu vergessen. Doch gemessen an gewöhnlichen Maßstäben ist ihr Verhalten schlicht verabscheuungswürdig. Routinemäßig lügen, betrügen und stehlen sie. Sie werden tätlich und begehen auch Morde. Häufig gehen soziopathische Frauen der

Prostitution nach. Auch Drogenmißbrauch und obszönes Verhalten in der Öffentlichkeit kommt vor. Üblicherweise enden sie mit diesem Fehlverhalten im Gefängnis, und nach Schätzungen verschiedener Kriminologen sind in den USA zwischen 20 und 50 Prozent aller Inhaftierten Soziopathen – die demnach nicht nur das Leben der ihnen Nahestehenden ruinieren, sondern auch ihr eigenes.

Diese Art von soziologischer Beschreibung wird vielleicht befremdlich oder sogar unglaubhaft wirken. Doch im Kino ist der Soziopath längst plausible Realität. In etlichen Filmen aus dem Genre des *film noir* wurden schon soziopathische Charaktere zum Leben erweckt, vom Auftritt Joseph Cottens in Hitchcocks *Shadow of a Doubt* (*Im Schatten des Zweifels*) bis hin zu Linda Fiorentino in *The Last Seduction* (*Die letzte Verführung*). Im *film noir* begegnen wir Charakteren, denen das Böse leicht von der Hand geht: kein Zögern, keine Qualen, keine Reue. Genau das sind Soziopathen. Auch in einem ziemlich neuen Genre, dem schonungslosen Fernsehkrimi, in dem dokumentarische und psychologische Präzision mit der Schockwirkung verwester Leichen und skrupelloser Killer einhergeht, spielen Soziopathen eine wichtige Rolle. Insgesamt veranschaulichen diese Filme den Nihilismus der soziopathischen Existenz auf bezwingende Weise.

Soziopathen sind Individuen, die extrem von der Norm abweichen, und zwar in solchem Maß, daß ihr Verhaltensprofil gar keinen Zusammenhang zeigt mit dem anderer Menschen, nicht einmal anderer Krimineller. Es ist ein Maß von Devianz, wie wir es von Schizophrenen kennen. Doch anders als Schizophrene wirken Soziopathen auf den ersten Blick keineswegs abnorm, und zumindest für eine gewisse Zeit sind sie in der Lage, sich in eine Gesellschaft völlig einzufügen. In gewissem Sinn »funktionieren« Soziopathen, und mit Sicherheit sind sie in ihren Gehirnfunktionen nicht wesentlich beeinträchtigt. Auch in IQ-Tests zeigen sie durchschnittliche und sogar überdurchschnittliche Werte. Warum also sind sie *anders*? Wie soll man sich das bizarre Verhalten dieser Menschen erklären, das zwar relativ selten ist, sich jedoch derart katastrophal sowohl für sie selbst wie auch für alle anderen auswirkt?

Darwinistische Theorien der Soziopathie

Mehrere Autoren, darunter vor allem Linda Mealey, haben die Möglichkeit erörtert, daß die Soziopathie eine evolutionär bedingte Anpassungsstrategie ist.[22] Insbesondere wurde die Hypothese vertreten, daß die meisten Menschen ein Verhalten an den Tag legen, das festen Regeln des Nehmens und Gebens folgt, während Soziopathen Schwindler sind, die ihren Anteil schuldig bleiben. Das bedeutet, solange die meisten anderen Spieler die Regeln befolgen, streicht der Soziopath einen beträchtlichen Gewinn allein dadurch ein, daß er sich über die Regeln hinwegsetzt und sich einfach nimmt, was immer er oder sie zur Verbesserung seiner oder ihrer darwinschen Fitness benötigt. Das Leben des Soziopathen wird also im wesentlichen aus Lügen, Betrügen, Stehlen und Ehebruch bestehen, weil dies innerhalb der menschlichen Spezies ein vermeintlich erfolgreiches Verhaltensmuster ist. Dieser Deutung zufolge, die das Verhalten des Soziopathen als Anpassungsstrategie beschreibt, wäre zu erwarten, daß er, was seine Fitness betrifft, mindestens so erfolgreich ist wie die gesetzestreuen Leute. Man beachte allerdings, daß diese typologische Analyse des menschlichen Verhaltens dem Verfahren sehr ähnlich ist, das Wilson und andere Verhaltenszoologen zur Beschreibung des kastenartigen Verhaltens von Ameisen, Bienen und anderen Insekten entwickelt haben. Mit ihrer größeren Differenziertheit gehört Mealey freilich eher zur Gruppe der Evolutionspsychologen; vor allem weiß sie mehr über Psychologie und Kriminologie. Dennoch steht sie eindeutig in der wissenschaftlichen Tradition der Soziobiologie und ihrer Nachfolger.

Eine ganz andere Deutung des Soziopathen läßt sich aus dem Begriff des immanenten Darwinismus gewinnen.[23] Wenn das zentrale Merkmal der menschlichen Natur ein unbewußter immanenter Darwinismus ist, dann muß es gelegentlich auch Individuen geben, denen diese Anpassung mißlingt. Wir wissen beispielsweise, daß das Sehvermögen eine Anpassung ist, die zum Teil darauf zurückgeht, daß Blindheit gravierende Folgen hat. Gibt es tatsächlich so etwas wie unbewußten immanenten Darwinismus, dann muß es auch Individuen geben, die normale *bewußte* Funktionen zeigen und deren Leben dennoch desorganisiert ist – eben wegen des Fehlens eines unbewußten darwinistischen »Reglers«. Der psychiatrische Begriff des »Soziopathen« umfaßt Menschen, bei denen gewöhnlich keine bewußten mentalen Defizite wie etwa Neurosen oder Psychosen auftreten, die aber dennoch unfähig dazu sind, ein normales Familienleben zu führen oder beruflichen Erfolg zu erlangen. Es ist daher denkbar, daß diesen Individuen die unbewußte Fähigkeit abgeht, ihr Verhalten so zu koordinieren, daß es zu einer gesteigerten Fitness beiträgt. Ein interessantes Verhaltensmerkmal bei Soziopathen besteht darin, daß sie zwar, wenn es um das Verüben einer Tat geht, gerissene Kriminelle sind, daß sie dann aber relativ einfach zu fassen sind. Mangels Voraussicht sind sie unfähig, selbst den ungeschicktesten Nachstellungen zu entgehen. Aus der Sicht eines immanenten Darwinismus sind Soziopathen »darwinistische Idioten«, ganz gleich, wie hoch ihr IQ ist. Es sind gestörte Menschen, die ihre Fähigkeit verloren haben, irgendeiner darwinistischen Strategie zu folgen.

Auch Menschen mit Verletzungen im vorderen Stirnlappenbereich der Hirnrinde (Frontalhirn) zeigen solche Verhaltensweisen; Phineas Gage ist wohl der bekannteste Fall.[24]

Gage war bei der Eisenbahn beschäftigt. Er erlitt einen Unfall, bei dem eine Eisenstange von vorn in sein Gehirn eindrang. Nach seiner Genesung veränderte sich sein Verhalten gravierend; zuvor ein verläßlicher Arbeiter, hatte er sich in einen aggressiven, haltlosen Menschen verwandelt, der zu keiner Arbeit mehr taugte, obwohl es keinerlei Anzeichen dafür gab, daß seine Intelligenz oder seine grundlegenden geistigen Fähigkeiten beeinträchtigt gewesen wären. Sowohl Menschen mit derartigen Gehirnverletzungen als auch Soziopathen kann man als Individuen beschreiben, die nicht eigentlich einer Strategie der Täuschung folgen, sondern überhaupt jede strategische Fähigkeit eingebüßt haben. Besonders eine Aussage Cleckleys über die Gruppe der Soziopathen stimmt mit dieser Deutung genau überein: »Man hat es hier gar nicht mit vollständigen Menschen zu tun, sondern mit etwas, das an eine subtil konstruierte Reflexmaschine denken läßt.« Dieser Deutung zufolge fehlt Soziopathen jedes kritische Vermögen – und das ist pathologisch. Daher wird die Selektion gegen sie arbeiten und ihre darwinsche Fitness vermindern.

Man könnte nun fragen: Wenn Soziopathen überhaupt keiner Strategie der Anpassung folgen, wieso gibt es sie dann überhaupt? Nun, zunächst kann soziopathisches Verhalten, oder zumindest etwas sehr Ähnliches, durch Verletzungen des Frontalhirns hervorgerufen werden, wie bereits erwähnt. Es könnte also sein, daß Soziopathen eher die Opfer perinataler und anderer entwicklungsbedingter Hirnschädigungen als Opfer irgendeiner genetischen Mutation sind. Zweitens aber bilden sie innerhalb der Gesellschaft nur eine kleine Gruppe. Männer und Frauen zusammengenommen, liegt ihr Anteil im Bereich von ein bis zwei Prozent. (Auch manische Depressionen, die weitgehend genetisch bedingt sind, kommen etwa mit dieser Häufigkeit vor. Da sie in mindestens einem Viertel der Fälle letztlich zum Tod führen, ist es unwahrscheinlich, daß sie in einem darwinistischen Sinne »nützlich« sind.) Wiederholte nachteilige Mutationen, entwicklungsbedingte Schäden und Traumata des Frontalhirns reichen also möglicherweise schon hin, um die Zähigkeit des soziopathischen Syndroms zu erklären. In jedem Fall aber wird sich die entscheidende Antwort aus einer Abschätzung der Fitness ergeben, die Soziopathen im Vergleich mit normalen Individuen aufweisen. Wären Soziopathen tatsächlich gut angepaßt, dann müßte ihre Fitness etwa gleich groß sein. Ist sie aber geringer, dann könnte das pathologische Moment gerade in einem Mangel an Strategie bestehen. Dies letztere würde auf die Bedeutung unbewußter Mechanismen verweisen, die das Verhalten auf fitnessrelevante Ziele hin ausrichten. Das wäre dann zugleich die beste Bestätigung der Theorie des unbewußten immanenten Darwinismus.

Schluß mit der Trägheit

Es kann keine Rede davon sein, daß die Evolutionsbiologen versucht hätten, ihre Sicht des menschlichen Verhaltens der Wissenschaft oder gar der Allgemeinheit aufzudrängen. Die meisten derer, die in jüngster Zeit in diesem Sinn Einfluß auszuüben suchten, waren Anthropologen und Zoologen, und diese wiederum waren nur in zweiter Linie Evolutionsbiologen. Doch deren Auftreten führte dazu, daß die Evolutionsbiologie sich verstärkt mit Fragen der menschlichen Evolution auseinandersetzen mußte. Zunächst tat sie das überwiegend reaktiv und nicht selten mit einem feindseligen Unterton gegenüber denjenigen, die sie aus ihrem akademischen Tiefschlaf aufgestört hatten.

Heute jedoch kann man die Entwicklung von Theorien und empirischen Modellen zur menschlichen Evolution erwarten, die mehr sind als unbeholfene Extrapolationen der evolutionären Erforschung tierischen Verhaltens. Solche

Theorien könnte man stattdessen auf die Einsicht gründen, daß menschliches Verhalten auf darwinistische Ziele durch Mechanismen ausgerichtet wird (etwa durch immanenten Darwinismus), die wenig zu tun haben mit den entsprechenden Mechanismen, die das Verhalten offenbar sämtlicher anderer Tierarten steuern. Und es dürfte noch weitere theoretische Alternativen geben, die einer Untersuchung wert sind. Jedenfalls sind die Zeiten vorbei, da wir, wenn es um das Wesen des Menschen ging, immer nur die Wahl hatten zwischen naiven Anpassungstheorien und ideologischen Aufmärschen.

3 Gesellschaft
Ideologie als Biologie

Mit Indizien arbeitende Evolutionstheorien wie die Evolutionspsychologie und der immanente Darwinismus beschreiben, oder skizzieren zumindest, das Wesen des Menschen. Die menschlichen Eigenschaften wiederum, die von jenen Theorien postuliert werden, definieren oder umreißen ihrerseits die Möglichkeiten einer menschlichen Gemeinschaft. Um eine extreme Analogie anzuführen: Durch die Eigenschaften von Seeanemonen ist festgelegt, welche Art von Gemeinschaft zwischen Seeanemonen überhaupt möglich ist – in diesem Fall eine nur sehr eingeschränkte. Das heißt, die fundamentalen Begrenzungen, denen eine Gemeinschaft unterliegt, sind durch die Biologie gegeben, auch wenn diese Grenzen bei manchen Arten außerordentlich dehnbar sind.

Diese theoretische Frage ist weder so merkwürdig noch so neu, wie es zunächst scheinen mag. Es gibt weit zurückreichende wirtschaftswissenschaftliche und politisch-philosophische Denktraditionen, innerhalb derer Sätze über das Wesen des Menschen zum Ausgangspunkt einer Analyse der menschlichen Gesellschaft gemacht werden – sei es der gegenwärtigen oder einer künftigen Gesellschaft. Häufig hatten jene Thesen über die menschliche Natur mit einem evolutionären Verständnis wenig zu tun oder waren sogar völlig abstrus. Und zweifellos war es unverantwortlich von den Evolutionsbiologen, zuzulassen, daß die Diskussionen über das Wesen des Menschen von Anarchisten, Faschisten und

Utilitaristen beherrscht wurden, die in keiner Weise dafür qualifiziert waren. Jeder glaubhaften Gesellschaftstheorie muß ein vernünftiges darwinistisches Modell der menschlichen Eigenschaften zugrunde liegen. Wir haben uns nach darwinistischen Mechanismen entwickelt und unterlagen darwinistischen Begrenzungen – es sei denn, man favorisiert eine nichtdarwinistische Schöpfungstheologie. Karl Marx beispielsweise war bereit, diesen Ausgangspunkt zu akzeptieren. Herbert Spencer dann allerdings auch. Im folgenden soll es darum gehen, zu prüfen, wie weit diese Voraussetzung trägt, um die wesentlichen sozialwissenschaftlichen Theorien und politischen Ideologien der Gegenwart zu reflektieren. Hinter Ideologien und Sozialwissenschaften steckt Biologie, und auf die wollen wir unser Augenmerk richten.

Gehen wir zunächst von darwinistischen Deutungen des menschlichen Verhaltens aus. Bisher haben wir zwei grundsätzliche Möglichkeiten besprochen, auf darwinistischer Grundlage zu einem Verständnis des menschlichen Verhaltens zu gelangen: die Evolutionspsychologie und das immanent-darwinistische Kalkül. Auch die grundlegende Spannung zwischen diesen beiden Ansätzen wurde bereits deutlich. Diese Spannung wird auch unsere Frage nach der menschlichen Gesellschaft beherrschen.

Menschliche Werte

Eine der fundamentalen Fragen, denen sich Theorien über das Wesen des Menschen zu stellen haben, ist die nach der Natur menschlicher Werte. Wonach streben Menschen? Und was meiden sie? Das sind Fragen, welche die genannten darwinistischen Theorien des Menschen auf interessante Weise beantworten.

Alle darwinistischen Theorien der menschlichen Natur stimmen darin überein, daß die letzte Grundlage menschlicher Werte in darwinscher Fitness zu suchen ist. Doch sie stimmen ebenso darin überein, daß das Verhalten des Menschen nicht *unmittelbar* von dieser Grundlage her determiniert ist. Der Evolutionspsychologie zufolge beeinflußt die Frage der Fitness nur indirekt das menschliche Verhalten, nämlich über die Auswirkungen genetisch bedingter Verhaltensvariation auf das Ergebnis der natürlichen Auslese. Das heißt, das Wertekalkül des Menschen hängt vom Ergebnis der genetischen Selektion ab. Auch für den immanenten Darwinismus spielt die darwinsche Fitness eine indirekte Rolle, hier jedoch auf dem Umweg über unbewußte Gehirnfunktionen insbesondere im Bereich des vorderen Stirnlappens. Die biologische Evolution schuf eine im Frontalhirn lokalisierte darwinistische Maschinerie; in der Gegenwart jedoch hat die genetische Evolution kaum noch direkten Einfluß auf menschliche Verhaltensformen, und das darwinistische Kalkül findet stattdessen in einem zweigeteilten Bewußtsein statt. Keine der beiden Theorien läßt erwarten, daß der Zusammenhang zwischen Fitness und menschlichen Werten besonders einfach ist, und der letzteren Theorie zufolge ist es tatsächlich ein sehr indirekter Zusammenhang.

Die Aussichten, daß es sich um brauchbare Theorien der menschlichen Werte handelt, mit denen die meisten menschlichen Entscheidungen im einzelnen zu erklären wären, scheinen dementsprechend gering. Doch ein Gebiet gibt es, wo einiges an Aufklärung möglich ist. Denn Werte sind ein klassisches Problem aller Wirtschaftstheorien, ein Problem, das aus der scheinbar einfachen Frage erwächst, wodurch eigentlich in einer Marktwirtschaft die Preise bestimmt werden.[25] Möglicherweise liefert gerade diese Frage die Arena, in der die beiden Evolutionstheorien bewertet und miteinander verglichen werden können.

Moderne Werttheorien drehen sich meist um so geheimnisvolle Begriffe wie den der »manifestierten Vorliebe«. Diesen Theorien zufolge ist der Wert eines Gebrauchsgegenstands schlicht und einfach der Wert, der sich in den Entscheidungen der Konsumenten manifestiert, ganz gleich, worin diese Entscheidungen letztlich gründen. Diese Lösung des Problems verschiebt es jedoch lediglich auf eine andere Ebene, nämlich in das Bewußtsein ansonsten unergründlicher Konsumenten. In gewissem Sinne haben es die herrschenden Wirtschaftswissenschaften mittlerweile aufgegeben, dieses Problem zu lösen.

Die beiden Evolutionstheorien des menschlichen Verhaltens bieten hinsichtlich des Wertproblems vergleichbare Lösungen an. Die Evolutionspsychologie nimmt an, daß das menschliche Verhalten von einem ganzen Bündel spezifischer Verhaltensmechanismen gesteuert wird, die das Ergebnis natürlicher Auslese sind. Diese unterschiedlichen Mechanismen arbeiten alle mit besonderen, genetisch fundierten, wenngleich nicht unbedingt von der Umgebung unabhängigen Bewertungen oder Zielen. So wird zum Beispiel die Wahl des Lebenspartners von eigenen Zentren der Bewertung gesteuert, Zentren, die bei den meisten Individuen für ein adäquates Paarungsverhalten sorgen – meistens jedenfalls. In diese Bewertungen werden ganz spezifische Kriterien eingehen, so zum Beispiel das biologische Potential des voraussichtlichen Partners hinsichtlich der Befruchtung oder seine Fähigkeit, den Nachkommen elterliche Fürsorge zukommen zu lassen. Ähnlich werden, der Evolutionspsychologie zufolge, bestimmte, auf dem Markt angebotene Gebrauchsgüter danach bewertet, in welchem Maß sie jenen spezifischen Bewertungen entsprechen. So kann es beispielsweise vorkommen, daß Autos mittelbar nach ihrem vermuteten Wert für die Paarung beurteilt werden: etwa dann, wenn diese Wertungen sich in je nach Gegenstand verschiedenen Reaktionen ausdrücken. Das können positive wie negative Reaktionen sein, die sich auf Farbe, Geschwindigkeit, Formgebung und so weiter beziehen. Die Entscheidungen der Autodesigner werden diese eingebauten Reaktionen unwissentlich auslösen, welche die Bewertung und damit letzten Endes auch den Preis definieren. Nach dieser Theorie wären Autodesigner wahrscheinlich erfolgreicher, wenn sie mehr von Evolutionspsychologie verstünden.

Theorien des menschlichen Verhaltens, die auf der Vorstellung eines übergreifenden, zumindest teilweise unbewußten darwinistischen Kalküls beruhen, sind in einer vergleichbaren Lage. Auch nach einer solchen Theorie müssen der Bewertung eines Produkts darwinistische Überlegungen zugrunde liegen. Doch bei dieser zweiten Art von evolutionärer Theorie des menschlichen Verhaltens ist die Bewertung für jedes Individuum und für jeden Zeitpunkt spezifisch. Es gibt nur sehr wenige vorgeprägte und eng definierte Vorlieben, die durch genetische Anpassung bereits determiniert sind. Diejenigen, die Produkte auf den Markt bringen, werden vielmehr feststellen, daß ihre Kunden eine verblüffende, bisweilen stark schwankende Bewertung ihrer Produkte an den Tag legen, mit häufig eklatanten Unterschieden zwischen den einzelnen Individuen. Dieser Theorie zufolge können die Ökonomen das Problem des Werts ebenso gut den »manifestierten Vorlieben« überlassen. Denn es wird ihnen schwer fallen, angesichts der wechselhaften und unbewußten Wertungen von Menschen, die sich als »immanente Darwinisten« verhalten, nennenswerte Fortschritte zu erzielen.

Für welche dieser beiden Werttheorien man sich letztlich entscheidet, hängt davon ab, wie schnell sich Marktpreise aufgrund unterschiedlicher Nachfrage tatsächlich verändern. (Eine Modifikation des Angebots wird die Preise, relativ zur Knappheit der Waren, in beiden Fällen verändern.) Dem Modell der Evolutionspsychologie zufolge müßten grundlegende Wertschätzungen der Konsumenten weitaus konstanter sein als nach der Theorie des immanenten Darwinismus mit seinem relativen Mangel an Stabilität. Genetisch eingeführte Vorlieben müßten sowohl stabiler als auch verbreiteter sein als Vorlieben, in denen sich Überlegungen vieler einzelner Individuen widerspiegeln. Doch welche der beiden Evolutionstheorien des menschlichen Verhaltens man auch bevorzugt: Es ist klar, daß beide von grundlegender Konsequenz für jede denkbare ökonomische Werttheorie sind. Direkt oder indirekt, auf optimale oder auf verquere Weise muß der Wert aus darwinistischen Mechanismen erwachsen. Das ist eine der wenigen Aussagen, über die sich sämtliche vernünftigen darwinistischen Gesellschaftstheorien einig sein sollten.

Das Wesen des Marktes

Außer auf sehr niedrigem technologischen Stand, bei weitverstreuter Bevölkerung oder in Fällen, da eine zentrale Machtinstanz jeglichen Warenaustausch steuert, wird jede menschliche Gemeinschaft so etwas wie einen Markt besitzen. Dieser Markt konstituiert sich aus Tauschakten, Käufen, Verkäufen und anderen Geschäften, die von Individuen an jedem beliebigen Ort getätigt werden. Die meisten Märkte haben alle möglichen Unzulänglichkeiten: Monopole, Zugangsbeschränkungen, Preisabsprachen und staatliche Eingriffe der verschiedensten Art. Doch nach wie vor sind dies Märkte, auf denen zahlreiche Individuen hinsichtlich Produktion, Konsum und vertraglicher Verpflichtungen ihre Entscheidungen treffen.

Die beiden evolutionären Konzeptionen der menschlichen Natur sind für unser Verständnis der Funktionsweise solcher Ökonomien von einiger Bedeutung. Folgt man der Evolutionspsychologie, dann ist das Verhalten der Menschen als Produzenten, Konsumenten oder Vermittler durch spezifische Verhaltensroutinen festgelegt, die sich durch genetische

Anpassung herausgebildet haben. Diese Routinen müßten nun das Ausmaß an Veränderung, das in jeder gegebenen Wirtschaft möglich ist, im Großen und Ganzen festlegen; denn durch sie bleiben ja alle Individuen in Muster des Konsums und der Produktion befangen, die vom Standpunkt der Kapitalverwertung oder gemessen an jedem beliebigen anderen Kriterium höchst ineffizient sein können. Die genetischen Zwänge einer in dieser Weise evolutionär festgelegten Wirtschaft sorgen für eine Stabilität sowohl des Konsums als auch der Produktion, und innerhalb dieses Rahmens schwanken dann die Preise nach jenen Gesetzen des Marktes, für die sich Nationalökonomen interessieren. Eine solche Ökonomie wäre eine ziemlich berechenbare Struktur, und sie wäre jener Art von makroökonomischer Analyse zugänglich, für die sich John Maynard Keynes stark machte.

Die Alternative zu diesem Modell wäre das unbewußte, offene, darwinistische Kalkül eines Organismus, der durch Selektion die Fähigkeit erlangt hat, andere Mitglieder seiner Spezies ebenso zu überlisten wie eine sich unberechenbar verändernde Umgebung. In diesem Fall beruhen Anpassungen des Verhaltens nicht unbedingt auf genetisch festgelegten Mechanismen. Stattdessen wäre gerade eine schöpferische Unvorhersagbarkeit das entscheidende Merkmal. Solche Organismen wären als Produzenten weitaus kreativer und als Konsumenten wesentlich weniger berechenbar, da sie eine Vielzahl von Möglichkeiten kennen, ihre Fitness zu verbessern. Ihrer Verschlagenheit als Händler wären keine Grenzen gesetzt. Und ein solches darwinistisches Wesen wäre noch zu weit mehr imstande: den Markt mit völlig neuen Produkten zu überschwemmen, welche die vorhandenen Produkte verdrängen; als Konsument blitzartig von einem Produkt zum anderen zu wechseln, je nach dem neuesten Informationsstand über die Funktionalität der verschiedenen Produkte; und schließlich komplexe Geschäfte mit Produzenten und

Geldgebern zu tätigen, um Produkte auf dem Markt neu einzuführen.

Die Bedeutung des Gegensatzes zwischen diesen beiden Szenarien eines *Homo oeconomicus* liegt in den verschiedenen Wirtschaftsformen, die sich daraus ergeben. Vom Standpunkt der Evolutionspsychologie könnte der Markt wie eine dauerhafte Verrechnungsstelle funktionieren, in der stabile Muster der Produktion auf stabile Muster des Konsums treffen; hier hätte der Markt lediglich die Aufgabe, Angebot und Nachfrage aufeinander abzustimmen. Auf der Basis des zweiten Modells, dem offenen, immanenten, darwinistischen Kalkül, wird die ganze Sphäre der Wirtschaft zu einer Art Handgemenge, das nur notdürftig von einem institutionellen Rahmen zusammengehalten wird, mit Rudeln darwinistischer Füchse, die alle um irgendwelche Vorteile kämpfen. Eine solche Ökonomie wäre nur stabil, so lange die Technologie auf niedrigem Stand bleibt. Entwickelte sich die Technik weiter und eröffnete neue Möglichkeiten der Güterproduktion, dann würde das Wirtschaftssystem zugleich komplexer und instabiler.

Dieser Gegensatz zwischen den Konsequenzen zweier grundlegender Evolutionstheorien korrespondiert mit einer Debatte, die innerhalb der Wirtschaftswissenschaften des 20. Jahrhunderts über lange Jahre geführt wurde. Die herrschenden Schulen der Neokeynesianer und Monetaristen haben immer wieder hervorgehoben, daß es aufgrund fixer Beziehungen zwischen Variablen wie Geldmenge, Inflationsrate, Arbeitslosenquote und Wirtschaftswachstum möglich sei, makroökonomische Tendenzen vorherzusagen. Diese Vorstellung, Wirtschaftssysteme hätten unveränderliche Eigenschaften, paßt gut zu den Theorien der Evolutionspsychologie.

Eine Alternative innerhalb der Nationalökonomie bot der österreichische Neoliberalismus von Friedrich August von

Hayek, Ludwig von Mises und Joseph Schumpeter. Diese Theoretiker betonten die Fähigkeit des Marktes, sich in solchem Maße umzustrukturieren, daß auch scheinbar unveränderliche Beziehungen zwischen makroökonomischen Variablen ins Wanken geraten.[26] Dabei ist in unserem Zusammenhang vor allem die Art und Weise von Bedeutung, wie die Neoliberalen die Funktionsweise des Marktes interpretierten. Schumpeter zufolge entfesselt die Marktwirtschaft einen »Sturm der Zerstörung«, in dem ältere Verfahren der Güterproduktion und überkommene Dienstleistungen fortwährend durch neue Erfindungen und Praktiken beseitigt werden. Für die österreichischen Neoliberalen ist der interessanteste und wichtigste Aspekt der Marktwirtschaft die Tatsache, daß sie Produzenten die Möglichkeit bietet, bessere und qualitativ neue Produkte auf den Markt zu bringen, die dann von den Konsumenten erworben werden können. Die Schule der Makroökonomie konzentriert sich mehr auf die übergreifenden Strukturen der Wirtschaft, unter den Prämissen eines weniger turbulenten ökonomischen Modells. Insgesamt zeigt sich hier eine unmittelbare und ungewöhnliche Entsprechung zwischen zwei Evolutionstheorien des menschlichen Verhaltens und den zwei wichtigsten wirtschaftstheoretischen Modellen.

Die politische Stabilität der Marktgesetze

In der westlichen Philosophie und Politischen Ökonomie gibt es die weit zurückreichende Tradition, die geschichtliche Entwicklung des Marktes so zu beschreiben, als handle es sich um eine Art von Automatismus. Das gilt für die Visionen eines Adam Smith und seiner Anhänger, die noch den Whigs verpflichtet waren, ebenso wie für Marx und sein historistisches Modell eines gesellschaftlichen Fortschritts, der sich in drei Etappen vollzieht: Feudalismus, Kapitalismus,

Sozialismus. Diese verbreitete Auffassung geht von bedeutsamen Voraussetzungen über die Grenzen menschlichen Wahrnehmens und Handelns aus.

Folgt man den Vorstellungen der Evolutionspsychologie, so ist es völlig vernünftig anzunehmen, daß die menschlichen Gesellschaften sich wie Schlafwandler durch die Geschichte bewegen, während sie einer Folge von progressiven oder vielleicht auch regressiven Veränderungen unterliegen. Dieser Theorie zufolge zwingen grundlegende genetische Begrenzungen den Menschen in Verhaltensmuster, aus denen es kein Entrinnen gibt. All die verschiedenen Formen des Historismus haben nach dieser Logik eine gewisse Plausibilität.

Nach der Theorie des immanenten darwinistischen Kalküls hingegen ist für keinen historischen Prozeß eine derartige Stetigkeit zu erwarten. Man kann das am konkreten Beispiel der Marktinterventionen innerhalb eines politischen Systems illustrieren. Wenn die wirtschaftliche Situation bestimmter Produzenten oder Konsumenten sich – sei es relativ, sei es absolut – verbessert oder verschlechtert, so kann man erwarten, daß sie diese Veränderungen auch wahrnehmen. Unter der Voraussetzung des offenen Kalküls als einer menschlichen Fähigkeit ist es nur eine Frage der Zeit, daß von den wirtschaftlichen Akteuren bestimmte ökonomische Zusammenhänge als die Ursache von Schwierigkeiten erkannt werden. Angesichts des politischen Apparats, den die modernen westlichen Staaten für solche Aufgaben entwikkelt haben, fangen bestimmte Gruppen an, über ein Bündnis nachzudenken, um ihre gemeinsamen Interessen zu schützen. Diese Gruppen können dann beim Staat für ihre Sache werben – oder auch unmittelbaren Druck ausüben –, um ihn zu einer Intervention in der Wirtschaftssphäre zu bewegen und dadurch ein bestimmtes erwünschtes Resultat herbeizuführen. Hersteller beispielsweise können ihren Einfluß bei der Regierung geltend machen, um Importe aus Ländern, in denen die gleichen Waren kostengünstiger hergestellt werden, zu unterbinden. Gewerkschaften können Regierungen dazu nötigen, Gesetze zu verabschieden, die dafür sorgen, daß nur noch Gewerkschaftsmitglieder beschäftigt werden. Konsumenten können erreichen, daß Regierungen bestimmte Produkte verbieten, andere subventionieren oder sogar kostenlos verteilen. Gibt es einen immanenten Darwinismus, dann ist die menschliche Natur im höchsten Maß dazu prädisponiert, jede Regel und jedes Prozedere, das im Hinblick auf die angestrebte Reproduktion hinderlich ist, zu manipulieren, zu umgehen oder zu verändern. Keinesfalls werden dann die Menschen die ewig gleichen Reaktionen zeigen, mit atavistischen Mustern, die vor einer Million Jahren in der afrikanischen Savanne durch Selektion entstanden.

Wie man sieht, bringt der immanente Darwinismus beides hervor: ein riesiges Potential an Marktinnovationen und ein ebenso großes Potential an Möglichkeiten, in den Markt einzugreifen – wobei diese Eingriffe die Effizienz des Marktes gewöhnlich keineswegs verbessern. Mit anderen Worten: Es kommt zu Korruption. Das kann die Korruption einer Partei-Elite sein, wie in der Sowjetunion und gegenwärtig noch in China; oder die politische Konkurrenz um Zuwendungen aus der Wirtschaft, wie in den Wohlfahrtsstaaten Westeuropas; oder der in der Dritten Welt häufige Nepotismus, bei dem Mitglieder der herrschenden Familie auf dem Markt bevorzugt behandelt werden.

Dies ist natürlich nur *ein* Beispiel für die Möglichkeiten des Menschen, staatliche und wirtschaftliche Institutionen zu pervertieren – vorausgesetzt, daß es ein offenes darwinistisches Kalkül tatsächlich gibt. Eine sehr allgemeine Schlußfolgerung aus dieser Evolutionstheorie ist, daß keine Geschichtstheorie sehr lange funktioniert, sobald ein avancierter technologischer Stand einmal erreicht ist. Es gibt dann einfach zu viel Kreativität und zu viele destruktive Tendenzen, als daß einfache Schemata der sozialen Weiterentwicklung des Menschen lange aufrecht erhalten werden könnten. Letzten Endes wird die Geschichte zu einem wilden und bunten Roman, der nichts bedeutet, weil er keinem vorgegebenen Muster folgt. Genau wie das Wetter.[27]

Ökonomische Ineffizienz: zwei Variationen

In gewissem Sinne sind beide Evolutionstheorien für die Wirtschaft nicht besonders ersprießlich. Nach dem evolutionspsychologischen Modell sind die Menschen auf stereotype Verhaltensmuster festgelegt, die sich über natürliche Auslese genetisch herausgebildet haben. Solche Organismen werden wahrscheinlich unfähig sein, auf bestimmte Veränderungen der Umwelt zu reagieren. Als Produzenten werden sie Mühe haben, ein Produkt durch ein anderes zu ersetzen. Als Konsumenten werden sie den relativen Wert verschiedener Produkte nur allmählich realisieren. Als Händler schließlich werden sie neue, vorteilhafte ökonomische Umstände nur selten als solche erkennen. Positiv ist, daß solche Wesen sich, was Korruption betrifft, auf dem Markt zu »benehmen« wissen. Nur selten wird dieser Menschentyp die Grundstruktur eines Wirtschaftssystems unterminieren.

Die Alternative ist für politische Ökonomen vielleicht noch weniger erquicklich. Der erfinderische böse Geist des immanenten Darwinismus hat die Fähigkeit, rastlos von einem Beruf zum anderen, von einem Produkt zum nächsten zu wechseln, und dabei erfindet er immer neue und verstecktere Möglichkeiten, Gesetze und Vorschriften zu umgehen. Daraus resultiert eine beträchtliche Fähigkeit, neue Dinge und Verfahrensweisen zu erfinden, und dies eben bedeutet für den Markt jenen Wirbel destruktiver Kreativität. Neue Produkte tauchen auf, von denen einige auch akzeptiert werden, wonach sie sich mit ungeheurer Geschwindigkeit in der ökonomischen Sphäre ausbreiten und dabei überkommene Industrien und Produktionsverfahren vernichten. Doch während dieser »Spieler« den Markt mit neuen und nützlichen Produkten beliefert, wird er gleichzeitig versuchen, jedes Gesetz, jeden Politiker, jeden Monarchen in Richtung seiner eigenen Interessen zu manipulieren. Es kann soweit kommen, daß die ganze Wirtschaftssphäre sich in einen einzigen Stau verwandelt, an dem eine Vielzahl von Spielern beteiligt ist und in dem jeder reguläre wirtschaftliche Prozeß, sei er nun kapitalistisch oder sozialistisch, zugunsten der jeweils durchsetzungsfähigsten »Interessen« unterminiert wird. Ein solches Wirtschaftssystem verhält sich dann wie eine Turbine, in die Kies geschüttet wird: Die Reibungsverluste, die der Kampf um Vorteile mit sich bringt, verlangsamen die Bewegung oder bringen sie ganz zum Erliegen.

Beide Modelle könnten also erklären, warum sich die moderne Weltwirtschaft zu einem schillernden Debakel entwikkelt hat, bei dem offenbar sämtliche Nationalstaaten über Produktionsreserven verfügen, die aufgrund von chaotischer Wirtschaft und politischem Versagen nicht nutzbar sind. Welches Modell nun die zwingendere Erklärung liefert, ist noch offen.

Hobbes und der *Leviathan*

Die Wirklichkeit schert sich wenig um wissenschaftliche Kategorien und Konventionen. Ernstzunehmende »Macher« und Leitfiguren der verschiedensten Art laufen einander häufig über den Weg, und der eine übernimmt Ideen vom anderen. Themen, die in einem bestimmten Bereich aufkamen, kehren dann in anderen Bereichen wieder: Aus Literatur wird Politik, aus Politik wird Philosophie, aus Philosophie wird Wissenschaft. Im Fall des großen englischen Philosophen Thomas Hobbes war es die Begegnung mit Galileo, die eine derartige Querverbindung schuf. Hobbes erkannte – wie viele andere geistig wache Menschen auch –, daß die von Galileo vereinheitlichte Mechanik völlig neue Wege eröffnete, um über *alles* nachzudenken. Das heißt, Hobbes sah Galileos Werk als Resultat einer universellen wissenschaftlichen Denkweise – einer Denkweise, die seither zu einem der wesentlichen Bausteine der Moderne geworden ist. Hobbes wollte nun eine »Physik« des menschlichen Sozialverhaltens schaffen, obwohl weder er noch Galileo eine wirklich moderne Vorstellung dieses Begriffs schon hätten entwickeln können. Hobbes wollte im Grunde Galileo nachahmen, ihn auf ein anderes Gebiet übertragen.[28] Und einige hundert Theoretiker später gibt es noch immer Menschen, die das versuchen – darunter die Evolutionspsychologen.

Nachahmung ist schmeichelhaft, doch besonders präzis geht es dabei selten zu. So ließ sich auch Hobbes von Galileo zwar inspirieren, doch das, was er selbst schuf, war bei weitem nicht so rational begründet wie das mechanistische Konstrukt von Galileos Physik. Anstatt ein ebenso dynamisches wie verifizierbares Modell zu entwerfen, arbeitete Hobbes an der Begründung eines allmächtigen Weltregenten, des »Leviathan«.

Im Zentrum von Hobbes' *Leviathan* sitzt die Angst vor der Anarchie. Die Reformation hatte in Europa mehrere Religionskriege ausgelöst, die von teilweise entsetzlicher Grausamkeit waren. In belagerten Städten breiteten sich Seuchen aus, und häufig wurde das ganz bewußt herbeigeführt, indem man Leichen von Seuchenopfern über die Stadtmauern schleuderte. Kleinkinder wurden an Spießen gebraten und öffentlich verzehrt. Hobbes und andere zogen aus diesen Ereignissen den Schluß, daß das Leben im Naturzustand grauenvoll gewesen sein müsse: böse, brutal und kurz, in seinen berühmten Worten. Dazu kam, daß die engstirnigen europäischen Entdeckungsreisenden von anderen Kontinenten viele nicht gerade erbauliche Geschichten mitbrachten über die angeblich barbarischen Zustände bei verschiedenen Eingeborenenvölker, mit denen sie zusammengetroffen waren. Nicht nur hatten diese Menschen keine Ahnung vom Christentum; sie liefen auch weitgehend nackt herum, waren zügellos, kannibalistisch und offen promiskuitiv. Daraus zogen Hobbes und andere den Schluß, daß der Mensch eine abscheuliche Bestie sei, solange er sich selbst überlassen bliebe.

Die Frage lautete also: Wie kann man die Menschheit vor sich selbst retten? Für alle Ängstlichen konnte es nur eine logische Konsequenz geben: Die Errichtung einer zivilen Machtinstanz, eines »Leviathan« in Gestalt eines Alleinherrschers. Diese Autorität war vom Volk mit jeglicher Machtbefugnis auszustatten, damit die Menschen so vor ihren eigenen bösen, chaotischen Tendenzen geschützt würden. Für Hobbes war dies die rationale Grundlage des Staates. Und diese Vorstellung wiederum wurde zu einer Wurzel, zu einem archetypischen Muster allen autoritären und konservativen Denkens – in dem Sinne zumindest, in dem diese Begriffe heute in Europa gebraucht werden. Offenkundig ist dies nicht gleichzusetzen mit dem Konservatismus amerikanischer Prägung, der gewöhnlich in dem Glauben verankert ist, die ursprüngliche Interpretation der amerikanischen Verfassung, die ja ein klassisches Dokument des Liberalismus ist, sei das einzig Wahre. Man kann auch »reaktionär« sagen, wenn einem die Begriffe »autoritär« oder »konservativ« nicht behagen. Der entscheidende Punkt ist aber, daß diese Denkfigur im westlichen Denken einen Trend begründete, der sich immer weiter fortsetzte. Auch in anderen Kulturen gab es dieses Element, beispielsweise im konfuzianischen Denken, das man in vielerlei Hinsicht als Begründung eines disziplinierten und die gegebene Ordnung stützenden Verhaltens deuten kann – gerichtet gegen jede Versuchung, sich in egoistischer, destruktiver Weise zu verhalten. Tatsächlich enthalten die meisten traditionellen Kulturen solche starken »autoritären« Elemente.

Besondere Beachtung verdient jedoch die Biologie, die dem autoritären Denken zugrunde liegt. Denn die implizite Behauptung lautet ja, der Mensch neige von Geburt an dazu, sich in ebenso destruktiver wie egoistischer Weise zu verhalten. Nach autoritären Vorstellungen kann uns nur die Ausstattung des Staates mit umfassenden Vollmachten die Anarchie vom Leibe halten. Verzweifelte Gesellschaften wenden sich Diktatoren zu, die sie mit allen Machtbefugnissen versehen; Beispiele sind Napoleon, Franco und Hitler. Und auch die europäischen Monarchien waren häufig ausdrücklich durch die Angst vor Anarchie und Bürgerkrieg legitimiert.

Der wesentliche Irrtum des autoritären Denkens besteht darin, daß es jedes kontrollierte Verhalten für das Verdienst eines starken Staates hält. Das ist weit entfernt von der Wirklichkeit. Wie ich in Kapitel III.2 zeigte, gibt es *einen* Menschentypus, der den Mythen des Konservatismus entspricht: den Soziopathen. Der Soziopath, der nicht unter strenger Überwachung steht, wird tatsächlich ständig gegen Konventionen, Moral, Gesetz, Eigentumsrechte und Anstandsregeln verstoßen. Soziopathen töten Kinder, die eigenen Eltern, irgendwelche unglücklichen Fremden, und das häufig aus geringem Anlaß oder ohne jedes Motiv. Wenn sie hinreichend triebhaft sind, werden sie mit praktisch jedem sexuell verkehren, der zu ihren speziellen Bedürfnissen paßt. So viel können wir den autoritär denkenden Menschen zugestehen: Ihre alptraumhaften Vorstellungen vom Wesen des Menschen gewinnen innerhalb dieser kleinen Minderheit tatsächlich an Realität. Polizeibeamte scheinen häufig ein hobbessches Bild vom Menschen zu entwickeln, das möglicherweise von ihrem häufigen Umgang mit Soziopathen rührt. Und wahrscheinlich tendieren Polizeibeamte stärker zu autoritären politischen Maßnahmen als jede andere Gruppe.

Doch Soziopathen machen nur ein bis zwei Prozent der Bevölkerung aus. Die breite Mehrheit unserer Spezies hält sich natürlich an die jeweils gültigen Sitten und Gesetze – auch dann, wenn von einem repressiven Staat weit und breit nichts zu sehen ist.

Es gibt ein grundlegendes darwinistisches Argument, diese autoritäre Paranoia abzulehnen: Es ist äußerst unwahrscheinlich, daß Tiere – Menschen eingeschlossen – sich in einer Weise entwickeln, daß die Mehrzahl jeden Sinn für Hierarchie, Besitz und Friedfertigkeit verliert. Viele Tierarten folgen »bürgerlichen« oder Vergeltungsstrategien: von Insekten über Vögel bis hin zu Säugetieren. Sie brauchen, um zu überleben, keine Polizei und noch viel weniger einen Polizeistaat. Auch Menschen scheinen quer durch alle Kulturen Vorstellungen von Ehe, Treue, Eigentum und Selbstbeschränkung zu entwickeln. Aus darwinistischer Sicht ist es nicht unbedingt die beste Strategie, sich wie ein habgieriger Söldner aus dem 17. Jahrhundert aufzuführen, sondern eher, sich eine gewisse Zurückhaltung aufzuerlegen. Und daher sind auch die meisten Tierarten in ihrem Sozialverhalten zurückhaltend, jedenfalls die längste Zeit über. Die Evolutionspsychologie und der immanente Darwinismus stimmen in diesem Punkt durchaus überein: Beide Theorien implizieren, daß die autoritäre Paranoia von grundlegend falschen Voraussetzungen ausgeht. Hobbes' Vorstellung eines Lebens, das ohne allmächtigen Herrscher einsam, armselig, böse, brutal und kurz bleibt, ist ganz abwegig.

Klassischer Liberalismus und libertäre Ideologie

Der Darwinismus ging aus derselben geistigen Strömung hervor wie die Politische Ökonomie und der Liberalismus: aus der englischen und insbesondere der schottischen Aufklärung. Selbst wenn man sagen würde, der Darwinismus sei ein später Ausläufer der gesamten Epoche der Aufklärung, so wären damit dessen Ursprünge nicht adäquat gekennzeichnet. Der Darwinismus repräsentiert eine naturwissenschaftliche Weltanschauung, die in ihren Anfängen englisch war, in ihrer Entwicklung englisch und angloamerikanisch, und die heute vor allem in Großbritannien und in den Vereinigten Staaten heimisch ist, mit schwächeren Einflüssen auch aus Kanada und Australien. Auch Marx bemerkte die englische Eigenart Darwins.[29] Als Darwin aufwuchs, las er die Werke von Adam Smith und andere Texte aus der breiten liberalen Tradition, die seine beiden Großväter verkörperten.[30] Vorstellungen von Fortschritt, Freihandel und vom Niederreißen traditioneller Barrieren hatte er daher von Anbeginn im Hinterkopf. Auch noch im mittleren Alter blieb er in seinen politischen Ansichten dieser Tradition treu: Er verurteilte den Sklavenhandel und lehnte die Politik der Tories generell ab.

Man kann also den Darwinismus als das natürliche Ergebnis derselben englischen Denkmuster betrachten, die auch den klassischen Liberalismus hervorbrachten. (Eine Ideologie, die in England *Whig* heißt und im zeitgenössischen Amerika als *conservative* bezeichnet wird.) Aber diese Beziehungen reichen noch viel weiter. Unter den inhaltlichen Aussagen des Darwinismus finden sich etliche, die aus politisch-ökonomischem Denken abgeleitet sind. Die Parallele zwischen der »unsichtbaren Hand« des Kapitalismus bei Adam Smith und der Evolution von Anpassungen durch natürliche Auslese ist ganz offensichtlich. Ebenso die Analogie von gut funktionierenden »Firmen« und deren jeweiligem Schicksal auf dem Markt einerseits und nützlichen Eigenschaften innerhalb von Populationen andererseits. Das Bessere verdrängt das Minderwertige. Diese Geisteshaltung einer »Unbarmherzigkeit zum guten Zweck« gehört zum Kernbestand sowohl des Darwinismus als auch des klassischen Liberalismus.

Unglücklicherweise hat diese geistige Herkunft dem Darwinismus ein Problem beschert, und dieses Problem heißt »Sozialdarwinismus«. Der Sozialdarwinismus ist keineswegs eine Erfindung Darwins: In Wahrheit gab es diese Idee schon lange vor Darwin, wenngleich der Begriff erst nach seinem Tod aufkam. Gewöhnlich bezeichnet man mit »Sozialdarwinismus« nichts anderes als die gnadenloseste Form des klassischen Liberalismus, nämlich die Lehre von Ebenezer Scrooge. Schon lange war der klassische Liberalismus an einer Unterstützung armer und sozial randständiger Menschen kaum interessiert. Ähnlich wie die Schurken bei Dickens argumentierten viele Liberale, darunter auch Thomas Malthus, daß Wohltätigkeit die Armen nur dazu animieren würde, noch mehr Kinder in die Welt zu setzen. Den langfristigen Interessen der Armen diene der Staat am besten, so hieß es, wenn er für einen harten, aber fairen Wettbewerb sorge. So sollte es etwa in Arbeitshäusern möglichst streng zugehen, damit die Armen sich darum bemühen würden, dort herauszukommen. All diese Vorstellungen waren längst im Umlauf, bevor *Origin of Species* erstmals veröffentlicht wurde.

Doch der Darwinismus war eine bedeutende geistige Errungenschaft, und wie es häufig der Fall ist, versuchten Intellektuelle und Politiker, diese Theorie als Trittbrettfahrer in den Dienst ihrer eigenen Projekte zu stellen. Und da der Darwinismus zum Teil dem klassischen englischen nationalökonomischen Denken entsprach, das er auf die Biologie übertrug, war es nur selbstverständlich, daß der Liberalismus der spätviktorianischen Zeit auch die erste Ideologie war, die den Darwinismus ausbeutete. (Später war es der Faschismus, der sich in der Blütezeit der Eugenik den Darwinismus zunutze machte.) Unter den darwinistisch gesinnten Intellektuellen außerhalb der Biologie war Herbert Spencer der bedeutendste. Spencer war Redakteur des *Economist*, einer Zeitschrift, die bis auf den heutigen Tag die Fahne des klassischen Liberalismus hochhält. Die Liebe der großen George Eliot (ein Pseudonym von Mary Ann Evans) tat Spencer auf ziemlich geschmacklose Weise ab. Er verfaßte dickleibige Bücher, in denen er alle Sparten des Wissens in gigantischen Synthesen vereinte, die jedoch nicht besonders bedeutsam waren. Schließlich ging er zum Darwinismus über und prägte den unglücklichen und in die Irre führenden Slogan vom »Überleben der Tüchtigsten«. Von Leuten wie Spencer empfingen nun wiederum andere, weniger bedeutende Figuren die Botschaft, man könne den Darwinismus so verallgemeinern, daß er auf alles Beliebige anwendbar sei. Und so kam es, daß der Darwinismus nun als weitere Rechtfertigung für die Beschränktheiten des klassischen Liberalismus in Anspruch genommen wurde. Wenn Darwin gezeigt hat – so hieß es nun –, daß das Konkurrenzprinzip in der Natur zum Überleben der Tüchtigsten und zur Verbesserung aller Lebensformen führt, dann sollte auch die staatliche Politik im Hinblick auf Armut, Minimallöhne, Renten und so weiter diesen Regeln folgen.[31]

Die großen Wirtschaftskrisen zwischen den beiden Weltkriegen stürzten den klassischen Liberalismus als herrschende Ideologie. (Selbst Friedrich August Hayek, der österreichische Nobelpreisträger der Wirtschaftswissenschaften und Wortführer eines erneuerten Liberalismus, war ursprünglich Sozialist.) Das Gute daran war, daß der Darwinismus jetzt aus dem Spiel blieb. In den dreißiger Jahren konnten sich führende Evolutionsbiologen, wenn sie wollten, auch zum Kommunismus oder zum Faschismus bekennen. J. B. S. Haldane etwa war Stalinist. Andere Evolutionsbiologen, wie R. A. Fisher, waren Tories und Eugeniker. Jene enge Verbindung zwischen Darwinismus und klassischem Liberalismus existierte nicht mehr.

Doch Ende der sechziger, Anfang der siebziger Jahre gewann das Problem wieder an Brisanz. Mit dem guten alten

Marxismus-Leninismus vertrug sich die Gegenkultur der sechziger Jahre nicht besonders gut, und einigen Radikalen jener Zeit waren auch der Trotzkismus und der Maoismus noch immer zu autoritär. Bakunin, Kropotkin und andere Anarchisten hatten auf dem Uni-Campus mehr Anhänger als jemals seit 1917. Nicht auf alle Anarchisten dieser Szene, doch auf einige, wirkte die libertäre Ideologie geradezu wie ein Sirenengesang. Vielleicht das eloquenteste aller libertären Manifeste war Robert Nozicks *Anarchy, State, and Utopia.*[32] Nozick argumentierte, es sei durchaus akzeptabel, wenn sich aus einem ursprünglich anarchischen Zustand durch Übereinkunft eine Art Minimalstaat entwickele, mit Polizei, Justiz und Armee. Doch er wandte sich gegen jede Ausweitung des Staates über diese unverzichtbaren Elemente hinaus; Renten, öffentliche Aufträge, Sozialleistungen und ähnliches lehnte er ab. Im Grunde war dies ein Brückenschlag zurück zum klassischen Liberalismus. Und vor allem – dies ist für unseren Zusammenhang von Bedeutung – beruhte Nozicks Manifest auf dezidierten Vorstellungen über das Wesen des Menschen im Naturzustand. Erneut war die Natur des Menschen zu einer Schlüsselfrage geworden.

Solange die darwinistische Theorie über das Wesen des Menschen nicht die allgemein anerkannte Theorie ist, solange können natürlich auch libertäre Ideologen sich menschliche Eigenschaften zurechtlegen, die zu ihrem Programm passen. Das hatte bis dato jede andere Ideologie so gemacht, warum also nicht auch sie? Doch wenn wir die Einschränkung akzeptieren, daß die menschliche Natur sich zumindest an das Machbare anpassen muß – und genau dies tut der Darwinismus –, dann müssen wir darüber nachdenken, welche Konsequenzen die beiden grundlegenden darwinistischen Modelle des Menschen haben. Die Evolutionspsychologie hat die für Ideologen sehr angenehme Eigenschaft, daß sie das menschliche Verhalten unter ganz bestimmten Zwängen sieht. Akzeptiert man diese Theorie, so ist es zumindest vorstellbar, eine Art libertären Staat zu errichten, in dem jeder seinen Geschäften nachgehen kann, ohne seine Mitbürger dabei allzu sehr zu stören. Die richtige Ideologie wäre dann diejenige, die sich sowohl die »dummen« als auch die intelligenten Aspekte eines evolutionär wohlgeformten, spezifisch menschlichen und genetisch stabilen Verhaltensrepertoires zunutze macht.

Die zweite darwinistische Theorie hat keine derartigen Garantien zu bieten. Wenn die Menschen einem prinzipiell offenen Kalkül folgen, das alle nur möglichen darwinistischen Eventualitäten einbezieht, dann werden die geschilderten grundlegenden Probleme politischer und wirtschaftlicher Korruption jeglicher Neuauflage eines Liberalismus schwer zu schaffen machen. Anstatt sich mit irgendeiner automatisch ablaufenden, marktorientierten Verteilung von Gütern zufrieden zu geben, können die Menschen nun ebenso gut Gruppen bilden, um Ökonomie und Politik zu korrumpieren – und zwar nicht nur auf der Ebene der üblichen Unzulänglichkeiten von Märkten, sondern in großem Maßstab auch durch Herbeiführen politischer Interventionen durch die Regierung. Eine libertäre Gesellschaft würde durch derartige Gruppierungen förmlich zerrissen. Und tatsächlich hat man die amerikanische Politik seit 1830 schon in der Weise gedeutet, daß eine ursprünglich ziemlich libertäre Verfassung zugunsten aller möglichen Interessen allmählich aufgeweicht wurde. Das ist zumindest *ein* Beispiel, wenn auch kein vollkommen unanfechtbares, für die grundsätzliche Instabilität einer libertären Regierungsform. Es läßt vermuten, daß überhaupt jegliche ideologisch begründete Verfassung durch Politik letztlich zermahlen wird – durch Revolutionen ebenso wie durch Tagespolitik. Das Problem der wirtschaftlichen Stabilität hat demnach sein Gegenstück in der Frage nach der Möglichkeit politischer Stabilität – angesichts von

Individuen, die sich als immanent-darwinistische Taktierer verhalten.

Von Rousseau bis Orwell

Es gibt kaum einen verlockenderen Mythos als jenen, den Jean-Jacques Rousseau so erfolgreich verbreitete: der Mythos, daß der Mensch von Natur gut sei.[33] Für einige Anthropologen ist dies fast eine Religion (vielleicht gerade für diejenigen, die dazu bestimmt sind, als Vorspeise beim nächsten kannibalistischen Festmahl zu enden). Auch in einem großen Teil der romantischen Literatur des viktorianischen Zeitalters spielt jener Mythos implizit oder explizit eine bedeutsame Rolle. Der edle Wilde ist eine herzerwärmende Legende. Sie besagt, daß der Mensch im Naturzustand gut ist. Die Natur ist gut, die Zivilisation ist böse. Diese Vorstellung ist tief verankert in der modernen Psyche. Wie wir unsere Kinder aufziehen, wie wir jugendliche Straftäter behandeln, wie wir mit geistig Behinderten und psychisch Kranken umgehen – stets ist jener Mythos im Spiel. Unschuld ist nicht nur die Voraussetzung, sie ist eine zwangsläufige Schlußfolgerung.

Da sich jedoch reiche und mächtige Erwachsene in modernen Gesellschaften offenbar nicht nach diesem Muster verhalten, bedarf es einiger Ausflüchte, um die zugrunde liegende Hypothese vom Adel des Menschen aufrecht zu erhalten. Angeführt werden gewöhnlich Entfremdung, Unterdrükkung und Korruption durch eine zivilisierte Gesellschaft, die angeblich so strukturiert ist, daß sie die grundlegende Friedfertigkeit des Menschen durchkreuzt. Man beachte, daß diese Vorstellung fast das genaue Gegenteil des von Hobbes entworfenen paranoiden Modells ist. Rousseaus Phantasie ist nicht paranoid, sondern grandios – psychiatrisch gesprochen. Behauptet wird, daß es eine allgemeine, jedoch unterdrückte Tendenz zur Gutartigkeit gebe, und diese Tendenz erfordere die Zerstörung der etablierten Ordnung, um den Übergang der Gesellschaft in eine neue und kongeniale Form zu ermöglichen. Das ist die Ideologie der Revolution.

Dies ist ein Denkmuster, das in der modernen Welt außerordentlich weit verbreitet ist und in vielfacher Gestalt auftritt. Für den Journalismus des 20. Jahrhunderts war es ein zentrales Thema, daß Regierungen, Universitäten und private Körperschaften bösartige Organisationen oder Systeme sind (»das System«, hieß es manchmal), die den menschlichen Geist auspressen. Ein dramatisches Leitmotiv journalistischer Beiträge war dann stets der Kreuzzug bestimmter Menschen (einschließlich der Journalisten selbst) gegen jene Vergewaltigung einer fundamentalen Menschlichkeit. Doch wie steht es mit der Grausamkeit des Staatsbeamten gegenüber seinem Opfer – ist auch sie eine Manifestation jener grundlegenden Menschlichkeit? Man staunt manchmal über die innere Widersprüchlichkeit derartiger Ideen. So etwa beim jüngeren George Orwell, der in Büchern wie *Down and Out in Paris and London* oder *The Road to Wigan Pier* die Unzulänglichkeiten gewöhnlicher Menschen, mit denen er zu tun hatte, mit aller Schärfe schilderte, und der dennoch glaubte, daß diese Leute durch eine andere politisch-gesellschaftliche Struktur von Grund auf veredelt würden.[34]

Insgesamt ist diese Verbindung zwischen ursprünglich edlem Charakter und nachfolgendem Sündenfall eines der verbreitetsten, elementarsten Ideologeme der Neuzeit. (In gewissem Sinn ebenso elementar wie Adam und Eva in modernem Gewand.) Und damit verknüpft sind offenkundig sehr dezidierte Ansichten über die grundlegenden Eigenschaften des Menschen. Wenngleich zur Jahrhundertwende längst nicht mehr alle fortschrittlich Gesinnten eine Politik der Revolution mittragen würden, so war dies doch noch in den sechziger Jahren das vorherrschende Glaubensbekenntnis unter jungen Leuten jeden Alters. Das zentrale Element dieses Glaubensbekenntnisses war die Ablehnung der Marktwirtschaft; denn diese wurde, gerade nach den schweren Krisen der Zwischenkriegszeit, als archetypisches Beispiel dafür gesehen, in welcher Weise überkommene ökonomische und politische Systeme die Existenz ihrer Bürger ruinieren. Anstelle dieses barbarischen Gebildes aus freiem Markt und Demokratie sollte eine sozialistische Regierung die wesentlichen Vermögenswerte des Landes übernehmen und diese dann nur noch im Dienste des Allgemeinwohls einsetzen. Damit wären alle Marktzwänge und all jene damit einhergehenden Irrationalitäten und Mißstände gebannt.

Treten wir einen Schritt zurück und betrachten diese Fragen aus darwinistischer Perspektive. Mit dem Modell der Evolutionspsychologie könnte der Sozialismus durchaus vereinbar sein, und das können wir vor allem deshalb vermuten, weil dies ein grundsätzlich auf *Tiere* bezogenes Modell ist. Die Hypothese lautet, daß auch die Menschen spezifischen, optimalen Verhaltensmustern folgen werden, die genetisch bedingt sind. Falls dies zutrifft, dann müßte es auch Mittel und Wege geben, jedes dieser Muster so zu manipulieren, daß »gutartige« menschliche Verhaltensweisen zur höchsten Ausprägung gelangen. Mit anderen Worten, der Evolutionspsychologie zufolge sind Menschen sehr gut geeignet, durch »Sozialtechniker« in ihrem Verhalten kontrolliert zu werden – durch jene Kontrollinstanzen also, die zu allen totalitären, revolutionären Systemen gehören und die in Werken wie Orwells *1984* und Terry Gilliams *Brazil* auch leibhaftig auftreten.

Nach dem zweiten Modell, dem immanenten darwinistischen Kalkül, wäre der Sozialismus nicht erfolgreicher als jede andere Ideologie. Ein grundlegendes Problem, vor das der immanente Darwinismus solche Ideologien stellt, besteht darin, daß die Technokraten oder Kommissare beispielsweise eines sozialistischen Staates ein »bewegtes Ziel« vor Augen hätten. Welche politischen Instrumente sie auch immer einzusetzen versuchen, nachdem sie das Verhalten ihrer Bürger einer grundsätzlichen Bewertung unterzogen haben: Diese Bürger werden wahrscheinlich ihr Verhalten ändern, um jene neue Politik ihren eigenen darwinistischen Zielen dienstbar zu machen. Und da die vielen voneinander unabhängigen Reflexionen sämtlicher Mitglieder einer sozialistischen Gesellschaft auf immer neue Winkel und Lücken im Gefüge der staatlichen Politik stoßen, würde sich der ganze Apparat blindlings und schlingernd voranbewegen, immerzu auf der Suche nach einer stabilen Lage, die es nicht gibt. Unvermeidlich käme es zur Stagnation, wie sie in der Sowjetunion die meiste Zeit über herrschte, oder zum Zusammenbruch, der jene Großmacht dann um 1990 ereilte. Das menschliche Verhalten mit seiner vorhersehbaren Spontaneität und Kreativität muß zersetzend wirken gegenüber jedem sozialistischen Staat, und wäre er noch so wohltätig. Stimmt die These vom immanenten darwinistischen Kalkül, dann gibt es für Sozialtechniker keine Ruhepause.

Ein Ende der Ideologien?

Im Jahr 1960 veröffentlichte Daniel Bell ein Buch, das für breite Diskussionen und für manchen Gewissenskampf sorgte, *The End of Ideology.*[35] Die Ironie seiner These bestand darin, daß die Welt kurz davor stand, über die Dauer einer ganzen Generation die schärfsten ideologischen Konflikte zu erleben, die dann erst mit dem Zusammenbruch der Sowjetunion und dem Übergang Chinas zum Kapitalismus zum Erliegen kamen. Mittlerweile herrscht auf dem ganzen Globus irgendeine Art von Kapitalismus, wie korrupt oder verschleiert auch immer, mit Ausnahme einiger wenig bedeutender Staaten wie Nordkorea, deren Ende nahe ist. Aus diesem

Grund hörte man auch Prophezeiungen wie die Fukuyamas vom »Ende der Geschichte«[36] – ein spätes Echo auf die These von Bell.

Doch Ideologien erwachen immer wieder zum Leben oder kehren in neuem Gewand wieder. Wie immer man es auch dreht und wendet: Ob eine Ideologie realisierbar ist, hängt zum Teil von grundlegenden Eigenschaften des Menschen ab. Doch es gibt kein vernünftiges evolutionäres Modell des menschlichen Verhaltens, das eine autoritäre (beziehungsweise reaktionäre oder konservative) Ideologie hinreichend begründen würde. Man braucht keinen Polizeistaat, um positives menschliches Verhalten hervorzurufen. Und was die utopischen libertären oder sozialistischen Ideologien angeht, so hängt die Einschätzung ihrer Lebensfähigkeit davon ab, welches Evolutionsmodell des Menschen man bevorzugt. Hat die Evolutionspsychologie recht, dann müßte es Sozialtechnikern möglich sein, die genetisch festgelegten Aspekte des menschlichen Verhaltens zu nutzen, um einen dauerhaften kapitalistischen oder sozialistischen Staat zu installieren – obwohl das noch nie jemandem gelungen ist. Gilt hingegen das zweite Modell der menschlichen Natur mit seinem offenen darwinistischen Kalkül, dann wird wahrscheinlich jede Ideologie letztlich scheitern. Menschen dieser Art werden sich im Gefüge eines ideologischen Staats sehr schnell in »Termiten« verwandeln, und in diesem Fall gilt der Satz von Sting: »There's no political solution / To our troubled evolution.«

4 Religion
Ein Gespenst geht um

In den Augen der Öffentlichkeit scheinen Evolution und Religion aufs engste miteinander verknüpft zu sein. Interessant ist die Frage, wie es eigentlich dahin kommen konnte und was es zu bedeuten hat.

Bis ins Zeitalter Newtons verfügte die westliche Zivilisation über eine Anzahl von einfachen, aber mächtigen und weithin akzeptierten Glaubenssätzen, über die sich praktisch alle gebildeten Mitglieder der Gesellschaft einig waren. Diese Sätze lauteten folgendermaßen: Gott erschuf die materielle Welt nach einem göttlichen Plan. Menschen sind Wesen, die aus Geist und Materie bestehen, und nur der letztere Anteil ist sterblich. Die Welt wurde nur für kurze Zeit erschaffen, dann folgt das Jüngste Gericht.

Die geistige Welt war in jedem Fall die allein bedeutsame Sphäre, und sie war die Quelle aller Ordnung auf Erden. Infolgedessen war auch jegliche Diskussion über Ursache und Endzweck nur mittels theologischer Argumente zu entscheiden. In diesem Punkt war die westliche Zivilisation jedoch keine Ausnahme. Sämtliche vormodernen Zivilisationen verfügten über Theologien, denen zufolge mächtige Wesen oder Kräfte die gesamte weltliche Ordnung hervorbringen. Von diesen Wesen oder Kräften machte man sich gewöhnlich eine rationale Vorstellung, um sich Jahreszeiten, wechselndes Kriegsglück und so weiter irgendwie erklären zu können. Vor der Herrschaft der Naturwissenschaften war die Bildung von Religion bestimmt, und Gelehrte waren fast stets auch

Geistliche. Wie Ideologien sind auch Religionen sehr resistent gegenüber Experimenten und Beweisen. Wer hartnäkkig neue Beweise oder Argumente vorbringt, die bestimmten Glaubenssätzen widersprechen, der wird für seine Entdekkungen nicht etwa gepriesen, sondern als Abweichler verfolgt. In der Religion geht es letzten Endes um Autorität und Glauben, nicht um Zweifel und Wissen. Und insofern liefert die Religion eines der wesentlichen Elemente, welche die verschiedenen Segmente einer Zivilisation zusammenhalten und die gesellschaftlichen Werte stabilisieren.

Die religiöse Bedeutung der Physik

Es gibt einen populären Mythos, der besagt, der Aufstieg der modernen Physik sei zugleich das Ende der Herrschaft der christlichen Theologie über das europäische Denken gewesen. Das harte Urteil, das wegen seiner astronomischen Arbeiten über Galileo verhängt wurde, hat man als den Versuch der römisch-katholischen Kirche interpretiert, sich gegen die vordringenden Naturwissenschaften zur Wehr zu setzen. Tatsächlich jedoch war Galileo ein gläubiger Christ, der vor allem aristotelischen Gelehrten in die Quere kam, und diese nutzten die Macht der Inquisition, um Galileos empirischen Ansatz in der Physik zu unterbinden.

Der Mann, der die damaligen Beziehungen zwischen Physik und Christentum tatsächlich repräsentierte, war Isaac Newton. Newton systematisierte die Mechanik, er entwickelte die grundlegenden begrifflichen Instrumente der theoretischen Physik, und er schuf die erste mathematische Kosmologie. Mit diesen Leistungen hielt er das ganze gebildete Europa in seinem Bann. Doch er war alles andere als ein Gegner der Religion. Theologische Denkweisen schätzte er außerordentlich, und den Atheismus bekämpfte er mit Leidenschaft. Er war der Ansicht, daß die mathematische Ordnung, die seine

Theorie erkennen ließ, nichts anderes war als eine Offenbarung dessen, was Gott geschaffen hatte, keineswegs jedoch der Beweis für einen materialistischen Kosmos, der ebenso gut ohne Gott auskommt. Hinter den Kulissen der Royal Society trat er aktiv für eine Verbreitung der Astrotheologie ein, eine Denkschule, die den Schöpfer als einen göttlichen Geometer präsentierte, als Urheber jener präzisen mathematischen Beziehungen, die, wie Newton entdeckt hatte, den Planetenbahnen zugrunde lagen.[39]

Die religiöse Bedeutung des Darwinismus

Darwins Ideen überzeugten viele davon, daß Gott keineswegs alles Leben geschaffen hatte und daß stattdessen der Ursprung der lebendigen Ordnung in blinder, materieller Kausalität zu suchen ist. Und was für die breite Bevölkerung am wichtigsten war: Auch die Entstehung unserer eigenen Art konnte jetzt auf materialistische Weise erklärt werden. Das führte zu zahlreichen Glaubenskrisen, und Darwin selbst wurde von so manchem Gläubigen verunglimpft. Anders als Newton hatte Darwin die gesamte etablierte Ordnung des westlichen Christentums gegen sich, zumal er selbst Atheist wurde. Und Darwins Arbeit führte schließlich dazu, daß das Christentum aus dem Zentrum des wissenschaftlichen Denkens im Okzident verdrängt wurde.

Entscheidend für den großen Einfluß, den der Darwinismus auf eine »wissenschaftliche Theologie« ausübte, war wohl das folgende Problem: Das Leben ist ebenso vielfältig wie gut organisiert. Vor Darwin war die Vorstellung, daß einfache physikalische Kräfte das Leben hervorgebracht haben könnten, für jeden rationalen Geist einfach ungeheuerlich. Natürlich war es atheistischen Denkern unbenommen, einfache Theorien zu entwickeln, um das Leben auf (erstaunlich primitive) physikalische Begriffe zu gründen, und vor dem 20. Jahrhundert wurde das auch des öfteren versucht. Doch diejenigen, die etwas mehr von Biologie verstanden, schüttelten nur die Köpfe, so unwahrscheinlich kam es ihnen vor, daß derartige Kräfte das gesamte Spektrum des Lebens erschaffen haben sollten, vom Wal bis zum Paradiesvogel, ganz zu schweigen von der unermeßlichen Vielfalt der Nicht-Wirbeltiere und des pflanzlichen Lebens. Insbesondere die außerordentliche Zweckmäßigkeit vieler Körperorgane zur Aufrechterhaltung des Lebens wurde von vielen als Beweis für eine bewußte und planvolle, keinen Beschränkungen unterworfene Gestaltung gewertet.

Kaum jemand hat dies besser zum Ausdruck gebracht als William Paley. Wenn wir auf der Wiese eine Uhr finden, so argumentierte er, so wird ihr komplizierter Mechanismus uns davon überzeugen, daß ein scharfer Verstand ihn erschaffen hat. Ebenso werden uns so wunderbare Werkzeuge wie Augen, Ohren und Flossen zu der Annahme führen, daß eine mächtige Intelligenz, also offenbar Gott, sie erschaffen haben muß. Zu ihrem Höhepunkt gelangte diese Denkweise in den zwölfbändigen, von acht Autoren verfaßten »Bridgewater Treatises« (1833–1836), die ausschließlich den Beweisen für eine göttliche Vorsehung in den Werken der Schöpfung gewidmet waren.

An die Stelle jener gütigen Schöpfung setzte nun Darwin auf plausible Weise eine rein materielle Genese des Lebens. Und nicht nur des Lebens im allgemeinen, sondern auch des Menschen im besonderen – jener Spezies also, auf die religiöse Kosmologien häufig ausgerichtet sind. Dies war der Punkt, an dem nun die Naturwissenschaften auf jedes religiöse Gerüst verzichten konnten, um fortan das bekannte Universum nach ihren eigenen Begriffen zu erklären. Und nachdem sie erst einmal erkannt hatten, daß dies möglich war, verfuhren die meisten Wissenschaftler auch so – von einigen Ausnahmen abgesehen.

Der Rückfall in den Kreatianismus

Die Reaktion ließ nicht lange auf sich warten, und sie dauert bis heute an: eine Wendung zurück, die unter dem Begriff des »Kreatianismus« bekannt geworden ist. Kreatianismus ist keineswegs eine bloße Versammlung analphabetischer Nörgler, sondern eine intellektuelle Bewegung mit einigen brillanten Verfechtern, die ihren Religionskrieg mit Geschick und Entschlossenheit führen.[41] Und ihre Zielscheibe ist die Evolutionsbiologie. Darum auch bekämpfen die Evolutionsbiologen die Kreatianisten meist auf eigene Rechnung, ohne Unterstützung von Wissenschaftlern anderer Disziplinen. Doch auch für Physiker und Chemiker steht in der Auseinandersetzung mit den Kreatianisten einiges auf dem Spiel. Wenn ein allmächtiges Wesen in Ereignisse des bekannten Universums unmittelbar eingreifen kann, dann gibt es keinen Grund zu der Annahme, daß irgendein Naturgesetz notwendig konstant bleiben müsse. Und in dem Maß, in dem die von den Naturwissenschaften erforschten Prozesse zu Zielen göttlicher Intervention werden, sind sie als künftige Forschungsobjekte überhaupt ungeeignet.

Ein konkretes Beispiel. Angenommen, eine Theorie der Supraleitfähigkeit sagt voraus, daß eine bestimmte Legierung bei 10 Grad Kelvin einen bestimmten elektrischen Widerstand aufweist. Wenn dieser Widerstand nun am Dienstagnachmittag um 15.15 Uhr gemessen wird, und das Ergebnis entspricht nicht dem von der Theorie erwarteten Wert, dann könnte ein kreatianistischer Wissenschaftler einfach sagen, Gott müsse durch einen Eingriff die Legierung verändert haben. Ein Nichtkreatianist hingegen müßte zugeben, daß die ursprüngliche Theorie falsch ist.

Es geht hier um den grundsätzlichen Widerspruch zwischen Wissenschaft und Nichtwissenschaft. Mit letzterer hat man stets irgendeine Möglichkeit, sich herauszuwinden und

Beweise, die den eigenen Vorstellungen zuwiderlaufen, einfach nicht zu akzeptieren. Das ist genau das, was Rechtsanwälte, Wahlkämpfer und schuldbewußte Fünfjährige tun. Es ist etwas sehr Wesentliches in den Naturwissenschaften, daß man sich Irrtümern stellt und die eigenen Vorstellungen entsprechend modifiziert. Ein erfolgreicher Kreatianismus, der in Schulen und Universitäten das Sagen hat und der über Steuermittel entscheidet, hätte für *jeden* Wissenschaftler zur Folge, daß die Seriosität seiner Arbeit in Frage gestellt wird. Indem also die Evolutionsbiologen ihren wissenschaftlichen Forschungsbereich gegen den Kreatianismus verteidigen, verteidigen sie die Naturwissenschaften insgesamt.

Wissenschaft, Universum, Religion

Eine schlichte Deutung der Beziehungen zwischen Darwinismus und Religion könnte zu der Überzeugung führen, daß der Darwinismus seit jeher der Feind jeder Religion gewesen sei. Das stimmt in mancher Hinsicht, aber es stimmt nicht generell. Denn in der Diskussion über die Beziehungen zwischen Wissenschaft und Religion ist eine Unterscheidung zu treffen, die häufig vernachlässigt wird, die aber nach wie vor wichtig ist: die Zuständigkeit der Religion für die materielle Struktur des Kosmos einerseits und ihre Zuständigkeit für die menschliche *Erfahrung* des Lebens andererseits. Daß beides durcheinander gebracht wird, ist nur natürlich, denn die meisten Religionen vom Taoismus bis zum Christentum beruhen ja gerade auf einer Verschmelzung von Mikrokosmos und Makrokosmos. Doch a priori notwendig ist dies nicht, und wir werden daher die beiden Seiten der Religion getrennt voneinander betrachten.

Zunächst also die Frage nach der Rolle von Wissenschaft und Religion bei der Erklärung des materiellen Universums. Die Erklärung der biologischen Welt durch göttliche Schöpfung wurde, wie erwähnt, vom Darwinismus dadurch unterminiert, daß er eine intellektuell verlockende Alternative anbot, nämlich einen nicht subjektgebundenen Mechanismus zur Erzeugung vielfältiger und angepaßter Lebensformen: Evolution durch natürliche Auslese. Damit erhellte er sogar zahlreiche Einzelheiten und Unzulänglichkeiten des Lebens, die im Rahmen der älteren kreatianistischen Biologie grundsätzlich nicht zu erklären waren.

Im Gegensatz dazu gibt es in der Physik seit Newton eine Tradition, die im Wesentlich theologisch ist. Während Laplace Gott als »Hypothese« bezeichnete, die er »nicht nötig hatte«, haben doch viele Physiker die eigene Arbeit aus einer teilweise theologischen Perspektive beurteilt. Einstein sagte gern, Gott würfle nicht, womit er sich gegen bestimmte Tendenzen der Quantenmechanik wandte, die er für abwegig hielt. Auch zeitgenössische Physiker zeigen diesen Habitus, wenn sie beispielsweise davon sprechen, ihre Arbeit enthülle das Bewußtsein Gottes. Dieser pseudotheologische Aspekt der Physik hat jedoch kaum je für Aufsehen gesorgt – vielleicht deshalb, weil es sich im Grunde um Deismus handelt. Der Gott der Physik ist derjenige, der die Maschinerie des Universums in Gang setzt, doch er tut keine Zeichen und Wunder. Er ist kein Gott, der Verehrung fordert, sondern ein entfernter, distanzierter Gott, ein Gott, den man kaum je zu sehen bekommt, ehe man sich den Titel eines »Dr. rer. nat.« verdient hat. Dieser Gott der Physik scheint bisweilen nichts anderes zu sein als der Kosmos selbst.

In den Naturwissenschaften gibt es weit und breit nichts, das wirklich dazu nötigt, sich zur Erklärung des Universums auf Gott zu berufen. Das soll nicht heißen, daß es in den Wissenschaften keine »Löcher« gäbe. Die wird es immer geben. Viele Naturwissenschaftler suchen und finden derartige Löcher mit größter Entschlossenheit, und gerade von diesen Löchern rühren die wesentlichen Fortschritte, die die Wissenschaft erzielt. Diese Löcher so schnell wie möglich zu stopfen, indem man sich auf Gott beruft, mißachtet hingegen den Geist der modernen wissenschaftlichen Forschungspraxis. Wenn Physiker oder andere Naturwissenschaftler auf eine solche Taktik zurückgreifen, dann fördern sie entweder in unaufrichtiger Weise die Sache der Religion, oder sie unterminieren aus Dummheit die Integrität des wissenschaftlichen Forschungsprozesses. Die Naturwissenschaftler sollten den Physikern lieber nahelegen, sich nicht mehr in dieser reichlich affektierten Weise auf eine Art transzendenten Gott zu beziehen oder zu berufen – es sei denn, jene Physiker sorgen für Klarheit und bekennen sich offen zum Theismus. Schließlich hat jeder das Recht auf seinen eigenen Glauben.

Der Darwinismus und die Vielfalt religiöser Erfahrung

Nun zum zweiten Aspekt der Beziehungen zwischen Naturwissenschaft und Theologie, der subjektiven Erfahrung der »Transzendenz«. »Theologisch« orientierte Naturwissenschaft, insbesondere Physik, befaßt sich überhaupt nicht mit jenen bekannten intensiven Erfahrungen einer »übernatürlichen« Sphäre. Das kann ein Gotteserlebnis während des Abendgebets sein oder der Rausch des lustvoll Bösen während eines Vodoo-Ritus. Solche Erfahrungen sind derart weit verbreitet und werden mit solcher Überzeugung verkündet, daß etwas »dran« sein muß.[42]

Aber was? Die einfache Antwort, die wir von den Anhängern der verschiedensten Sekten zu hören bekommen, lautet, daß die von ihnen auserwählte(n) Gottheit(en) die Quelle jener Erfahrungen sind. Daß all diese Sekten darüber verschiedene Ansichten vertreten, kann man auf zweierlei Weise bewerten. Sehr verbreitet ist die Überzeugung, daß sämtliche spirituellen Erfahrungen, die nicht denen der jeweils eigenen

Glaubensgemeinschaft entsprechen, entweder falsch oder verfälscht sind – möglicherweise durch den Einfluß einer bösen Macht. Wir könnten jedoch auch annehmen – wenngleich das ungewöhnlich wäre –, daß all diese Gottheiten tatsächlich existieren und daß die verschiedenen religiösen und spirituellen Bewegungen nichts anderes tun als sich auf die Wellenlängen »einzustellen«, die von ihren Lieblingsgöttern jeweils besetzt werden. Diese letztere Theorie wird besser verstehen, wer einmal in einer amerikanischen Großstadt gelebt hat: All die verschiedenen Radiostationen setzen sich in bestimmten Marktsegmenten fest – das sind die Götter, und wir, die Hörer, sind ihre Gefolgschaft.

Wir könnten aber auch noch zu einem anderen Schluß gelangen: daß nämlich all diese inbrünstig Gläubigen einem grundlegenden Irrtum unterliegen. Ihre »Erfahrung des Anderen« ist nicht der Kontakt zu einer Gottheit, sondern erklärt sich aus einem ganz und gar profanen psychologischen Prozeß. Zwei Modelle gibt es, nach denen man das »Spirituelle« psychologisch recht einfach erklären könnte. Das unglückliche Zusammentreffen von Propaganda und Leichtgläubigkeit, das wäre die eine Möglichkeit. Dann wären die religiösen Menschen schlichte Gemüter, und bestimmte Leute liefern ihnen einen Glauben, der bewirkt, daß der Schäfer einen Nettogewinn auf Kosten seiner Herde macht. Es gibt sicherlich einige Beispiele dafür, daß religiöse Erfahrung eben dieser sozialen Dynamik entspringt; man denke nur an die Fernsehprediger. Doch es gibt auch vielfältige religiöse Erfahrungen, die offenbar unter keinem sozialen Einfluß stehen. Und der Erfolg der Fernsehprediger wirft ja noch ein weiteres Problem auf: Offenbar haben sie etwas zu verkaufen, was die Leute kaufen *wollen*, aber was? Es muß doch irgendeine grundlegende Lust geben, die man daraus zieht, daß man stundenlang scheinheiligen Beteuerungen zuhört. Fernhypnose ist gewiß keine hinreichende Erklärung. Die klassische Deutung religiöser Erfahrungen nach dem Täter-Opfer-Schema ist verlockend, doch sie reicht nicht aus.[43]

Eine zweite grundlegende Möglichkeit der Interpretation stützt sich auf den Begriff eines dynamischen Unbewußten, von dem in Kapitel III.2 die Rede war. Freud und seine Schüler haben sich für die Existenz eines dynamischen Unbewußten stark gemacht, doch es war eher eine Art Klempnerei, aus der ihr Modell hervorging, nicht jedoch eine avancierte Vorstellung davon, was in großen Teilen des Gehirns eigentlich vor sich geht. Der freudsche Begriff des Unbewußten ist im Grunde hydraulisch: psychische Energie fließt, verdichtet sich und zerstreut sich wieder. Ein moderner Begriff des Unbewußten müßte sich viel mehr mit der Verarbeitung von Informationen befassen. Ich erwähnte bereits die Vorstellung eines ausgedehnten Unbewußten, das unser Verhalten auf darwinistische Ziele ausrichtet. Insbesondere besagte unsere Interpretation des Soziopathen, daß ihm ein funktionierendes darwinistisches Unbewußtes fehlt und daß aus diesem Grund sein langfristiges Verhalten inkohärent ist.

Man muß sich klar machen, daß diese Hypothese die Existenz einer Struktur behauptet, die zu langfristigen Berechnungen fähig ist und die innerhalb desselben Gehirns wirksam ist wie unser Bewußtsein. Es würde sich demnach um eine »bikamerale« Psyche handeln, ähnlich derjenigen, die Julian Jaynes dem vormodernen Menschen zugeschrieben hat.[44] Es ist klar, daß nach unserem Modell, wie auch bei Jaynes, die Existenz des Bewußtseins neben einem zweiten, unbewußten »Bewußtsein« so etwas wie die Erfahrung »des Anderen« aufkommen ließe. Dieses Andere ist das darwinistische Unbewußte. Seine beständige Sorge und sein Drängen hinsichtlich unseres Schicksals entspricht genau jenem Drängen, das die transzendent-immanenten Götter des Christentums und anderer Religionen verkörpern. Man erinnere sich der Metapher vom Hund und seinem Herrn: eine Metapher, welche die Beziehung zwischen dem Bewußtsein und dem unbewußten darwinistischen Supervisor charakterisiert. Das Erleben dieser Beziehung – auch wenn es nur ein mittelbares Erleben ist – muß eine der grundlegendsten Erfahrungen der menschlichen Existenz sein. Sie ist vermutlich auch die Quelle der religiösen Visionen von Psychotikern, wobei die Psychose darin besteht, daß die Trennung zwischen den beiden Komponenten des Bewußtseins aufgehoben ist. Auch Streß, der etwa durch physischen Mangel oder durch emotionale Vereinsamung ausgelöst wird, könnte die gleichen Folgen zeitigen wie eine Psychose. Schließlich ist das Gehirn nichts anderes als ein organischer Computer, dessen systemische Integrität durch biochemische Störungen beeinträchtigt wird. Doch selbst ohne Streß und ohne Psychose dürfte es vorkommen, daß normale Menschen das Eingreifen gewöhnlich verborgener Teile des Gehirns ahnungsvoll wahrnehmen. Solche Erfahrungen, in ihrer extremen oder alltäglichen Ausprägung, dürften die Grundlage dessen sein, was man gewöhnlich als religiöse Erfahrung deutet.

Einigen Darwinisten wird diese Hypothese gewiß abwegig vorkommen. Denn sie besagt, daß religiöse Erfahrungen in gewisser Weise »real« sind. Nicht real in dem Sinn, in dem das Wunder der Verwandlung von Wasser in Wein und andere derartige Ereignisse »real« waren. Keineswegs soll behauptet werden, daß innerhalb unserer physischen Welt irgendeine kausale Gesetzmäßigkeit außer Kraft gesetzt wird. Die These lautet vielmehr, daß religiöse und andere spirituelle Erfahrungen darauf beruhen, daß unser Bewußtsein mit einem anderen wesentlichen funktionellen Teil unseres Gehirns in Kontakt kommt. In diesem begrenzten Sinn könnte unsere Theorie eine Art von Wiederannäherung von Darwinismus und Religion bedeuten. Zunächst insofern, als der Darwinismus, will er das Verhalten des Menschen erklären, die Religion ernst nehmen muß. Zum anderen, weil die Religion, die in der modernen, wissenschaftlich und technologisch geprägten Welt bestehen will, eine gewisse Entlastung erfährt durch einen Erklärungsansatz, der religiöse Erfahrung und Wissenschaft miteinander vereinbar macht. Im Licht eines immanenten Darwinismus sind religiöse Erfahrungen nicht einfach primitiver Aberglaube in sublimierter Form, sondern sie sind verankert in einer ihnen zugrunde liegenden Realität.

Schluß

Ist es denn nun besser, alles in allem, daß wir auf den Darwinismus verfallen sind? Wäre die Menschheit besser damit gefahren, wenn sie an dem Glauben festgehalten hätte, daß sie von Adam und Eva abstammt oder von einem Bär, der sich mit sich selbst paarte? Hat der Darwinismus unsere moralischen Eigenschaften gestärkt, oder hat er uns nur gekränkt? Ist es irgendwie einfacher geworden, zwischen all den religiösen Strömungen Frieden zu stiften – heute, da vernünftigerweise niemand mehr behaupten kann, Religion sei der beste Wegweiser zu unserer Biologie oder zu unseren Ursprüngen?

Man kann den Darwinismus nicht dadurch rechtfertigen, daß er irgendein gutes Gefühl vermittelt, das man dann dem Wahrheitsgehalt dieser Theorie gutschreibt. Über die Eugenik gewann der Darwinismus verheerenden Einfluß auf den Nazismus, eine der mörderischsten Bewegungen der Weltgeschichte. Am Ende des 19. Jahrhunderts trug der Darwinismus wahrscheinlich auch zum Aufstieg des Rassismus bei, und dadurch ist er mitverantwortlich für den allgemeinen Rassismus auch des 20. Jahrhunderts. Ebenso mußte der Darwinismus für die zunehmende Vernachlässigung der Armen im 19. Jahrhundert herhalten. Bedenkt man all dies, dann hatte der Darwinismus für das soziale Klima der modernen Gesellschaft bedauerliche und bisweilen sogar verheerende Folgen. Der moderne Darwinismus bietet keinerlei Garantie für ewigen Fortschritt, und es ist durchaus verständlich, daß viele ihn und seinen Begründer hassen. Mit dem Darwinismus und seinen Implikationen leben zu müssen, ist häufig bitter. Ein geistiges Opium ist er sicherlich nicht – im Gegensatz zu so vielen religiösen und ideologischen Doktrinen –, und niemand, der sich für diese Theorie einsetzt, kann so etwas wie moralische Hygiene geltend machen.

Ganz anders sieht es hingegen aus, wenn man die praktischen Vorzüge des Darwinismus betrachtet. In Viehzucht und Getreideanbau ist darwinistisches Denken unverzichtbar; der Darwinismus ist einer der wichtigsten Grundsteine der modernen Landwirtschaft. Was eine darwinistische Methodologie für Medizin, Gentechnik und verwandte Bereiche bedeuten könnte, beginnen wir erst zu ahnen. Mit Sicherheit wird es noch weitere derartige Anwendungen geben. Das Gebäude der modernen Zivilisation braucht den Darwinismus als einen seiner Stützpfeiler, und vieles würde ohne ihn zusammenstürzen, auch wenn sein Beitrag an der Oberfläche unseres Lebens nicht immer auszumachen ist.

Trotz all der Kontroversen, trotz Verwirrung und beträchtlichen Ärgers: Der Darwinismus bemüht sich, uns zu einem Verständnis der menschlichen Natur zu verhelfen. Und das ist vielleicht das allerschwerste, bedenkt man, welche Bürde diese Theorie mit sich schleppt und wie wenig man dementsprechend geneigt ist, diese Bürde zu vergessen. Dennoch gibt es leise Anzeichen dafür, daß die darwinistische Selbstbesinnung der Menschheit einen Schritt vorangekommen ist.

Schließlich der letzte und wichtigste Punkt. Für den sozialen Frieden war der Darwinismus schlecht, für etliche materielle Aufgaben war er gut; doch in der Wissenschaft selbst spielte er eine Schlüsselrolle, indem er die Biologie in die Naturwissenschaften integrierte. Um den wunderbaren Erfindungsreichtum des Lebens zu erklären, bedürfte die Biologie noch immer einer oder einiger Gottheiten, gäbe es den Darwinismus nicht. Denn Physik und Chemie genügen dazu nicht. Und das bedeutet, daß die Wissenschaft, insgesamt oder teilweise, ohne den Darwinismus notwendig theistisch bliebe. Naturwissenschaft *ohne* Darwinismus ist daher das erklärte Ziel derjenigen, welche die Wissenschaft gern unter der Kontrolle religiöser Geistlichkeit sähen. Für diejenigen hingegen, die der Auffassung sind, daß wissenschaftliche Wahrheit unser bester, wenngleich nicht unfehlbarer Wegweiser in Richtung einer substanziellen Wahrheit ist, bleibt der Darwinismus ein mächtiger Verbündeter. Für alle, die mehr wollen als den uferlosen Datenstrom der Molekularbiologie, ist der Schatten Darwins ein Vergil im geisttötenden Inferno biologischer Fakten. Und für diejenigen, welche die lange Geschichte des Lebens auf der Erde kennen und verstehen wollen, ist der Darwinismus der große Scheinwerfer in der Finsternis. Weiterzugehen ohne jenes »Gespenst« des Darwinismus hieße für die moderne Welt, hieße für uns, vom Weg abzukommen, in geistiger Dämmerung.

Anhang

Quellen und Anmerkungen

Ich habe versucht, den Text dieses Buches in lesbarer Form zu halten, statt mich in akademischen Anmerkungen zu ergehen. Doch gibt es zum Darwinismus eine riesige Menge von Fachliteratur, die für meine Arbeit von Bedeutung war, und einiges davon lohnt sich durchaus zu lesen. Der folgende bibliographische Kommentar liefert zwei Arten von Literaturangaben.

Zunächst allgemeine Sekundärliteratur, die ich bei der Arbeit an diesem Buch benutzt habe und die für einen Leser, den es nach mehr Hintergrundwissen verlangt, wahrscheinlich nützlich wäre. Diese Verweise stehen jeweils am Anfang der drei Abschnitte, die sich jeweils auf einen der drei Teile des Buchs beziehen, und ich habe auch einige Kommentare über ihren möglichen Nutzen angefügt. Diese Kommentare sind subjektiv und sollten nicht als wissenschaftliche Gutachten verstanden werden. Ein anderer Darwinist käme vielleicht zu ganz anderen Wertungen.

Die zweite Art von Verweisen sind Anmerkungen mit Angaben über die Herkunft bestimmter Thesen oder Zitate. Gelegentlich gebe ich einen Hinweis, ob es sich lohnt, der entsprechenden Quelle weiter nachzugehen. Eine erschöpfende Liste aller möglichen Quellen, die man zitieren könnte, ist das natürlich bei weitem nicht, denn wissenschaftliche Vollständigkeit ist nicht der vorrangige Zweck dieser Anmerkungen.

Literaturhinweise zu Teil I

Über Darwin und den Darwinismus gibt es etliche fabelhafte Bücher. Der Darwinismus lockt hervorragende Autoren an – vielleicht mehr als jedes andere Gebiet der Biologie.

Auch zu Darwins Person gibt es viele bemerkenswerte Veröffentlichungen. Beginnen kann man zum Beispiel mit Darwins eigener Darstellung *The Autobiography of Charles Darwin*, hg. von Nora Barlow, London 1958 (dt.: *Mein Leben. 1809–1882*, Frankfurt am Main 1993). Die beste Darwin-Biographie ist meiner Ansicht nach die von Janet Browne, *Charles Darwin, Voyaging*, New York 1995, obwohl sie noch nicht abgeschlossen ist und ein zweiter Band folgen soll. Das Buch von Brown gibt einen stärkeren atmosphärischen Eindruck von Darwin als alle anderen, die ich darüber gelesen habe. Zwei weitere, neuere Darwin-Biographien stammen von J. Bowlby, *Charles Darwin, A New Life*, New York 1990, sowie von Adrian Desmond und James Moore, *Darwin, The Life of a Tormented Evolutionist*, New York 1991 (dt.: *Darwin*, München/Leipzig 1992). Bowlby ist ein wenig trocken, während Desmond und Moore in psychologischer Hinsicht etwas spekulativ sind. Ein weiteres interessantes Buch ist Irving Stone, *The Origin, A Biographical Novel of Charles Darwin*, Garden City, NY, 1980 (dt.: *Der Schöpfung wunderbare Wege. Das Leben des Charles Darwin*, München/Zürich 1981). Anders als einige Biographen gibt Stone den fiktionalen Charakter seiner Darstellung offen zu, und seine erzählerischen Qualitäten sind beträchtlich. Dennoch scheint mir, daß Browne ein plausibleres Porträt dieses Mannes gelingt.

Von der Laufbahn Darwins zu unterscheiden ist der Aufstieg des Darwinismus als wissenschaftliche Strömung. Einen leichten Einstieg, wenngleich ein wenig idiosynkratisch gefärbt, bietet Loren C. Eiseley, *Darwin's Century: Evolution and the Men Who Discovered It*, Garden City, NY, 1958. Eine Seltenheit, nämlich ein wirklicher Klassiker, der dennoch sehr lesbar ist, ist Gertrude Himmelfarb, *Darwin and the Darwinian Revolution*, 2. Aufl., New York 1962. Ebenfalls gut zugänglich ist Ronald W. Clarks sehr routiniert geschriebenes Buch *The Survival of Charles Darwin: A Biography of a Man and an Idea*, New York 1984 (dt.: *Charles Darwin. Biographie eines Mannes und einer Idee*, Frankfurt am Main 1985). Vielleicht das Juwel auf diesem Gebiet ist William B. Provine, *Origins of Theoretical Population Genetics*,

Chicago 1971. Trotz seines Titels ist Provines schmales Buch eine klare und eindringliche Darstellung der Entwicklung des evolutionären Denkens, angefangen mit Darwins *Über die Entstehung der Arten* bis in die dreißiger Jahre des 20. Jahrhunderts, als die evolutionäre Genetik schon auf sicherem Fundament ruhte. Die ganze Skala vom klassischen Denken bis zu den neuesten Trends der Evolutionsforschung umfaßt D. J. Depew und B. H. Weber, *Darwinism Evolving: System Dynamics and the Genealogy of Natural Selection*, Cambridge, MA, 1995; auch hier ist der furchteinflößende Titel etwas irreführend, denn das Buch bietet eine ziemlich allgemein gehaltene, aber auch genaue Ideengeschichte des Darwinismus. Unter den zahlreichen Büchern von Michael Ruse beschäftigt sich *The Darwinian Revolution: Science Red in Tooth and Claw*, Chicago 1979, mit dem 19. Jahrhundert und bietet eine ausgewogene Perspektive. Ernst Mayrs *The Growth of Biological Thought: Diversity, Evolution, and Inheritance*, Cambridge, MA, 1982 (dt.: *Die Entwicklung der biologischen Gedankenwelt. Vielfalt, Evolution und Vererbung*, Berlin/Heidelberg/New York/Tokyo 1984) ist insofern ungewöhnlich, als es aus der »Innenperspektive« geschrieben wurde, von einem ausgewiesenen Evolutionsbiologen. Ein gewichtiges Buch, und sozusagen amtlich. Eine Art Konzentrat daraus bietet Mayrs *One Long Argument: Charles Darwin and the Genesis of Modern Evolutionary Thought*, Cambridge, MA, 1991 (dt.: *... und Darwin hat doch recht. Charles Darwin, seine Lehre und die moderne Evolutionsbiologie*, 2. Aufl., München/Zürich 1995).

So viel zu den historischen Darstellungen, bei denen nicht die wissenschaftliche Forschung im Vordergrund steht. Wer sich den tatsächlichen wissenschaftlichen Argumenten zuwenden möchte, sollte beginnen mit Darwins *On the Origin of Species by Means of Natural Selection, or The Preservation of Favoured Races in the Struggle for Life*, zuerst 1859 in London erschienen, doch jetzt in zahlreichen Ausgaben erhältlich (dt.: *Über die Entstehung der Arten durch natürliche Zuchtwahl oder die Erhaltung der begünstigten Rassen im Kampfe um's Dasein*, Reprint, Darmstadt 1988). Dies ist vielleicht das bedeutendste wissenschaftliche Buch, das jemals geschrieben wurde, und es ist auch stilistisch überraschend gut. Der Leser sollte sich jedoch im klaren darüber sein, daß von Darwins übrigen Veröffentlichungen nur wenige an den Standard heranreichen, der durch die *Entstehung der Arten* gesetzt wurde. Unter diesen wenigen empfehle ich *Descent of Man, and Selec-*

tion in Relation to Sex, London 1871 (dt.: *Die Abstammung des Menschen*, nach der revidierten 2. Auflage von 1874, Stuttgart 1966).

Weiter gibt es eine Anzahl von profilierten wissenschaftlichen Büchern, die von den Protagonisten des evolutionären Denkens im 20. Jahrhundert verfaßt wurden. Die meisten dieser Bücher sind überholt, doch dem vorbereiteten Leser bieten sie noch immer zahlreiche Anregungen. Eine halbwegs vollständige Liste müßte zumindest die folgenden Titel nennen: R. A. Fisher, *The Genetical Theory of Natural Selection*, Oxford 1930; J. B. S. Haldane, *The Causes of Evolution*, London 1932; Th. Dobzhansky, *Genetics and the Origin of Species*, New York 1937; sowie E. Mayr, *Systematics and the Origin of Species*, New York 1944. Das Schlachtschiff unter diesen Büchern ist wohl Sewall Wright, *Evolution and the Genetics of Natural Population*, 4 Bde., Chicago 1968–78. Es ist das am wenigsten überholte Buch, das jedoch für den allgemein interessierten Leser auch am schwierigsten zu lesen ist. Ihm würde ich als Einstieg eher die Bücher von Haldane und Dobzhansky empfehlen.

Schließlich kommen wir zu den vielen akademischen Lehrbüchern, welche die Evolutionsbiologie in vorgekauter Form präsentieren. Solche Bücher sind natürlich oft ziemlich fade; doch arbeiten sie wissenschaftliche Fragen unter Umständen klarer heraus als Monographien, wie das vorliegende, oder spezialisiertere Bücher wie diejenigen, die von den Pionieren dieser Forschungsrichtung verfaßt wurden. Aus der Flut solcher Bücher möchte ich einige nennen, die ich persönlich bevorzuge, zunächst einige elementare Werke, dann solche für Fortgeschrittene. John Maynard Smith, *The Theory of Evolution*, 3. Aufl., London 1975, hat den Vorzug, daß sein Autor außerordentlich geistvoll ist und einen kristallklaren Stil schreibt. Daß die populäre Darstellung eines Forschungsprojekts auch Einblicke in Details bietet, kommt auf keinem wissenschaftlichen Gebiet besonders häufig vor; von dieser Art ist aber Jonathan Weiner, *The Beak of the Finch: A Story of Evolution in Our Time*, New York 1994 (dt.: *Der Schnabel des Finken oder der kurze Atem der Evolution. Was Darwin noch nicht wußte*, München 1994). Georg C. William, *Adaptation and Natural Selection*, Princeton, NJ, 1966, ist ein virtuoses Beispiel darwinistischer Argumentationsweise. Sehr breit gefächert ist Douglas J. Futuyma, *Evolutionary Biology*, 2. Aufl., Sunderland, MA, 1988 (dt.: *Evolutionsbiologie*, Basel/Boston/Berlin 1990); hier schleicht sich allerdings auch ein wenig

Mathematik ein. Ein eher konventionelles Lehrbuch ist Mark Ridley, *Evolution*, 2. Aufl., Cambridge, MA, 1996. Das Lehrbuch für Fortgeschrittene, das ich für Unterrichtszwecke am besten geeignet fand, ist das von D. L. Hartl und A. G. Clark, *Principles of Population Genetics*, 2. Aufl., Sunderland, MA, 1989. Spezieller, doch immer noch recht nützlich, ist das Lehrbuch von D. S. Falconer und T. F. C. Mackay, *Introduction to Quantitative Genetics*, 4. Aufl., Harlow, Essex, 1996 (dt.: *Einführung in die quantitative Genetik*, Stuttgart 1984). Der von M. R. Rose und G. V. Lauder herausgegebene Sammelband *Adaptation*, San Diego 1996, bietet Aufsätze über eines der wichtigsten Themen des Darwinismus auf neuerem Stand. Diese letzteren Werke sind jedoch für Anfänger weniger zu empfehlen.

Anmerkungen zu Teil I

1 Zu David Humes Biographie siehe E. C. Mossner, *The Life of David Hume*, Austin 1954.

2 Drei signifikante Beispiele der kontinentalen Literatur des 18. Jahrhunderts sind Voltaires Beiträge zur großen Französischen Enzyklopädie, sein Roman *Candide*, sowie Giacomo Casanovas *Geschichte meines Lebens* (ungekürzte dt. Ausgabe: Frankfurt am Main/Berlin 1964).

3 Mary Shelleys *Frankenstein, or, A Modern Prometheus* wurde erstmals 1818 veröffentlicht; da war die Autorin Anfang zwanzig.

4 Großbritannien/USA 1994, Regie: Nicholas Hytner. In deutschen Kinos unter dem Titel *King George – Ein Königreich für mehr Verstand* (A. d. Ü.).

5 Meine Hauptquelle zum globalen historischen Hintergrund des jungen Charles Darwin ist Paul Johnsons *The Birth of the Modern World Society, 1815–1830*, New York 1991.

6 Jane Austen, *Verstand und Gefühl*, Frankfurt am Main 1994, S. 22. – *Sense and Sensibility* erschien erstmals 1811 (dt. auch unter den Titeln *Gefühl und Verstand* sowie *Vernunft und Gefühl*).

7 Charles Darwin, *Mein Leben*, a.a.O., S. 61.

8 Charles Darwin, *Journal of Researches into the Geology and Natural History of the Various Countries Visited by H.M.S. ›Beagle‹*, London 1939 (dt. Teilübersetzung: *Reise um die Welt*, Tübingen 1981).

9 Malthus' *Essay on the Principle of Population* erschien 1798 (dt. zuerst unter dem Titel *Versuch über die Bedingungen und die Folgen der Volksvermehrung*, Altona 1807).

10 Antonia S. Byatts Roman *Morpho Eugenia* erschien in *Angels and Insects*, London 1992 (dt.: *Morpho Eugenia*, Frankfurt am Main 1994).

11 Charles Darwin, *Die Entstehung der Arten durch natürliche Zuchtwahl*, 9. Aufl. Stuttgart 1899, S. 32.

12 Der Aufsatz von Fleeming Jenkin erschien 1867 unter dem Titel ›The origin of species‹, in: *North British Review*, 45, S. 277–318.

13 Francis Bacon, *Historia Vitae et Mortis*, London 1889, S. 258f.

14 Galtons *Hereditary Genius* erschien 1869 in London.

15 Mendels erste Veröffentlichung über das, was später »Genetik« heißen sollte, war der Aufsatz ›Versuche über Pflanzenhybriden‹, in: *Verhandlungen des naturforschenden Vereines in Brünn,* 10, S. 3–47.

16 James D. Watsons großer Augenblick der Wahrhaftigkeit kam mit *The Double Helix: A Personal Account of the Discovery of the Structure of DNA*, New York 1968 (dt.: *Die Doppel-Helix. Ein persönlicher Bericht über die Entdeckung der DNS-Struktur*, Reinbek 1997).

17 Die Geschichte des Zusammenstoßes zwischen Pearson und Bateson stammt von R. C. Punnett, der 1950 in einem Aufsatz darüber schrieb: ›Early days of genetics‹, in: *Heredity*, 4, S. 1–10.

18 Fishers erste Veröffentlichung zur Synthese von Biometrie und Genetik erschien im Jahr 1918: ›The correlation between relatives on the supposition of Mendelian inheritance‹, in: *Transactions of the Royal Society of Edinburgh*, 52, S. 399–433.

19 Empedokles ist der bedeutendste antike Verfechter einer Auffassung, derzufolge das Leben eher materiellen als göttlichen Ursprungs ist; Lukrez hingegen wird von einigen Gelehrten als der herausragende antike Vorläufer moderner Naturwissenschaft gesehen. Denis Diderot war Herausgeber der großen französischen Enzyklopädie der Aufklärung. Rousseau war unter den französischen Intellektuellen der Aufklärung wohl der charismatischste – und ein Halunke, seinen eigenen Worten zufolge. Sein Leben und seine Persönlichkeit verewigte er in seinen *Bekenntnissen*, die 1781 erschienen. Von David Hume war schon im 1. Kapitel die Rede.

20 Wie Darwin mit den Schwierigkeiten einer Theorie der Evolution

durch natürliche Auslese umging, wird im folgenden überwiegend an Beispielen aus dem VI. Kapitel der *Entstehung der Arten* gezeigt.

21 Die beste Darstellung der Lösung des Konflikts zwischen Darwinismus und Mendelismus liefert Provine; siehe oben.

22 H. S. Jennings, ›Modifying factors and multiple allelomorphs in relation to the results of selection‹, in: *American Naturalist*, 51, S. 301–306.

23 Der entscheidende Aufsatz Weldons zu dieser Frage ist ›Attempt to measure the death-rate due to the selective destruction of *Carcinus moenas* with respect to a particular dimension‹ (1895), in: *Proceedings of the Royal Society*, 58, S. 360–379.

24 Eine gute Zusammenfassung der Forschung zum industriellen Melanismus bei Schmetterlingen und Motten liefert E. B. Ford in *Ecological Genetics*, 3. Aufl., London 1971.

25 Die klassischen Aufsätze Hamiltons zur Verwandten-Selektion sind ›The genetical evolution of social behaviour, I/II‹, in: *Journal of Theoretical Biology*, 7, S. 1–52.

26 Das wichtigste Buch über evolutionäre Spieltheorie ist J. Maynard Smith, *Evolution and the Theory of Games*, Cambridge, 1982.

27 Das Beispiel des alloparentalen Verhaltens ist dem Buch *Adaptation and Natural Selection* von G. C. Williams entnommen; siehe oben.

28 Eine Einführung in die Grundzüge der Taxonomie geben Depew und Wagner in *Darwinism Evolving*; parallel dazu kann man Mayrs *Growth of Biological Thought* lesen (siehe oben).

29 Das entscheidende Werk von Charles Lyell waren die *Principles of Geology, Being an Attempt to Explain the Former Changes of the Earth's Surface, by Reference to Causes Now in Operation*, 3 Bde., London 1830–33.

30 Die Argumente für Darwins Baum des Lebens stammen überwiegend aus dem X. Kapitel der *Entstehung der Arten*.

31 Die klassischen Werke zur Artentstehung und zum Wesen der Fortpflanzungsbarrieren sind Dobzhansky, *Genetics and the Origin of Species*, und Mayr, *Systematics and the Origin of Species*; siehe oben. Auf neueren Stand gebracht wurden diese Bücher von Dobzhansky, *Genetics of the Evolutionary Process*, New York 1970, sowie Mayr, *Animal Species and Evolution*, Cambridge, MA, 1963 (dt.: *Artbegriff und Evolution*, Hamburg/Berlin 1967).

32 Das Modell des »interpunktierten« Gleichgewichts wurde erstmals vorgestellt in einem Aufsatz von N. Eldredge und S. J. Gould, ›Punctuated equilibria: An alternative to phyletic gradualism‹, in: *Models in Paleobiology*, hg. von T. J. M. Schopf, San Francisco 1972, S. 82–115.

33 Die Geschichte der Massenauslöschungen und des Aufpralls großer Körper wurde in populärer Form aufbereitet von David M. Raupe, *The Nemesis Affair*, New York 1986 (dt.: *Der Untergang der Dinosaurier. Der schwarze Stern »Nemesis« und die Auslöschung der Arten*, Reinbek 1992) und von W. Alvarez, *T. Rex and the Crater of Doom*, Princeton, NJ, 1997.

Literaturhinweise zu Teil II

Anders als in Teil I findet man das Material zu diesem Teil auf dem Niveau von Nachschlagewerken nirgendwo beisammen. Ich werde daher zu den einzelnen Kapiteln einige allgemeinere Standardwerke nennen, um dann mit den numerierten Anmerkungen fortzufahren.

Meine wichtigste Quelle für den statistischen und historischen Hintergrund des Kapitels über Landwirtschaft ist Hugh Thomas, *An Unfinished History of the World*, New York 1979 (dt.: *Geschichte der Welt*, Stuttgart 1984). Thomas erzählt die Geschichte der Welt im Hinblick auf Dinge, die wirklich entscheidend sind: Getreide, Dampfmaschinen, Druckerpressen. Die beste Einführung in die Zucht nach darwinistischen Prinzipien ist das Buch von Falconer und Mackay, das ich schon in den bibliographischen Hinweisen zu Teil I erwähnt habe. Eine etwas fortgeschrittenere Auswahl an Themen aus diesem Gebiet findet sich in *Proceedings of the Second International Conference on Quantitative Genetics*, hg. von B. S. Weir, E. J. Eisen, M. M. Goodman und G. Namkoong, Sunderland, NJ, 1988; in *Evolution and Animal Breeding*, hg. von W. G. Hill und T. F. C. Mackay, Wallingford 1989; sowie in A. A. Hoffman und P. A. Parsons, *Evolutionary Genetics and Environmental Stress*, Oxford 1991. Wie man sieht, habe ich keine wirklich gute Einführung für den allgemein interessierten Leser finden können.

Darwinistische Medizin ist seit kurzem ein wirklich heißes Eisen. Eine sehr gut lesbare allgemeine Einführung in dieses Thema bieten Randolph M. Nesse und George C. Williams, *Why We Get Sick*, New York 1994 (dt.: *Warum wir krank werden. Die Antworten der Evolutionsmedizin*, München 1997). Nach der Lektüre von Kapitel II.2 wäre dies der geeignete Gesamtüberblick. Danach wäre dann noch Steven N. Austad zu empfehlen, *Why We Age: What Science Is Discovering about the Body's Journey through Life*, New York 1997. Jenseits dieses Buches allerdings wird der Stoff beträchtlich schwieriger. Noch lesbar, jedoch nur mit einigem biologischen Grundwissen, ist Paul W. Ewalds Buch über Infektionskrankheiten, *Evolution of Infectious Disease*, New York 1994. Von etwa demselben Schwierigkeitsgrad ist C. E. Finch, *Longevity, Senescence, and the Genome*, Chicago 1990. Mein eigenes Werk *Evolutionary Biology of Aging*, New York 1991, ist für den allgemein interessierten Leser kaum zu empfehlen, hingegen wohl nützlich für Biologen. Hervorragend, wenngleich noch abgehobener, ist Brian Charlesworth, *Evolution in Age-Structured Populations*, 2. Aufl., Cambridge, UK, 1994. Der von M. R. Rose und C. E. Finch herausgegebene Band *Genetics and Evolution of Aging* schließlich ist schon ziemlich nah am heutigen Stand der Forschung.

Im Gegensatz zu den beiden anderen Themen dieses III. Teils wurde die Eugenik schon hinlänglich durch die Mühle der sozialwissenschaftlichen Literatur gedreht – vielleicht deshalb, weil dieses Thema etwas Reißerisches hat, andererseits aber ganz sicher »gestorben« ist. Es gibt auf diesem Gebiet eine ganze Anzahl ausgezeichneter, gut geschriebener historischer Studien; eine der besten stammt von Daniel J. Kevles, *In the Name of Eugenics: Genetics and the Uses of Human Heredity*, 2. Aufl., Cambridge, MA, 1995. Allerdings nimmt Kevles eine eher angloamerikanische Perspektive ein, während er die eigentliche Katastrophe, die von den Nazis herbeigeführt wurde, für meinen Geschmack etwas zu knapp behandelt. Eine allgemeine, prägnante Übersicht auf neuerem Stand bietet Diane B. Paul, *Controlling Human Heredity, 1865 to the Present*, Atlantic Highlands, NJ, 1995. Stefan Kühl, *The Nazi Connection: Eugenics, American Racism, and German National Socialism*, New York 1994, zeigt recht gut das häßliche Gesicht der Eugenik im globalen Zusammenhang, insbesondere die vielfältigen Beziehungen zwischen Eugenik und Rassismus. Mit dem Rassismus selbst befaßt sich spezifischer Pat Shipman, *The Evolution of Racism, Human Differences and the Use and Abuse of Science,* New York 1994 (dt.: *Die Evolution des Rassismus: Gebrauch und Mißbrauch von Wissenschaft*, Frankfurt am Main 1995). R. G. Steen, *DNA and Destiny: Nature and Nurture in Human Behavior*, New York 1996, schlägt eine Brücke zwischen Eugenik, Rassismus und einigen neueren praktischen Anwendungen der Genetik. Diese Bücher nehmen auch Bezug auf die ältere, nahezu uferlose Literatur zur Eugenik. Ein ausgezeichnetes Buch über die tatsächlichen Schwierigkeiten, menschliche Populationen gegeneinander abzugrenzen, ist das von L. L. Cavilli-Sforza, P. Menozzi und A. Piazza, *The History and Geography of Human Genes*, Princeton, NJ, 1994. Eine gründliche Lektüre dieses Buches dürfte jeden objektiven Leser endgültig davon überzeugen, daß der Rassenbegriff in der Biologie des Menschen nichts zu suchen hat.

Anmerkungen zu Teil II

1 Führende Praktiker des Darwinismus, die sich landwirtschaftlicher Forschung widmeten, waren unter anderen Oscar Kempthorne, Alan Robertson und C. Clark Cockerham. Vgl. die oben erwähnten Bände von Weir et al. sowie von Hill und Mackay.

2 Die historischen Einzelheiten zur landwirtschaftlichen Produktion stammen aus Hugh Thomas, *Geschichte der Welt*; siehe oben.

3 Sewall Wrights Aufsatz aus dem Jahr 1952 trägt den Titel ›The genetics of quantitative variability‹, in: *Quantitative Inheritance* (Agricultural Research Council, H.M.S.O., London), S. 5–41. Mehr zu Wrights Arbeit findet man bei W. B. Provine, *Sewall Wright and Evolutionary Biology*, Chicago 1986.

4 Vgl. den schon erwähnten Band *Evolution and Animal Breeding*, hg. von W. G. Hill und T. F. C. Mackay.

5 Vgl. auch hier W. B. Provine, *Sewall Wright and Evolutionary Biology*.

6 Hugh Thomas, *Geschichte der Welt*, S. 548; siehe oben.

7 Im folgenden beziehe ich mich auf das Buch von Randolph M. Nesse und George C. Williams, *Warum wir krank werden*; siehe oben.

8 Bei Finch (1990) findet sich eine recht gute Erörterung der Beutelmaus, außerdem Materialien zu den Auswirkungen der Kastration.

9 Die Angaben zur Langlebigkeit beim Menschen stammen von D. W. E. Smith, *Human Longevity*, New York 1993

10 Das Buch von Finch (1990) bietet nützliche Informationen zur Kastration und zur sexuellen Funktion überhaupt.

11 Ein Handbuch, in dem sämtliche Erbkrankheiten verzeichnet sind, ist das von V. A. McKusick und Clair A. Francomano, *Mendelian Inheritance in Man: A Catalog of Human Genes and Genetic Disorders*, 11. Aufl., Baltimore 1994.

12 Die Überlegungen zur Auswirkung von Inzest beruhen auf Angaben aus J. F. Crow und M. Kimura, *An Introduction to Population Genetics Theory*, New York 1970.

13 Die Arbeit von Ewald (1994) war bahnbrechend auf dem Gebiet der Evolutionsbiologie des Immunsystems; sämtliche Erörterungen dieses Problems (meine eingeschlossen) gehen auf ihn zurück.

14 Der Aufsatz von Frank in dem von M. R. Rose und G. V. Lauder herausgegebenen Band *Adaptation*, San Diego 1996, bietet eine

recht gute Einführung in den »internen Darwinismus« des Immunsystems.

15 Mehr zur Huntington-Krankheit bei Finch (1990) und Rose/Finch (1994).

16 Die Laborexperimente zur Evolution des verzögerten Alterns habe ich im 3. Kapitel meines Buches *Evolutionary Biology of Aging* behandelt (1991).

17 Dt.: Francis Galton, *Genie und Vererbung*, Leipzig 1910. – Die ersten Äußerungen Galtons zur Eugenik finden sich in seinem Aufsatz ›Hereditary talent and character‹, der 1865 in zwei Teilen in *Macmillan's Magazine* veröffentlicht wurde (Nr. 68, S. 157–166, und Nr. 71, S. 318–327). Weitere frühe Publikationen zur Eugenik sind abgedruckt bei C. J. Bajema, *Eugenics, Then and Now*, Stroudsburg, PA, 1976. Eine biographische Würdigung Galtons liefert C. P. Blacker, *Eugenics, Galton and After*, London 1952.

18 Vgl. Punnet, ›Eliminating feeblemindedness‹, in: *Journal of Heredity*, 8, S. 464f.

19 Eine sehr konzise Darstellung der amerikanischen Eugenik und der Machenschaften Charles Davenports gibt Kevles, *In the Name of Eugenics*; siehe oben.

20 Vgl. Futuyama, *Evolutionary Biology*, S. 107–109.

21 Vgl. dazu die Darstellungen von Kühl und Steen, siehe oben.

Literaturhinweise zu Teil III

Die Natur des Menschen ist ein Brennpunkt, in dem widerstreitende Ansichten aufeinandertreffen; keineswegs handelt es sich hier um ein Gebiet mit gesichertem Wissen, jedenfalls nicht in Bezug auf den Selektionsdruck und die dadurch herbeigeführten Anpassungen, die für die menschliche Evolution letztlich entscheidend sind. Jede Veröffentlichung, die zu diesem Thema irgend etwas von Interesse zu sagen hat, bietet Hypothesen, mehr nicht. Edward O. Wilson, *Sociobiology: The New Synthesis*, Cambridge, MA, 1975, ist das Buch, das die moderne Evolutionsbiologie des Menschen einläutete. Weiter veröffentlichte Wilson *On Human Nature*, Cambridge, MA, 1978 (dt.: *Biologie als Schicksal. Die soziobiologischen Grundlagen menschlichen Verhaltens*, Frankfurt am Main/Berlin/Wien 1980); *Genes, Mind, and Culture* (gemeinsam mit C. Lumsden), Cambridge, MA, 1981; sowie *Promethean Fire* (ebenfalls gemeinsam mit C. Lumsden), Cambridge, MA, 1983 (dt.: *Das Feuer des Prometheus. Wie das menschliche Denken entstand*, München 1984).

Auch in dem Buch von R. Boyd und P. J. Richerson, *Culture and Evolutionary Process*, Chicago 1985, werden mögliche Wechselbeziehungen zwischen Kultur und biologischer Evolution entfaltet.

Die Soziobiologie sorgte für heftige Kontroversen. Hier nur einige der Manifeste, die man in gedruckter Form nachlesen kann: M. Sahlins, *The Use and Abuse of Biology: An Anthropological Critique of Sociobiology*, Ann Arbor 1976; *The Sociobiology Debate*, hg. von A. L. Caplan, New York 1978 (mit Aufsätzen pro und kontra); *Morality as a Biological Phenomenon: The Presuppositions of Sociobiological Research*, hg. von G. S. Stent, aktualisierte Neuausgabe, Berkeley 1980; *Sociobiology Examined*, hg. von A. Montagu, New York 1980; und P. Kitcher, *Vaulting Ambition, Sociobiology and the Quest for Human Nature*, Cambridge, MA, 1985.

Die Evolutionspsychologie gründet vor allem auf zwei Veröffentlichungen: Jerome H. Barkow, *Darwin, Sex, and Status: Biological Approaches to Mind and Culture*, Toronto 1989, sowie *The Adapted Mind: Evolutionary Psychology and the Generation of Culture*, hg. von J. H. Barkow, L. Cosmides und J. Tooby, New York 1992. Im Grenzgebiet zwischen Soziobiologie und Evolutionspsychologie operiert R. D. Alexander, etwa mit *Darwinism and Human Affairs*, Seattle

1979. Doch es gibt noch eine Vielzahl weiterer Publikationen, die der Soziobiologie und Evolutionspsychologie verpflichtet sind; einige davon kann man nachlesen in *Human Nature: A Critical Reader*, hg. von L. Betzig, New York 1997, eine Einführung in die Evolutionspsychologie, die ihr Geld wirklich wert ist. Eine eher populäre Darstellung der Evolutionspsychologie liefert Robert Wright, *The Moral Animal: Evolutionary Psychology and Everyday Life*, New York 1994 (dt.: *Diesseits von Gut und Böse. Die biologischen Grundlagen unserer Ethik*, München 1996).

Wahrscheinlich sichern religiöse Themen den Verlagshäusern nach wie vor die höchsten Gewinne; so bringt etwa die Bibel der Oxford University Press bis heute mehr ein als jede andere Veröffentlichung. Ein Aufsatz über die historischen Beziehungen zwischen Darwinismus und Religion, den ich besonders nützlich fand, ist der von Ron Amundsen, ›Historical development of the concept of adaptation‹, abgedruckt in dem Band von Rose und Lauder (siehe oben). Auch der schon erwähnte Band von D. J. Depew und B. H. Weber, *Darwinism Evolving*, bietet einen interessanten, die gesamte Geschichte umfassenden Überblick.

Anmerkungen zu Teil III

1 Ein Beispiel für eine solche »Savanna-Story« ist der Aufsatz von C. O. Lovejoy, ›The origin of man‹, in: *Science*, 211, S. 341–350.

2 Einen aktuellen Überblick über die Literatur zur Paläontologie des Menschen bietet M. H. Wolpoff, *Paleoanthropology*, New York 1997.

3 Der Hauptvertreter dieser »Neutralitätstheorie« war Motoo Kimura; vgl. etwa *The Neutral Theory of Molecular Evolution*, Cambridge 1983 (dt.: *Die Neutralitätstheorie der molekularen Evolution*, Berlin 1987).

4 Selbst Stephen Jay Gould, der es ansonsten vermeidet, die menschliche Evolution auf natürliche Auslese zurückzuführen, räumt die besonderen Schwierigkeiten ein, die beim Menschen mit Schwangerschaft und Geburt verbunden sind; siehe etwa *Ever Since Darwin*, London 1978, S. 70–75: ›Human Babies as Embryos‹ (dt.: *Darwin nach Darwin. Naturgeschichtliche Reflexionen*, Frankfurt am Main/Berlin/Wien 1984).

5 Friedrich Engels, ›Der Anteil der Arbeit an der Menschwerdung des Affen‹, in: Karl Marx, Friedrich Engels, *Werke* (*MEW*), Bd. 20, Berlin 1962, S. 446.

6 Vgl. Kenneth P. Oakley, *Man the Tool-Maker*, Chicago 1959.

7 Zur Auffassung S. L. Washburns vgl. seinen Aufsatz aus dem Jahr 1960, ›Tools and human evolution‹, in: *Scientific American*, 203, S. 62–75.

8 Der klassische Text zur sozialen Intelligenz ist N. K. Humphrey, ›The function of intellect‹, in: *Growing Points in Ethology*, hg. von P. Bateson und R. A. Hinde, Cambridge, 1976, S. 303–317. Vgl. auch *Machiavellian Intelligence, Social Expertise, and the Evolution of Intellect in Monkeys, Apes, and Humans*, hg. von R. Byrne und A. Whiten, Oxford 1988.

9 Zum Rüstungswettlauf in der Evolution vgl. R. S. Bigelow, *The Dawn Warriors: Man's Evolution toward Peace*, Boston 1969 (dt.: *Und willst du nicht mein Bruder sein. Die Evolution des Menschen*, Stuttgart 1970) sowie das bereits erwähnte Buch von R. D. Alexander, *Darwinism and Human Affairs*.

10 Die Darstellung der formalen Aspekte des geistigen Rüstungswettlaufs folgt meinem 1980 erschienenen Aufsatz ›The mental arms race amplifier‹, in: *Human Ecology*, 8, S. 285–293.

11 Das von Kaplan (1978) herausgegebene Buch illustriert sehr gut das Ausmaß der Diskussion zwischen Zoologen und Evolutionsbiologen.

12 Ein Beispiel jener negativen Artikel in der *New York Review of Books* ist die am 30. Juni 1983 erschienene Besprechung Stephen Jay Goulds zu dem Buch von Lumsden und Wilson, *Promethean Fire*. Die Schlagzeile auf dem Cover des Hefts lautete »Sociobiology, Goodbye«.

13 Vgl. S. J. Gould und R. C. Lewontin, ›The spandrels of San Marco and the Panglossian paradigm. A critique of the adaptationist program‹, in: *Proceedings of the Royal Society B*, 205 (1979), S. 581–598. Das Buch *Adaptation* von Rose und Lauder ist zu weiten Teilen eine Reaktion auf diesen Aufsatz und auf seine Auswirkungen auf eine ganze Generation von Evolutionsbiologen.

14 Alexander (1979) bietet einen guten Überblick über das Phänomen der Inzestvermeidung.

15 Sahlins (1976) führte als erster das Problem der Verwandtschaft in die Soziobiologie ein.
16 Siehe die allgemeinen Literaturhinweise zu diesem Teil.
17 Ein Beispiel für die evolutionspsychologische Analyse der sexuellen Selektion bietet David M. Buss, *The Evolution of Desire: Strategies of Human Mating*, New York 1994 (dt.: *Die Evolution des Begehrens. Geheimnisse der Partnerwahl*, Hamburg 1994).
18 Beispiele zur Untersuchung von Mord und anderen Gewaltakten finden sich in dem Buch von Betzig; siehe oben.
19 Beispiele für die Anwendung des Darwinismus auf tierisches Verhalten als Thema der Verhaltensökologie sind nachzulesen bei John R. Krebs und Nicholas B. Davies, *An Introduction to Behavioral Ecology*, Oxford 1981 (dt.: *Einführung in die Verhaltensökologie*, Berlin 1996).
20 Zur Kriminologie des Soziopathen siehe James Q. Wilson und R. J. Herrnstein, *Crime and Human Nature*, New York 1985.
21 Siehe Hervey Cleckley, *The Mask of Sanity*, 5. Aufl., Augusta, GA, 1988; hier auch Informationen zur klinischen und allgemeinen Psychologie des Soziopathen.
22 Vgl. L. Mealey, ›The sociobiology of sociopathy: An integrated evolutionary model‹, in: *Behavioral and Brain Sciences*, 18 (1995), S. 523–599.
23 Erstmals entwickelt wurde diese These von Chris Moore und mir in dem Aufsatz ›A Darwinian function for the orbital cortex‹, in: *Journal of Theoretical Biology*, 161 (1993), S. 119–129.
24 Eine populäre Einführung in die Literatur über Verletzungen des Frontalhirns und ähnliche Gehirndefekte bietet Antonio R. Damasio, *Descartes' Error: Emotion, Reason, and the Human Brain*, New York 1994 (dt.: *Descartes' Irrtum. Fühlen, Denken und das menschliche Gehirn*, München 1995).
25 Eine allgemeine Einführung in die Geschichte der Wirtschaftswissenschaften lieferte William J. Barber, *A History of Economic Thought*, Harmondsworth 1967; es gibt aber noch zahlreiche andere Werke dieser Art.
26 Einige Schriften der österreichischen Neoliberalen: Ludwig von Mises, *Nationalökonomie. Theorie des Handelns und Wirtschaftens*, unveränderter Nachdruck der 1. Aufl. (Genf 1940), München 1980; *The Collected Works of Friedrich August Hayek*, hg. von W.

W. Bartley II und Stephen Kresge, London 1988–95; und Joseph A. Schumpeter, *Kapitalismus, Sozialismus und Demokratie*, 7. Aufl., Tübingen/Basel 1993.

27 Ausführlicher ging ich auf dieses Argument in einem Aufsatz aus dem Jahr 1983 ein: ›Hominid evolution and social science‹, in: *Journal of Social and Biological Structures*, 6, S. 29–36.

28 Siehe die Einleitung zu Hobbes' *Leviathan*.

29 Vgl. das Buch von Depew und Weber; siehe oben.

30 Vgl. das Buch von J. Browne; siehe oben.

31 Die Ideengeschichte des Sozialdarwinismus ist sehr komplex. Als Einführung geeignet ist Robert C. Bannister, *Social Darwinism: Science and Myth in Anglo-American Thought*, Philadelphia 1979.

32 Erstausgabe: New York 1974. Dt.: Robert Nozick, *Anarchie, Staat, Utopia*, München 1976.

33 Siehe vor allem Rousseaus Abhandlung *Der Gesellschaftsvertrag oder Die Grundsätze des Staatsrechtes*.

34 Dt.: George Orwell, *Erledigt in Paris und London*, Zürich 1982; *Der Weg nach Wigan Pier*, Zürich 1982.

35 Daniel Bell, *The End of Ideology: On the Exhaustion of Political Ideas in the Fifties*, Glencoe, IL, 1960.

36 Francis Fukuyama, *Have we reached the end of history?* Santa Monica, CA, 1989. Vgl. Fukuyama, *Das Ende der Geschichte: Wo stehen wir?*, München 1992.

37 Das Zitat der Gruppe ›The Police‹ stammt aus dem Song ›Spirits in the Material World‹, LP *Ghost in the Machine* (1981, A&M Records).

38 Vgl. Douglas J. Futuyma, *Science on Trial: The Case for Evolution*, Sunderland, MA, 1995.

39 Vgl. Stillman Drake, *Galileo at Work: His Scientific Biography*, Chicago 1978 (in dt. Sprache erschien: Stillman Drake, *Galilei*, Freiburg i. Br./Basel/Wien 1999).

40 Vgl. das Kapitel von Amundson in dem Band von Rose und Lauder; siehe oben.

41 Der raffinierteste Anwalt des wissenschaftlichen Kreatianismus ist Phillip E. Johnson, etwa in *Darwin on Trial*, Lanham, MD, 1991. Johnson ist Rechtsprofessor an der University of California, Berkeley.

42 Das klassische Handbuch religiöser Erfahrungen ist William James, *The Varieties of Religious Experience*, erstmals 1902 veröffentlicht

(dt.: *Die Vielfalt religiöser Erfahrung. Eine Studie über die menschliche Natur*, Frankfurt am Main/Leipzig 1997).

43 Auch Walter Burkert, *Creation of the Sacred: Tracks of Biology in Early Religions*, Cambridge, MA, 1996, untersucht die kulturelle Funktion der Religion sowie die Vorteile, die sie gläubigen Menschen bietet (dt.: *Kulte des Altertums. Biologische Grundlagen der Religion*, München 1998).

44 Julian Jaynes, *The Origin of Consciousness in the Breakdown of the Bicameral Mind*, Boston 1976 (dt.: *Der Ursprung des Bewußtseins durch den Zusammenbruch der bikameralen Psyche*, Reinbek 1988).

Register